"十三五"国家重点出版物出版规划项目

高性能高分子材料丛书

酚酞基聚芳醚酮(砜)

Phenolphthalein-based Polyether Ketone (Sulfone)

周光远　王红华　王志鹏　等　著

科 学 出 版 社

北 京

内 容 简 介

本书为"高性能高分子材料"丛书之一。本书主要阐述以酚酞为核心单体的一类高性能聚芳醚酮(砜)聚合物。酚酞作为一种优异的特种工程塑料构筑单体,由此制备的酚酞基聚芳醚酮(砜)具有高玻璃化转变温度、高力学性能、与其他聚合物相容性好、可溶解加工等特点。笔者团队多年来致力于酚酞基聚芳醚树脂的研制、应用与产业化,开发了系列结构的耐高温以及带有功能性基团的酚酞基聚芳醚酮(砜)均聚物和共聚物,发展了酚酞基聚芳醚在高性能复合材料、合金材料、膜材料、泡沫材料、涂料、增韧剂、3D 打印材料领域的应用,完成了树脂的中试放大和商业转化,实现了生产和实际销售。

本书是关于国内具有独立知识产权的酚酞基聚芳醚酮(砜)树脂的专著,可供特种工程塑料相关领域的高校师生、科研与生产人员以及有相关应用的工程技术人员参考。

图书在版编目(CIP)数据

酚酞基聚芳醚酮(砜)/周光远等著. —北京:科学出版社,2024.8

(高性能高分子材料丛书/蹇锡高总主编)

"十三五"国家重点出版物出版规划项目

ISBN 978-7-03-078255-7

Ⅰ.①酚… Ⅱ.①周… Ⅲ.①酚酞—聚砜—聚醚醚酮—研究 Ⅳ.①TQ326.55

中国国家版本馆 CIP 数据核字(2024)第 059285 号

丛书策划:翁靖一

责任编辑:翁靖一 张 莉/责任校对:杜子昂
责任印制:徐晓晨/封面设计:东方人华

科 学 出 版 社 出版

北京东黄城根北街 16 号
邮政编码:100717
http://www.sciencep.com

北京中科印刷有限公司印刷
科学出版社发行 各地新华书店经销

*

2024 年 8 月第 一 版 开本:720×1000 1/16
2024 年 8 月第一次印刷 印张:14 1/2
字数:286 000

定价:168.00 元

(如有印装质量问题,我社负责调换)

总　序

自 20 世纪初，高分子概念被提出以来，高分子材料越来越多地走进人们的生活，成为材料科学中最具代表性和发展前途的一类材料。我国是高分子材料生产和消费大国，每年在该领域获得的授权专利数量已经居世界第一，相关材料应用的研究与开发也如火如荼。高分子材料现已成为现代工业和高新技术产业的重要基石，与材料科学、信息科学、生命科学和环境科学等前瞻领域的交叉与结合，在推动国民经济建设、促进人类科技文明的进步、改善人们的生活质量等方面发挥着重要的作用。

国家"十三五"规划显示，高分子材料作为新兴产业重要组成部分已纳入国家战略性新兴产业发展规划，并将列入国家重点专项规划，可见国家已从政策层面为高分子材料行业的大力发展提供了有力保障。然而，随着尖端科学技术的发展，高速飞行、火箭、宇宙航行、无线电、能源动力、海洋工程技术等的飞跃，人们对高分子材料提出了越来越高的要求，高性能高分子材料应运而生，作为国际高分子科学发展的前沿，应用前景极为广阔。高性能高分子材料，可替代金属作为结构材料，或用作高级复合材料的基体树脂，具有优异的力学性能。这类材料是航空航天、电子电气、交通运输、能源动力、国防军工及国家重大工程等领域的重要材料基础，也是现代科技发展的关键材料，对国家支柱产业的发展，尤其是国家安全的保障起着重要或关键的作用，其蓬勃发展对国民经济水平的提高也具有极大的促进作用。我国经济社会发展尤其是面临的产业升级以及新产业的形成和发展，对高性能高分子功能材料的迫切需求日益突出。例如，人类对环境问题和石化资源枯竭日益严重的担忧，必将有力地促进高效分离功能的高分子材料、生态与环境高分子材料的研发；近 14 亿人口的健康保健水平的提升和人口老龄化，将对生物医用材料和制品有着内在的巨大需求；高性能柔性高分子薄膜使电子产品发生了颠覆性的变化等。不难发现，当今和未来社会发展对高分子材料提出了诸多新的要求，包括高性能、多功能、节能环保等，以上要求对传统材料提出了巨大的挑战。通过对传统的通用高分子材料高性能化，特别是设计制备新型高性能高分子材料，有望获得传统高分子材料不具备的特殊优异性质，进而有望满足未来社会对高分子材料高性能、多功能化的要求。正因为如此，高性能高分子材料的基础科学研究和应用技术发展受到全世界各国政府、学术界、工业界的高度重视，已成为国际高分子科学发展的前沿及热点。

　　因此，对高性能高分子材料这一国际高分子科学前沿领域的原理、最新研究进展及未来展望进行全面、系统地整理和思考，形成完整的知识体系，对推动我国高性能高分子材料的大力发展，促进其在新能源、航空航天、生命健康等战略新兴领域的应用发展，具有重要的现实意义。高性能高分子材料的大力发展，也代表着当代国际高分子科学发展的主流和前沿，对实现可持续发展具有重要的现实意义和深远的指导意义。

　　为此，我接受科学出版社的邀请，组织活跃在科研第一线的近三十位优秀科学家积极撰写"高性能高分子材料丛书"，其内容涵盖了高性能高分子领域的主要研究内容，尽可能反映出该领域最新发展水平，特别是紧密围绕着"高性能高分子材料"这一主题，区别于以往那些从橡胶、塑料、纤维的角度所出版过的相关图书，内容新颖、原创性较高。丛书邀请了我国高性能高分子材料领域的知名院士、"973"计划项目首席科学家、教育部"长江学者"特聘教授、国家杰出青年科学基金获得者等专家亲自参与编著，致力于将高性能高分子材料领域的基本科学问题，以及在多领域多方面应用探索形成的原始创新成果进行一次全面总结、归纳和提炼，同时期望能促进其在相应领域尽快实现产业化和大规模应用。

　　本套丛书于2018年获批为"十三五"国家重点出版物出版规划项目，具有学术水平高、涵盖面广、时效性强、引领性和实用性突出等特点，希望经得起时间和行业的检验。并且，希望本套丛书的出版能够有效促进高性能高分子材料及产业的发展，引领对此领域感兴趣的广大读者深入学习和研究，实现科学理论的总结与传承，以及科技成果的推广与普及传播。

　　最后，我衷心感谢积极支持并参与本套丛书编审工作的陈祥宝院士、李仲平院士、瞿金平院士、王玉忠院士、张立群院士、李光宪教授、郑强教授、王笃金研究员、杨小牛研究员、余木火教授、解孝林教授、王锦艳教授、张守海教授等专家学者。希望本套丛书的出版对我国高性能高分子材料的基础科学研究和大规模产业化应用及其持续健康发展起到积极的引领和推动作用，并有利于提升我国在该学科前沿领域的学术水平和国际地位，创造新的经济增长点，并为我国产业升级、提升国家核心竞争力提供理论支撑。

中国工程院院士
大连理工大学教授

　　快速发展的高技术和制造业领域对材料性能要求越来越高,因此特种工程塑料正逐步从特殊领域的小批量使用向大宗市场应用转变。酚酞基聚芳醚酮(砜)是以酚酞及其衍生物为核心单体的一种特种工程塑料,是聚芳醚家族的一类重要品种。其开发之初就是为了满足国防高端装备和技术对高性能树脂的迫切需求,酚酞基聚芳醚酮是国内率先实现批量化生产并具有独立知识产权的高性能树脂;酚酞基聚芳醚砜具有更高的玻璃化转变温度和使用温度以及低成本的优势。经过了几代科研人员的努力,酚酞基聚芳醚酮(砜)完成了从基础研究到应用研究,再到工程化制备的全链条过程。酚酞基聚芳醚酮(砜)具有耐高温、轻质高强、高精度、高绝缘、自阻燃、自润滑、耐磨损、耐水解以及良好的生物相容性等优点,玻璃化转变温度为 $180\sim340$℃,密度为 $1.3\ g/cm^3$,拉伸强度为 $90\sim120\ MPa$,拉伸模量可达 $4\ GPa$,与金属相比具有更高的比强度和比模量,作为主承力或次承力制件使用具有轻量化和抗疲劳的优势。可采用模压、注塑、挤出、溶液法、预浸、机加工、粉末涂覆、焊接、粘接及 3D 打印等成熟工艺进行加工成型。目前已广泛成熟应用于航天航空、军工、电子半导体、汽车、石油石化、医疗、仪器装备等使用工况和要求苛刻的高端领域,是高端制造业不可或缺的重要原材料,市场需求潜力巨大。国家对于特种工程塑料的迫切需求从 20 世纪 60 年代开始,主要应用于航空航天减重、以塑代钢的耐高温零部件和复合材料,近年随着高端制造业的发展,特种工程塑料逐步扩散到民用领域。特种工程塑料的种类不断增加、耐温等级不断提高、功能性不断增强、应用领域也在不断扩大。

　　恰逢蹇锡高院士组织“高性能高分子材料丛书”,接到蹇老师的邀请,我和团队有些诚惶诚恐。实际上还有很多细致的科学以及技术问题没有解决,对于材料体系的设计还需要更深层次的理解。但这毕竟是一类较为特殊的材料,为能让更多人了解这类材料,我们撰写了本书。

　　本书从酚酞基聚芳醚酮(砜)的发展历程和研究概况开始,然后介绍其结构与性能,接着详细阐述各应用方向,并对其未来作出展望。本书分为 8 章,分别为酚酞基聚芳醚酮(砜)发展历程和研究概况;酚酞基聚芳醚酮(砜)的结构与性能;酚酞基聚芳醚酮(砜)复合材料;酚酞基聚芳醚酮(砜)合金材料;酚酞基聚芳醚酮(砜)膜材料;酚酞基聚芳醚酮(砜)泡沫材料;酚酞基聚芳醚酮(砜)涂料;酚酞基聚芳醚酮 3D 打印材料。适合阅读人群包括从事特种工程塑料研究和使用的科研人员与工程技术人员，以及追寻耐高温、功能性高性能树脂及其应用的市场从业人员，希望本书能给您以启迪。

特别感谢我的同事王红华、王志鹏、张兴迪、赵继永等辛勤工作和总结整理；感谢白玉老师进行了文字整理，为我们节省了大量时间；感谢科学出版社的翁靖一编辑和其他同仁辛苦校稿，并提出了很多宝贵的建议。最后，尤其感谢蹇院士给我们这样一个机会，让更多的科研工作者和企业了解酚酞基聚芳醚酮(砜)！

限于作者对酚酞基聚芳醚酮(砜)的理解尚不深入和知识水平有限，书中疏漏之处在所难免，敬请广大读者批评指正。

周光远

2023 年 12 月

目　　录

第 1 章

酚酞基聚芳醚酮(砜)发展历程
和研究概况

1.1　酚酞基聚芳醚酮(砜)发展历程　　◀◀◀

　　酚酞基聚芳醚酮(PEK-C)的合成最早见于 1972 年，苏联学者 Korshak 等[1]报道了由酚酞和 4, 4′-二氟二苯甲酮合成的高分子量的酚酞基聚芳醚酮。该聚合物可溶于三氯甲烷(TCM)、CYC 或 DMF 中，并测定其在 300℃以下的水解稳定性和耐碱性。加拿大 Strukelj 等[2]报道了由各种酚酞衍生物如双酚和 4, 4′-二氟二苯甲酮反应制备一系列玻璃化转变温度(T_g)在 250～290℃的高分子量聚合物，然而与酚酞基聚芳醚酮相比，由于单体的合成制备困难，限制了这些高聚物的应用和发展。20 世纪 80 年代，酚酞基聚芳醚酮和酚酞基聚芳醚砜(PES-C)[3]由中国科学院长春应用化学研究所(以下简称长春应化所)研究和发展起来，是"七五"国家重点攻关项目成果。1985 年刘克静先生、陈天禄先生开始研究从单体 4, 4′-二氯二苯砜和 4, 4′-二硝基二苯砜的合成到由亲核取代制备酚酞基聚芳醚酮(砜)，于 1988 年和 1987 年分别取得中国发明专利。1990 年开始在长春应化所徐州工程塑料厂100 L 不锈钢反应釜中进行 10 t/a 规模的扩试生产，先后推出用于模压制品的粉料树脂，用于挤出、注射成型的注射级树脂及用于制备结构件、功能膜的专用树脂牌号。之后长春应化所徐州工程塑料厂就酚酞基聚芳醚酮(砜)的应用和市场推广做了大量的工作。以严谨的实验数据为基础及在不同领域的多批次试用，证实酚酞基聚芳醚酮(砜)可做汽车、电子、家庭电气用品的耐热零部件，接触蒸汽及伽玛射线的部件，热水计量泵，继电器壳体，以及齿轮、连接器、耐高温涂层等，也是制备室温功能膜的理想选材，填充专用料可做密封件及耐摩擦件等。

　　自 2010 年以来，长春应化所加快研究步伐，在前期工作的基础上，合成了系列新结构的酚酞基聚芳醚酮(砜)，开发了薄膜、复合材料、泡沫、涂料等二次产品，基于聚合物优异的溶解加工性，开辟了一条独特的溶解加工工艺路径，所得产品性能参数与半结晶性聚芳醚酮(砜)相当,而其优良的尺寸稳定性、便捷的加工工艺和较低的综合成本具有更多的优势。刘付辉[4]通过引入刚性氰基、芴基等基团,使聚合物的 T_g 和弹性模量分别提高至 260℃和 2~5GPa,增加了分子链的极性,作为高性能涂料和复合材料的基体树脂有利于提高涂层与基材间的附着力及与增强纤维间的作用力;氰基位于分子侧链上,能够极大降低熔体黏度,有利于材料的加工成型。王志鹏[5]将苯并咪唑引入酚酞基聚芳醚酮主链,通过高刚性使其 T_g 达到 340℃以上。王菲菲[6]通过引入咔唑基团,制得的聚合物具有较高的耐热性,T_g 达到 283℃,且聚合物在 345 nm 附近有最大紫外吸收,并在 426 nm 附近表现出最大荧光发射,使其有潜力成为高性能蓝光聚芳醚酮类材料。姜泽[7]以酚酞衍生物异吲哚啉酮双酚为原料,通过共聚手段制备系列酚酞基聚芳醚砜无规共聚物,T_g 可达 280℃,具有良好的耐热性,制备的薄膜对氢气具有较高的渗透系数,H_2/N_2 的分离系数为 63.47,可用于合成气的调比和分离。随着应用技术不断推广,围绕酚酞基聚芳醚酮(砜)树脂生产组建了新的生产公司,将酚酞基聚芳醚酮(砜)的研究、应用与产业化推到了一个新的高速发展阶段。由于军工和高端民用领域对耐高温可溶性聚芳醚酮材料的需求迫切,近些年来酚酞基聚芳醚酮(砜)发展迅速,树脂产品已得到相关需求方的认可。

1.2　酚酞基聚芳醚酮(砜)国内研究和产业现状　◂◂◂◂

　　酚酞基聚芳醚酮(砜)树脂的产业化开展较早,20 世纪 90 年代在陈天禄等老一辈科学家的带领下,在长春应化所徐州工程塑料厂率先实现了酚酞基聚芳醚酮(砜)树脂的产业化,但发展较缓慢,一直以来产品相对单一,应用案例及经验少,也直接阻碍了材料的推广。目前我国酚酞基聚芳醚酮(砜)的生产厂家主要有浙江帕尔科新材料有限公司、徐州航材工程塑料有限公司、黑龙江英创新材料有限公司、吉林省中科聚合工程塑料有限公司等,产能合计约 200 t/a。产品主要用于模塑粉、环氧树脂增韧粉、涂料、薄膜、板棒丝和复合材料等。

　　由于我国酚酞基聚芳醚酮(砜)树脂技术开发主要在科研院所和高校,企业自主创新能力不足,经相关技术成果转让成立了浙江帕尔科新材料有限公司(2018 年)和吉林省中科聚合工程塑料有限公司(2019 年)。2019 年浙江帕尔科新材料有限公司建成 100 t 级 PEK-C 树脂的生产线,由于改进了聚合物纯化和废水处理工艺,降低了环境负担和纯化成本,该生产线对 PES-C 树脂也具备生产和后处理能力。为了推进 PES-C 树脂的生产,吉林省中科聚合工程塑料有限公司在原有技术基础上,优化后处理工艺,开展了年产 500 t PES-C 树脂产业化技术开发。另外,大连疆宇新材料科技有限公司以加工聚芳醚酮耐高温零部件和高强度工程用大型部件为主。根据制件种类及其性能和用途，开发了不同级别的包括 PEK-C 在内的改性聚芳醚酮专用料，可采用多种成型方法加工成型。

参 考 文 献

[1]　VINOGRADOVA S V, KORSHAK V V, SALAZKIN S N, et al. Aromatic polyethers of the cardo(loop)type[J]. Vysokomolekulyarnye Soedineniya, Seriya A, 1972, 14(12): 2545-2552.

[2]　STRUKELJ M, HAY A S. Novel poly(imidoaryl ether ketone)s and poly(imidoaryl ether sulfone)s derived from phenolphthalein[J]. Macromolecules, 1991, 24, 6870-6871.

[3]　中国科学院长春应用化学研究所. 合成带有酰侧基的新型聚醚醚酮: 85108751[P]. 1987-06-03.

[4]　刘付辉. 酚酞聚芳醚腈酮共聚物的合成及性能[D]. 长春: 长春工业大学, 2014.

[5]　王志鹏. 高玻璃化转变温度聚芳醚、酮的分子设计、制备与表征[D]. 北京: 中国科学院大学, 2014.

[6]　王菲菲. 主链含 N-烷基咔唑结构的无定型聚芳醚酮的合成与表征[D]. 北京: 中国科学院大学, 2014.

[7]　姜泽. 基于聚芳醚的气体分离膜的制备与性能研究[D]. 大连: 大连工业大学, 2022.

第2章

酚酞是一种优异的特种工程塑料构筑单体(图 2.1)。从结构上看,酚酞是含有内酯环的双酚单体,刚性较强,确保形成的聚合物具有高的力学性能;且内酯环与酚羟基非共平面,呈扭曲状态,因此大体积的内酯环侧基增大了其聚合物的自由体积,使聚合物呈无定形态;酚酞的两个羟基活性高,在很多 S_N2 亲核缩聚反应中具有自催化作用,因此能够与多种结构的活性相对较弱的双酚或类双酚单体进行共聚,得到多种结构和组分可控的聚芳醚酮(砜)共聚物。酚酞内酯环可修饰可设计,既可以从单体改性内酯环,又可制备成聚合物后改性内酯环,进而得到多种结构的酚酞基聚芳醚酮(砜)共聚物。此外,酚酞原料易得,可从邻苯二甲酸酐和苯酚出发较为容易地制备不同结构的酚酞类单体,成本降低潜力大。

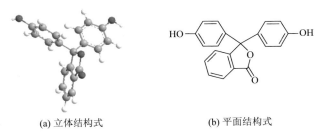

(a) 立体结构式　　　　　　　　(b) 平面结构式

图 2.1　酚酞结构

2.1　概述　　　◀◀◀

聚芳醚酮可通过亲核缩聚和亲电缩聚两种方法制备。本书中的酚酞基聚芳醚酮(PEK-C)和酚酞基聚芳醚砜(PES-C)皆由酚酞与二氯(氟)二苯酮/二氯(氟)二苯砜的 S_N2 亲核缩聚反应制得(图 2.2),前者属于聚芳醚酮类树脂,后者属于聚芳醚砜类树脂,均为高性能树脂,性能相近,故而一同阐述。

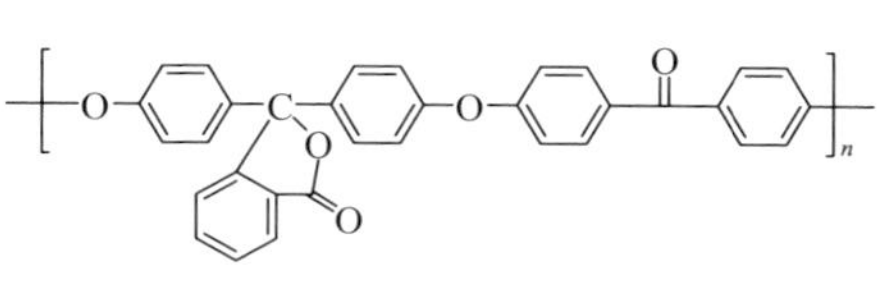

(a) 酚酞基聚芳醚酮（PEK-C） 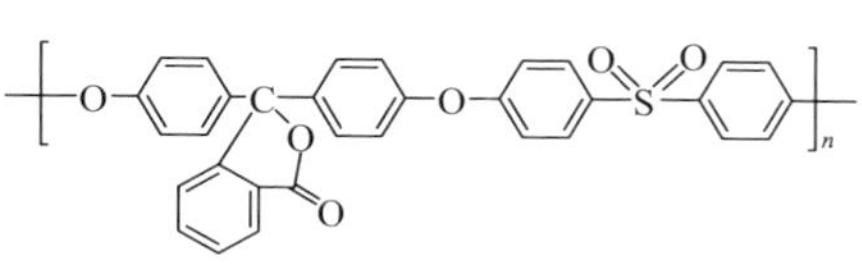　　　　　　　　　(b) 酚酞基聚芳醚砜（PES-C）

图 2.2 酚酞基聚芳醚酮(砜)均聚物结构式

2.2 酚酞基聚芳醚酮(砜)树脂

2.2.1 酚酞基聚芳醚酮树脂

PEK-C 是一种具有高 T_g(230℃)的无定形聚芳醚酮树脂，其物理机械性能与聚醚醚酮(PEEK，ICI 公司生产)相比，150～200℃范围内的强度保持率更高，210℃以上则不如高结晶的 PEEK。阻燃性 V0 级，燃烧时发烟量极小，自润滑，耐高压水解及辐照，耐酸、碱及烷烃等化学试剂；但在芳香烃中的稳定性不如 PEEK，它可溶于少数极性非质子溶剂和少数卤代烃中。PEK-C 具有优异的电性能和良好的加工性能，加工温度 320～350℃。表 2.1 给出 PEK-C 与国外同类树脂的性能比较，包括热性能、机械性能、加工性能等。

表 2.1 PEK-C 与国外同类树脂性能比较

性能	技术指标	PEK-C 模压级	PEK-C 薄膜	PEK-C 注射级	PEEK Victrex450 G	PEK Victrex200 G
黏度	(η_{sp}/c) (0.5%TCM, 25℃)/(dL/g)	0.90	1.42	0.47	—	—
加工性能	熔融指数(330℃)/(g/10 min)	—	—	1～5	—	—
	加工温度区间/℃	330～350		320～350	350～380	390～430
	模制压力/MPa	100		70～140	70～140	—
	成型收缩率/(m/m)	0.006	—	0.006～0.008	0.011	0.006～0.012
机械性能	抗张强度/MPa	102	98	104.8	92	103
	抗张模量/GPa	2.43		1.76	—	3.9
	弯曲强度/MPa	132		169.3	170	168
	弯曲模量/GPa	2.74		3.10	3.66	3.6
	断裂伸长率/%	6.1	100	39.9	50	5
	简支梁抗冲强度/(kJ/m²)	—		147	34.9(2 mm)	—
	Izod 抗冲强度/(J/m)	46		60	83	69.6
	硬度	M90		M88	M99	M105

续表

性能	技术指标	PEK-C 模压级	PEK-C 薄膜	PEK-C 注射级	PEEK Victrex450 G	PEK Victrex200 G
热性能	T_m/℃	—			334	373
	T_g/℃	231	228	219	143	162
	线膨胀系数 /[10^{-5} m/(m·℃)]	6.56	—		4.7	4.1～4.42
	热变形温度(1.82 MPa)/℃	208			165	188
	长期使用温度/℃	—			250	260
物理性能	密度/(g/cm³)	1.309	—	1.31	1.32	1.30
	吸水率/%	0.41	—	0.41	0.1	0.11
	体积电阻/(Ω·cm)	—	1.43×10^{18}	—	—	1.0×10^{17}
	介电常数	—	3.0		—	3.4
	介电损耗角正切值 (23℃，1 MHz)	—	0.0048		—	0.005
	击穿电压/(kV/mm)	—	50		19	14
	泊松比	0.367	—		0.42	0.3233
阻燃性	阻燃性(UL94)	V0	—	V0	V0	V0
	临界氧指数/%	—	—	—	—	40

:::: **1. 力学性质**

PEK-C 的力学性质显著优于其他许多材料，具有很高的强度和韧性。图 2.3 是其拉伸屈服强度与其他几种工程塑料的比较。通过共混、填充及增强，其力学性能可以进一步提高，而且在高温下的强度保持率明显改善，如图 2.4 所示。

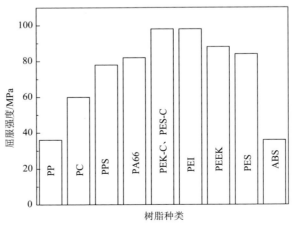

图 2.3   拉伸屈服强度的比较

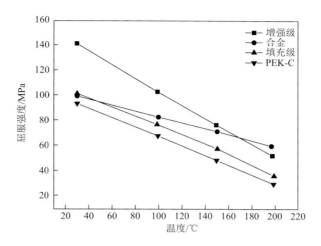

图 2.4　PEK-C 系列材料的屈服强度随温度的变化

2. 热学性质

PEK-C 具有良好的耐热性和很高的热变形温度，如图 2.5 所示。

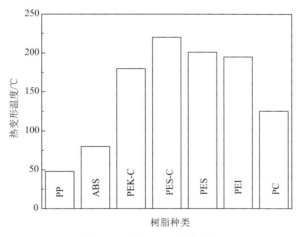

图 2.5　热变形温度的比较

3. 电学性质

PEK-C 具有非常高的介电强度，如图 2.6 所示。PEK-C 是非常好的高耐热和高强度的电绝缘材料。

4. 燃烧性质

PEK-C 具有较高的临界氧指数，与 PEEK 接近且优于 PA66 及 PC 等树脂(图 2.7)。

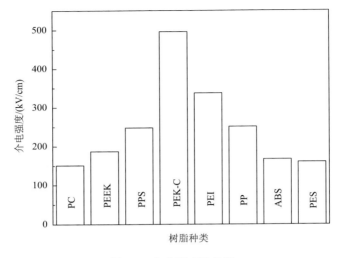

图 2.6   介电强度的比较

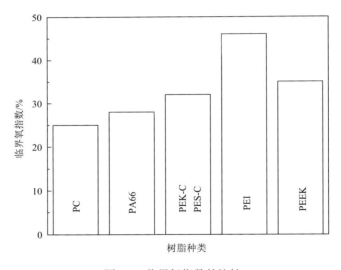

图 2.7   临界氧指数的比较

2.2.2   酚酞基聚芳醚砜树脂

聚芳砜是一类分子主链上含有苯环、砜基、醚键的热塑性高分子材料，砜基赋予其耐热性及刚性，醚键使聚合物链节在熔融状态时具有良好的流动性，其独特的分子结构使得此类聚合物具有优异的物理化学性能。这类聚合物的共同点是热稳定性高、透明性好、水解稳定性优、收缩率低、生物相容性好、电性能和力学性能适中，对酸、碱、醇、脂肪烃和盐溶液的耐性优良。目前全球范围内已商品化的聚芳砜树脂有三个品种，即聚砜(PSF)、聚醚砜(PES)和聚苯砜(PPSF)(图 2.8)。基于上述优势，这些产品应用领域广泛，作为高性能工程塑料，主要应用于电气/电子、医疗、家庭用品、食品工业、运输和化工设备领域；此外可用作耐高温薄膜、胶黏剂、耐腐蚀涂料和功能膜(如超滤膜和气体分离膜)等。

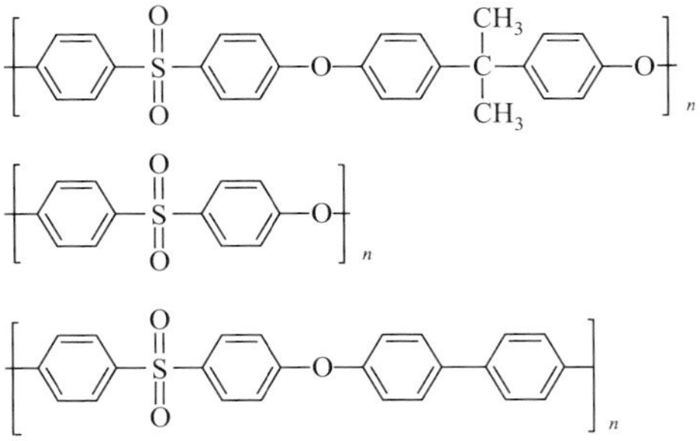

图 2.8　三种聚芳砜的结构式

　　酚酞基聚芳醚砜(PES-C)分子主链上存在的 Cardo 侧基结构使聚合物的分子链难以运动，降低了分子链间的有序排列，聚合物呈无定形聚集态，极大地改善了聚合物的溶解性和加工性能。与前述三种聚芳砜相比，PES-C 具有更高的耐温等级($T_g = 265℃$)和更为优异的机械性能(表 2.2)，作为结构材料可用于更加苛刻的使用环境。PES-C 及笔者后续发展的系列 PES-C 共聚物是为满足产业化对耐高温型聚芳醚砜和功能型聚芳醚砜的需求开发的一类高性能树脂，具有以下优势：①PES-C 系列具有更高的 T_g，T_g 范围为 258~338℃；②PES-C 与其他高分子材料相容性好，适于制备高分子合金；③PES-C 在环氧、双马树脂中溶解性好，适于用作高耐温等级的热塑增韧剂；④加工方式多样，挤出、注塑、溶液加工等均可；⑤分子主链上酚酞环侧基增大分子的自由体积，提高水的通过率，更适于用作水处理膜[1]。

表 2.2　酚酞基聚芳醚砜(PES-C)性能参数

一般性能		机械性能		电性能	
指标	数值	指标	数值	指标	数值
外观	深琥珀色	弯曲模量/GPa	2.74	体积电阻/(Ω·cm)	$7×10^{16}$
T_g/℃	265	弯曲强度/MPa	152	介电常数(50 Hz, 20℃)	4.5
		拉伸强度/MPa	100	介电损耗角正切 $tanδ×10^3$(50 Hz)	10
		拉伸模量/GPa	1.6		
		断裂伸长率/%	10		
		简支梁冲击强度(无缺口)/(kJ/m²)	21		

PES-C 目前已完成工程化技术研究，包括聚合体系、产品后处理体系、溶剂回收体系等全部工作，形成完整的中试技术，并已设计完成年产 500 t PES-C 的生产工艺包。这一应用技术已申请并通过科技成果鉴定，成果水平被评为国际先进[2]。

2.2.3 酚酞基聚芳醚酮(砜)树脂的应用

高分子聚合物的结构决定其性能。以酚酞为核心单体制备的聚芳醚酮(砜)具有如下特点和优势：①聚合物较大的自由体积使溶剂小分子能够进入，从而具有可溶解特性。与结晶型 PEEK(只溶于浓硫酸)相比，PEK-C 可溶解于极性非质子溶剂，包括 DMF、DMAc、DMSO、NMP 以及卤代烃、THF 中。因此其加工形式多样化，既可模压、挤出、注塑成型，又可进行溶解性加工，以及用于制备溶液型涂料。②聚合物尺寸稳定性好，收缩率低。例如，PEEK 在 T_g(143℃)以上尺寸稳定性迅速降低，但 PEK-C 在 150～200℃区间都保持良好的尺寸稳定性。③由于无定形聚合物分子链间的相互作用，酚酞基聚芳醚酮(砜)与其他聚合物相容性好，更适合制备特种材料合金，满足多种应用需求。

酚酞基聚芳醚酮(砜)树脂已经以及可能的应用领域如下。

1)机械领域

利用其高耐热、高强度、耐磨损、抗蠕变和降低噪声等特点。

2)耐热水及耐化学试剂领域

主要利用其在热水、蒸汽及化学试剂条件下仍能保持优异的热稳定性、高刚性和尺寸稳定性等特点。

3)功能材料领域

主要利用其良好的成膜性、耐热性、耐腐蚀性及光学透明性等特点。可用于制造气体分离膜、微孔膜、半透膜、液晶显示器滤光膜等。

4)电子、电气领域

利用其绝缘性好、耐焊锡、尺寸稳定性好、耐各种清洗剂、可镶金属件、阻燃性好等特点，可应用于制造各类线圈骨架、印刷线路板、开关、各类支架或保持架等绝缘体、各种接插件等。

5)医疗、食品领域

利用其可采用蒸汽灭菌、干热灭菌、γ 射线灭菌等各种方式灭菌消毒，且能反复消毒的优点，可应用于灭菌装置各种部件、消毒容器、加湿器、电磁灶用餐具、电磁灶部件、食品加工用阀门和管子等。

6)其他领域

可用于防腐蚀涂料，耐溶剂片材、棒材及管材、复合材料，也可用溶液法制成超滤膜或反渗透膜等。

2.3　酚酞基聚芳醚酮(砜)共聚物的结构与制备 ◀◀◀

在酚酞基聚芳醚酮(砜)均聚物分子结构的基础上，以制备更高耐温等级的树脂和实现功能性为目标，通过在分子主链上引入刚性单体和在酚酞侧基 Cardo 环上进行修饰设计，合成了一系列酚酞基聚芳醚酮(砜)共聚物。分子主链引入刚性第三单体，如双酚芴(BPF)、吲哚啉酮、苯腈、咪唑、咔唑等，以及侧链引入环氧基、氨基、羧基、酰亚胺基、烯丙基等基团，实现分子结构多样性和功能性(图 2.9)。在聚合物分子链中，酚酞结构确保聚合物呈无定形态，其他单体引入能够进一步提高聚合物的 T_g(最高可达 340℃)或者增加功能性，包括提高极性和亲水性、环氧固化、进行紫外光交联等。并且可以通过改变原料单体组成和比例，来调控聚合物性能。

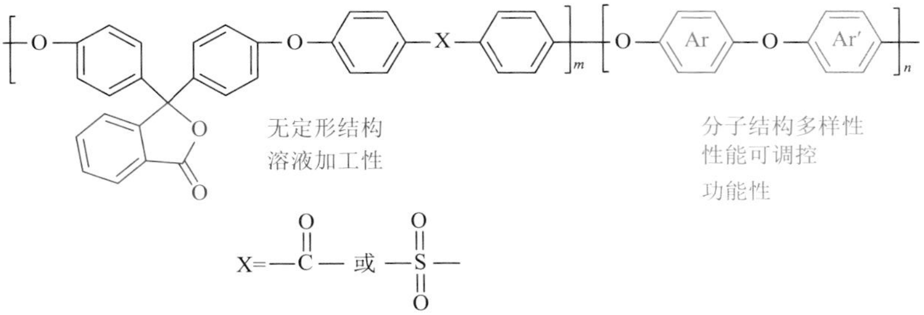

图 2.9　酚酞基聚芳醚酮(砜)共聚物分子结构示意图

在酚酞基聚芳醚酮(砜)分子主链上引入刚性基团制备各种均聚和共聚聚芳醚酮(砜)，进行分子结构调控，得到多个组成和分子量可控的无定形聚芳醚酮(砜)体系。酚酞基聚芳醚酮(砜)的 T_g 在 180～340℃可调，力学性能方面：拉伸强度 80～130 MPa；拉伸模量 2.5～3.5 GPa；弯曲强度＞150 MPa；弯曲模量 3.4 GPa；缺口冲击强度 45 kJ/m^2；断裂伸长率 2%～10%。使役性能方面：具有优异的电绝缘性能；突出的耐水解性、耐辐射、耐老化性能；自阻燃 UL94-V0 级。

砜基的引入强化了聚合物的分子链间作用力，有效提高了聚合物的耐热性，并大幅降低成本；双酚芴的引入增强了材料的机械性能、光泽性和热稳定性；苯并咪唑酮和咔唑都具有较强的刚性，保持了材料较好的机械性能和溶液加工性，并大幅改善聚合物的耐热性；氰基作为潜在交联点和官能化反应位点，可增强聚合物的黏接力和耐燃性，赋予材料易加工、低成本的特性。这部分工作作为下游产品开发准备相应的专用料树脂。

基于上述系列结构的无定形聚芳醚酮(砜)树脂，利用其在极性非质子溶剂及卤代烷烃中可溶解的优势，开发溶液法加工技术，在关键工艺上替代熔融加工，降低产品对耐高温设备的需求，使产品获得更好的尺寸稳定性和精密度，为高性能热塑性聚合物成型加工提供了一条新的思路，高效地解决了产品耐高温性能与成型设备及工艺之间的矛盾。薄膜连续化成型、耐高温涂料、纤维增强聚芳醚酮复合材料所使用的预浸料的制备工艺，都是基于溶液加工方式。溶液法加工作为一种重要的加工成型技术在成型工艺简单的同时，产品性能不逊于国外同类产品，部分产品性能超越了国外产品，在国家安全、人民生活中起到重要作用。充分发挥新型无定形聚芳醚酮性能优势和溶液加工优势，开发了合金材料、复合材料、泡沫材料、薄膜材料、高性能涂料、3D 打印材料等下游产品，以满足各民用和高技术领域的应用需求。

2.3.1 含双酚芴共聚物

1. 含双酚芴酚酞基聚芳醚酮共聚物[3]

通过共聚改性，在 PEK-C 的主链中引入含芴侧基，制备了一系列主链含酞结构和芴结构的线型高分子量无定形聚芳醚酮无规共聚物(PEKF-C，图 2.10)。

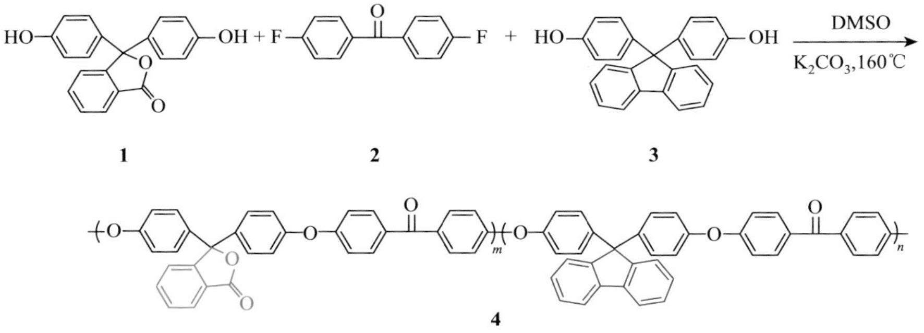

图 2.10   含双酚芴的酚酞基聚芳醚酮共聚物(PEKF-C)的合成路线

含双酚芴的酚酞基聚芳醚酮共聚物的 $M_n > 6.0 \times 10^4$ g/mol，$M_w > 1.0 \times 10^5$ g/mol，PDI 1.6~1.7(表 2.3)。XRD 数据表明共聚物系无定形结构，DSC 和 TGA 测试表明聚合物具有良好的耐热性，初始热分解温度高于 467℃，700℃时残炭率大于 58.9%，共聚物呈现单一的玻璃化转变温度，$T_g > 243$℃。当酚酞与双酚芴摩尔比在 3∶7~5∶5 范围内时，共聚物的弹性模量和断裂伸长率呈现出显著提高的趋势，可分别达到 3.1 GPa 和 58%，是 PEK-C 树脂的 1.4 倍和 8.3 倍。这类含酞和芴侧基的无定形聚芳醚酮保持了在 TCM、DCM、THF 和 NMP 等极性非质子溶剂中良好的溶解性能，并显著提高了聚合物的力学性能和热性能。

表 2.3　含酞和芴侧基聚芳醚酮共聚物(PEKF-C)的分子量

样品	$n_{PHT}:n_{BPF}$	$(\eta_{sp}/c)/(dL/g)$	$M_n/$ $(10^4\ g/mol)$	$M_w/$ $(10^4\ g/mol)$	PDI
T10F0	100：0	2.15	17.8	28.6	1.6
T9F1	90：10	1.47	11.4	18.9	1.7
T8F2	80：20	0.88	10.3	17.3	1.7
T7F3	70：30	0.82	6.0	10.1	1.7
T6F4	60：40	0.97	7.3	12.5	1.7
T5F5	50：50	1.30	6.7	11.2	1.7
T4F6	40：60	1.12	9.9	16.0	1.6
T3F7	30：70	1.81	15.9	25.8	1.6
T2F8	20：80	0.80	6.0	10.1	1.7
T1F9	10：90	0.82	6.2	10.8	1.7
T0F10	0：100	1.77	15.9	27.7	1.7

2. 含双酚芴酚酞基聚芳醚砜共聚物

通过共聚改性在 PES-C 主链中引入含芴侧基，制备了一系列主链含酞结构和芴结构的线型高分子量无定形聚芳醚砜无规共聚物 PESF-C(图 2.11)。通过 ^{1}H NMR 确认共聚物的结构。

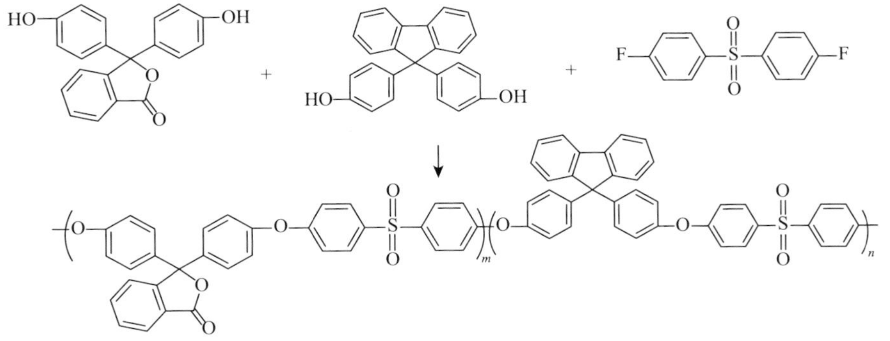

图 2.11　含双酚芴酚酞基聚芳醚砜共聚物(PESF-C)的合成路线

1）PESF-C 共聚物的 ^{1}H NMR 表征

共聚物 PESF-C 的 ^{1}H NMR 如图 2.12 所示。图中 δ(ppm)：7.98（H9），7.87～7.79（H16、6、8、12），7.62（H10、11），7.41～7.36（H2、13），7.30（H3），7.22（H5、4），7.04～6.98（H14、15、1），6.88（H7）。随着双酚芴的含量增加，2、4、5、7 位化学位移峰面积在增加，9、10、11、12 位化学位移峰面积逐渐减小。核磁分析表明，通过亲核缩聚反应合成了酞和芴侧基聚芳醚砜的三元共聚物，共聚物中酚酞和双酚芴结构单元含量的变化与投料比一致。

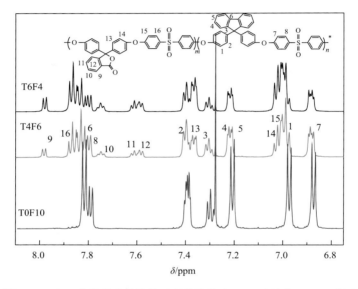

图 2.12　含双酚芴酚酞基聚芳醚砜共聚物（PESF-C）的 ^{1}H NMR 谱图

2）PESF-C 共聚物的 GPC 测试

PESF-C 共聚物的 GPC 测试结果见表 2.4，所得共聚物 $M_n > 4.6 \times 10^4$ g/mol，$M_w > 6.7 \times 10^4$ g/mol，PDI 1.5～1.9。这是由于 4，4′-二氟二苯砜具有较高的反应活性，在较低的缩聚温度下，仍然能够获得线型高分子量聚合物。

表 2.4　含双酚芴酚酞基聚芳醚砜共聚物（PESF-C）的 GPC 数据

样品	$n_{\text{PHT}} : n_{\text{BPF}}$	收率/%	$(\eta_{\text{sp}}/c)/(\text{dL/g})$	$M_n/(10^4 \text{ g/mol})$	$M_w/(10^4 \text{ g/mol})$	PDI
T0F10	0：10	96	0.32	4.6	7.0	1.5
T2F8	2：8	92	0.43	6.9	10.7	1.6
T4F6	4：6	96	0.36	4.6	6.7	1.5
T5F5	5：5	95	1.45	23.7	45.6	1.9

样品	$n_{PHT}:n_{BPF}$	收率/%	$(\eta_{sp}/c)/(dL/g)$	$M_n/(10^4\ g/mol)$	$M_w/(10^4\ g/mol)$	PDI
T6F4	6:4	92	0.72	10.0	15	1.5
T8F2	8:2	94	0.64	6.3	8.5	1.4
T10F0	10:0	97	1.26	34.1	58.7	1.7

注: GPC 测试所用溶剂为 THF, T10F0 的 GPC 溶剂为 DMF。

3) 共聚物的耐热性

含酞和芴侧基聚芳醚砜共聚物的 DSC 数据见表 2.5 和图 2.13, 二次升温曲线如图 2.14 所示。共聚物的 DSC 二次升温曲线均呈现唯一的玻璃化转变, 而无熔融转变, 表明所得共聚物均为无定形聚合物, 这与 XRD 结果是一致的。随着双酚芴的加入量增大, 共聚物的 T_g 从 271.2～282.8℃逐渐增大, 表明共聚物有较高的 T_g。说明共聚物的 T_g 可以通过调节加入两种双酚单体的摩尔比例进行调控。

表 2.5 含双酚芴酚酞基聚芳醚砜共聚物(PESF-C)的耐热性

样品	$T_g/℃$	$T_{onset}/℃$	$T_{d5\%}/℃$
T0F10	282.8	550	544
T2F8	281.9	525	515
T4F6	274.5	496	502
T5F5	280.1	497	503
T6F4	276.5	494	500
T8F2	272.4	494	494
T10F0	271.2	491	491

注: T_g: 玻璃化转变温度, T_{onset}: 起始分解温度; $T_{d5\%}$: 5%失重温度。

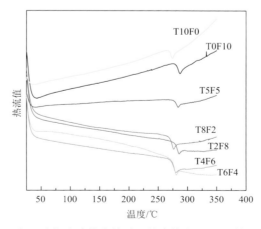

图 2.13　含双酚芴酚酞基聚芳醚砜共聚物(PESF-C)的 DSC 曲线

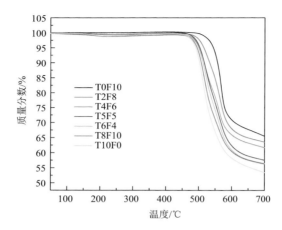

图 2.14　含双酚芴酚酞基聚芳醚砜共聚物(PESF-C)的 TGA 曲线

4) 共聚物的热稳定性

PESF-C 共聚物 DSC 数据见表 2.5 和图 2.14，随着双酚芴加入量的增大，共聚物的 $T_{d5\%}$ 呈现明显增大趋势，表明双酚芴的加入，显著增强了聚合物的热稳定性和耐烧蚀特性。随着双酚芴加入量的增大，共聚物的 T_{onset} 均呈现明显增大趋势，表明双酚芴的加入，使得聚合物的热稳定性得到明显改善。

5) 共聚物的 XRD 表征

PESF-C 三元共聚物的 XRD 谱图见图 2.15。2θ 在 5°～40°范围内出现一个弥散峰，未观测到有结晶峰出现，表明聚合物为无定形结构，与均聚物无明显差别。由于酞和芴侧基体积较大，阻碍了主链的规整性排列，形成长程无序的状态。

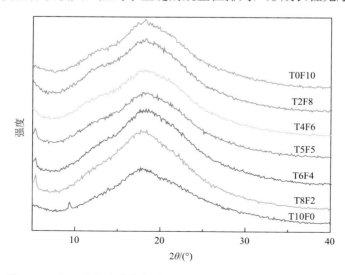

图 2.15　含双酚芴酚酞基聚芳醚砜共聚物(PESF-C)的 XRD 谱图

6)共聚物的溶解性

无定形聚芳醚砜由于较大侧基的存在,阻碍了主链紧密堆砌,一般在 TCM 等卤代烃以及 DMF 等极性溶剂中具有优异的溶解性。笔者考察了 PESF-C 三元共聚物在常见溶剂中的溶解性(表 2.6)。共聚物在溶剂 TCM 及偶极非质子溶剂如 NMP、DMF 和 DMAc 中的溶解性较好,在常用溶剂 THF 和 DMSO 中半溶解。因此可通过调节酚酞和双酚芴的比例来调整溶解性。

表 2.6　含双酚芴酚酞基聚芳醚砜共聚物(PESF-C)的溶解性

样品	DMF	DMAc	NMP	TCM	DMSO	THF
T0F10	+	+	+	+	−	+
T2F8	+	+	+	+	−	+
T4F6	+	+	+	+	+	+
T5F5	+	+	+	+	+	+
T6F4	+	+	+	+	+	+
T8F2	+	+	+	+	+	−
T10F0	+	+	+	+	+	+

注:"+"可溶解;"−"不溶解。

7)共聚物的力学性能

共聚物的力学性能见表 2.7,各项力学性能与 PES-C 相比均有降低,这是由于引入双酚芴后共聚物溶解性下降,部分高分子量的聚合物不溶解。

表 2.7　含双酚芴酚酞基聚芳醚砜共聚物(PESF-C)的力学性能

样品	σ_m/MPa	E_t/MPa	ε_b/%	线膨胀系数/[μm/(m·℃)]
T2F8	半溶解,制成的膜不光滑			
T4F6	45.6	1422	4.1	58.79
T5F5	70.7	1648	6.8	63.08
T6F4	68.6	1520	7.9	62.35
T8F2	73.5	1390	7.8	60.09
T10F0	67.2	1862	11.6	64.70

2.3.2　含咪唑共聚物[3]

笔者前期以苯并咪唑酮及其衍生物与 4, 4′-二氟二苯甲酮为单体,通过 C—N 偶联缩聚,得到一系列含咪唑酮结构的新型全芳香聚酮,其具有良好的耐热性和耐烧蚀等性能,但是由于聚合物链段刚性强,柔顺性差,这导致聚合物合成时需要特殊的反应溶剂二苯砜,反应时间较长,并且聚合物在后处理时要分步进行,时间长,操作烦琐。聚合产物对加工设备要求高,加工困难,不能进行溶液法加工。为改善聚合物的溶解性,制备了含有咪唑基团的酚酞基聚芳醚酮共聚物(图 2.16)。

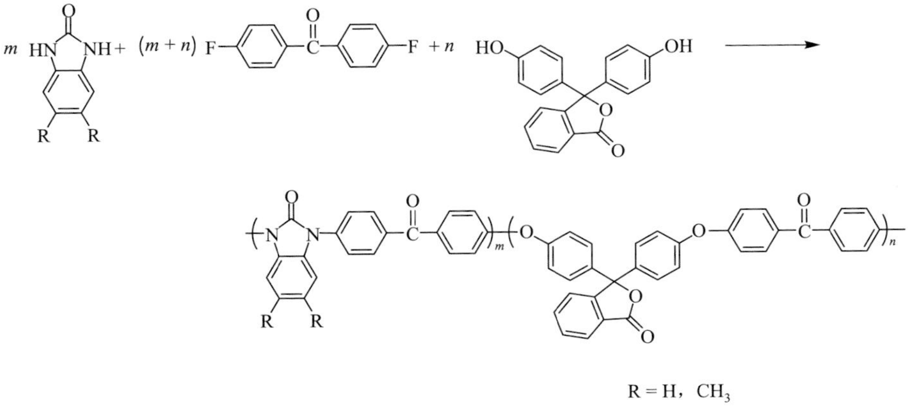

$$R = H, CH_3$$

图 2.16　含咪唑基团的酚酞基聚芳醚酮共聚物合成路线

双酚单体与 4,4′-二氟二苯甲酮的聚合属于芳环 S_N2 亲核缩聚反应，使用弱碱如碳酸钾就可使反应顺利进行，而苯并咪唑酮与 4,4′-二氟二苯甲酮的聚合属于 C—N 偶联缩聚反应，N—H 键的反应活性相对较低，需要在碳酸钙的存在下进行。二者均可在相同的溶剂中进行，反应条件也极为相近。

实验考察了溶剂种类、反应时间以及碳酸盐种类对聚合体系的影响(表 2.8)。以 $n_{PHT}:n_{HBI}=5:5$，即 T5I5 为例进行缩聚，对影响反应的因素进行讨论，优点在于：苯并咪唑酮含量适中，产物可溶解在 TCM，方便利用乌氏黏度法对实验结果进行讨论，DSC 结果作为辅助手段，准确性更高。

表 2.8　含咪唑酮聚芳醚酮(T5I5)的聚合反应参数

编号	溶剂	成盐剂	反应温度/℃	时间/h	(η_{sp}/c) /(dL/g)	T_g/℃
1	DMI	K_2CO_3/$CaCO_3$	129/188	2/4.5	0.75	251
2	CHP	K_2CO_3/$CaCO_3$	135/200	2/4.5	1.13	253
3	TMS	K_2CO_3	135/200	2/4.5	0.64	245
4	TMS	K_2CO_3/$CaCO_3$	135/200	2/3	0.85	247
5	TMS	K_2CO_3/$CaCO_3$	135/190	2/4.5	1.26	253
6	TMS	K_2CO_3/$CaCO_3$	135/200	2/4.5	1.34	256
7	TMS	K_2CO_3/$CaCO_3$	135/210	2/4.5	1.35	256
8	TMS	K_2CO_3/$CaCO_3$	135/200	2/6	1.33	256
9	DPS	K_2CO_3	135/200	2/4.5	0.82	251
10	DPS	K_2CO_3/$CaCO_3$	135/200	2/4.5	1.43	256
11	DPS	K_2CO_3/$CaCO_3$	135/200	2/6	1.37	254

从表 2.8 可以看出，相同条件下，共聚物的特性黏度随着溶剂不同有较大变化。反应溶剂对聚合的影响较大，以缩聚时间 4.5 h 进行对比，对于该聚合体系而言，DPS＞TMS＞CHP＞DMI。这可能是聚合物在体系中溶解性不同导致的。根据相似相溶原理，DPS、CHP 和 DMI 三种溶剂的溶解能力比较强，保证了反应的顺利进行。共聚物在 TMS 中的溶解性良好，反应过程中未见前期沉淀，特性黏度达到 1.26～1.35 dL/g，故共聚物 T_g 相差不大，在 253～256℃范围内。

实验还考察了碳酸盐的加入对聚合体系的影响。含咪唑酮全芳香聚酮的研究结果表明：碳酸钙的存在对反应的影响不能忽视。共聚体系中加入碳酸钙，聚合温度为 190～200℃，聚合时间均为 135 min 条件下聚合物的特性黏度从 0.64 dL/g 增大至 1.34 dL/g。T_g 从 245℃提高到 256℃，增大了 11℃。这可能是由于该钙能与氟形成氟化钙即萤石沉淀出来，降低体系氟离子的浓度，使反应向缩聚方向顺利进行。产生的氟化钙沉淀经过乙酸洗涤除去，有效提高了聚合反应的效率。

时间和温度对聚合反应的影响也较为明显。随着反应时间的延长和温度的提高，聚合物黏度增大，表明聚合产物分子量增大，但 T_g 增大不明显。这可能是由于随着聚合物分子量增大到一定范围，T_g 增长不明显，即聚合物分子量达到了临界分子量，T_g 趋于恒定。

含苯并咪唑酮酚酞基聚芳醚酮三元共聚物的 FTIR 如图 2.17 所示，聚合物在 1772～1657 cm^{-1} 区间内有三个吸收峰，分别对应的是咪唑酮单元中 C=O 键 (1657 cm^{-1})、二苯酮单元中 C=O (1725 cm^{-1}) 和酞侧基中 C=O 键 (1772 cm^{-1}) 的吸收峰。随着酚酞和苯并咪唑酮投料比的不同，三个峰强度发生变化。当酚酞加入量增大时，1772 cm^{-1} 处的酞侧基中 C=O 键吸收峰强度逐渐增强，1657 cm^{-1} 处咪唑酮单元中 C=O 键吸收峰逐渐减弱，直至完全消失。

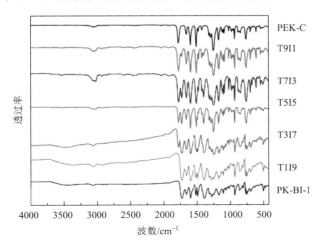

图 2.17　含苯并咪唑酮酚酞基聚芳醚酮共聚物的 FTIR 谱图

含 5,6-二甲基苯并咪唑酮酚酞基聚芳醚酮三元共聚物的 FTIR 谱图如图 2.18 所示,5,6-二甲基苯并咪唑酮单元的甲基上 C—H 伸缩振动吸收峰出现在 2923 cm^{-1}。聚合物在 1772~1655 cm^{-1} 区间内有三个吸收峰,分别对应的是咪唑酮单元中 C=O 键(1655 cm^{-1})、二苯酮单元中 C=O(1721 cm^{-1})和聚合物侧基中 C=O 键(1772 cm^{-1})的吸收峰。随着酚酞和苯并咪唑酮投料比的不同,三个峰强度发生变化。当酚酞加入量增大时,1772 cm^{-1} 处的酞侧基中 C=O 键吸收峰强度逐渐增强,1655 cm^{-1} 处咪唑酮单元中 C=O 键吸收峰和甲基上 C—H 伸缩振动吸收峰逐渐减弱,直至完全消失。结果表明,苯并咪唑酮和 5,6-二甲基苯并咪唑与酚酞共聚物的结构与实验路线一致。

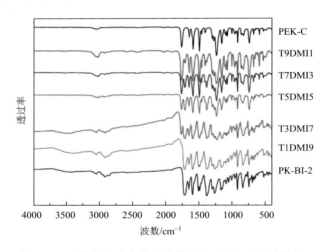

图 2.18   含 5,6-二甲基苯并咪唑酮酚酞基聚芳醚酮三元共聚物的 FTIR 谱图

系列共聚物由于受到聚合物溶解性的限制,给出部分聚合物的液体 ^{1}H NMR 谱图和 ^{13}C NMR 谱图。

含苯并咪唑酮酚酞基聚芳醚酮三元共聚物的 ^{1}H NMR 如图 2.19 所示。由于溶解性的限制,仅给出酚酞含量大于等于 50% 的谱图。从谱图可以看出,所有共振峰均出现在 6.0~8.0 ppm 范围内,这是因为聚合物所有的质子均出现在苯环上,峰位置相对集中。随着酚酞加入量的增加,化学位移 7.03 ppm 处共振信号强度增加,7.96 ppm、7.88 ppm 和 7.19 ppm 处共振信号逐渐减弱,表明酚酞和苯并咪唑酮含量的变化,这有利于核磁峰的归属,确定信号来源所属的单元结构。

含苯并咪唑酮聚芳醚酮酚酞三元共聚物的 ^{13}C NMR 谱图如图 2.20 所示。所有共振峰均出现在 90~195 ppm 范围内,这是因为聚合物所有的碳原子都为 sp^2 杂化或 sp^3 杂化,碳原子较多的区域,峰位置集中在 110~140 ppm 范围内。随着酚酞加入量的增加,化学位移 90.84 ppm 和 160.45 ppm 处共振信号强度增加,

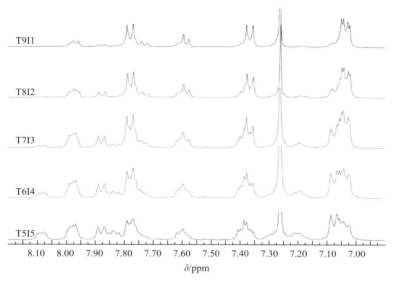

图 2.19　含苯并咪唑酮酚酞基聚芳醚酮三元共聚物的 ^{1}H NMR 谱图

109.32 ppm、119.63 ppm 和 160.88 ppm 处共振信号逐渐减弱,表明酚酞和苯并咪唑酮两种结构单元在聚合物中含量的变化,这有利于核磁峰的归属,确定信号来源所属的单元结构。

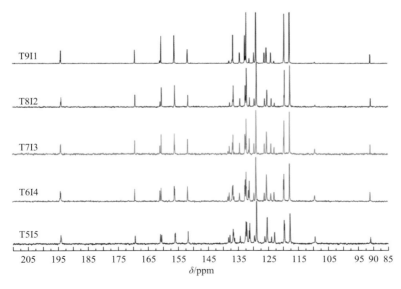

图 2.20　含苯并咪唑酮酚酞基聚芳醚酮三元共聚物的 ^{13}C NMR 谱图

含 5,6-二甲基苯并咪唑酮酚酞基聚芳醚酮三元共聚物的 ^{1}H NMR 谱图如图 2.21 所示。出于对溶解性的考虑，给出酚酞含量大于等于 50%的谱图。由于甲基的存在，化学位移 2.30 ppm 处出现取代甲基的质子信号峰，除此之外，所有共振峰均出现在 7.0~8.1 ppm 范围内，除在 7.19 ppm 处未见信号峰外，与含苯并咪唑酮酚酞基聚芳醚酮（PHT-DFK-HBI）三元共聚体系极为相似。随着酚酞加入量的增加，化学位移 7.03 ppm 处共振信号强度增加，7.96 ppm 和 7.74 ppm 处共振信号逐渐减弱，表明酚酞和 5,6-二甲基苯并咪唑酮含量的变化。

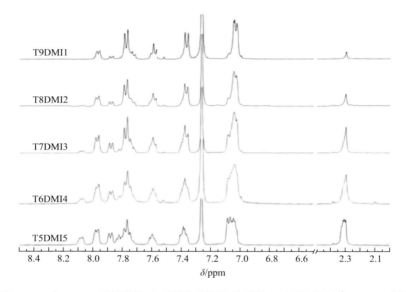

图 2.21   含 5,6-二甲基苯并咪唑酮酚酞基聚芳醚酮三元共聚物的 ^{1}H NMR 谱图

含 5,6-二甲基苯并咪唑酮酚酞基聚芳醚酮三元共聚物的 ^{13}C NMR 谱图如图 2.22 所示。从图谱可以看出，除 19.92 ppm 处有一甲基碳的化学位移外，其他共振峰均出现在 90~195 ppm 范围内，这是因为聚合物中芳环上的碳原子都为 sp^2 杂化或 sp^3 杂化，碳原子较多的区域，峰位置集中在 110~140 ppm 范围内。随着酚酞加入量的增加，化学位移 90.80 ppm 和 160.43 ppm 处共振信号强度增加，19.92 ppm、110.37 ppm 和 160.81 ppm 处共振信号逐渐减弱，表明酚酞和 5,6-二甲基苯并咪唑酮两种结构单元在聚合物中含量的变化，便于确定信号来源所属的结构单元。

1. 共聚物的黏度测试

经酚酞改性的含苯并咪唑酮结构聚芳醚酮共聚物的溶解性有良好改善，当酚酞含量大于等于 50%时，共聚物具有较高的溶解性，可溶解在 TCM 中。利用乌氏黏度计对共聚物的氯仿溶液(0.5%，m/V)进行测量(表 2.9)。

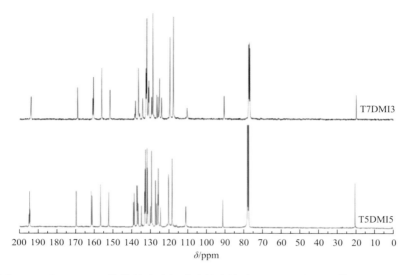

图 2.22　含 5,6-二甲基苯并咪唑酮酚酞基聚芳醚酮三元共聚物的 ^{13}C NMR 谱图

表 2.9　可溶性含苯并咪唑酮和 5,6-二甲基苯并咪唑酮结构酚酞基聚芳醚酮共聚物的 GPC 和黏度数据

样品	流出时间/min	M_w/(10^4 g/mol)	M_n/(10^4 g/mol)	PDI	(η_{sp}/c)/(dL/g)
T9I1	16.317	35.9	18.9	1.9	1.52
T8I2	16.325	38.3	19.2	2.0	1.56
T7I3	17.500	12.7	9.0	1.4	1.38
T6I4	—	—	—	—	1.35
T5I5	—	—	—	—	1.35
T9DMI1	15.119	62.9	30.5	2.1	1.82
T8DMI2	18.450	7.5	5.8	1.3	0.68
T7DMI3	17.117	17.8	11.6	1.5	0.78
T6DMI4	—	—	—	—	1.03
T5DMI5	—	—	—	—	0.86

　　黏度测试结果显示：经酚酞改性的两个体系共聚物具有较高的特性黏度，达到 0.68 dL/g 以上，最高可达 1.82 dL/g。表明共聚物的分子量较大，形成了线型高分子量共聚物。对比发现，含苯并咪唑酮结构酚酞基聚芳醚酮共聚物的特性黏度比同样酚酞含量的含 5,6-二甲基苯并咪唑酮结构酚酞基聚芳醚酮共聚物高，产生这种现象的原因可能是单体 5,6-二甲基苯并咪唑酮的位阻效应大，甲基的给电子效应不足以抵抗其强大的位阻效应，导致单体聚合活性下降，聚合黏度下降。

2. 共聚物的 GPC 测试

可溶共聚物的 GPC 测试在 Waters P1514-2414RI 上进行，在含 LiBr 的 DMF 溶剂中测试。

测试结果与聚苯乙烯标样比照，计算得到共聚物的分子量及分子量分布信息。GPC 谱图如图 2.23 所示。所测聚合物的流出时间峰值在 15.12～18.45 min 范围内，峰形规整。含苯并咪唑酮结构酚酞基聚芳醚酮共聚物的重均分子质量为 $(12.7～38.3) \times 10^4$ g/mol，数均分子质量为 $(9.0～19.2) \times 10^4$ g/mol，PDI 为 1.4～2.0；含 5,6-二甲基苯并咪唑酮结构酚酞基聚芳醚酮的重均分子质量为 $(7.5～62.9) \times 10^4$ g/mol，数均分子质量为 $(5.8～30.5) \times 10^4$ g/mol，PDI 1.3～2.1，见表 2.9。GPC 谱图结合黏度测试结果，酚酞对苯并咪唑酮及 5,6-二甲基苯并咪唑酮的共聚改性得到线型高分子量聚合物。

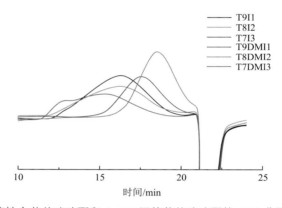

图 2.23　可溶性含苯并咪唑酮和 5,6-二甲基苯并咪唑酮的 GPC 曲线（DMF 溶剂）

3. 共聚物的 XRD 表征

图 2.24 为原生态下含苯并咪唑酮结构酚酞基聚芳醚酮共聚物的 XRD 谱图。结果显示：原生态下，均聚物 PK-BI-1 在 $2\theta = 5°～40°$ 范围内具有明显的衍射峰，前文使用 DSC 的方法（在 DSC 中以 10 K/min 的升温速率从室温加热至 T_{g} 以上，再以 10 K/min 的降温速率降至室温）消除热历史后，聚合物的 XRD 结果显示为无定形结构。当其与酚酞进行无规共聚时，当聚合物中苯并咪唑酮含量大于等于 70%时，原生态下共聚物在 $2\theta = 5°～30°$ 范围内在原出峰位置处仍然保留有均聚物的 XRD 衍射峰，当含量小于等于 50%时，仅在 $2\theta = 28.4°$ 处出现了一个新的衍射峰，峰形较宽，强度不大，而整个扫描区间则呈现出弥散峰，说明聚合物主链主要为长程无序的聚集态结构；该角度对应的面间距经布拉格公式计算，$d = 1.619$ Å。这可能是苯并咪唑酮结构刚性较大，导致出现部分单元有序排列。

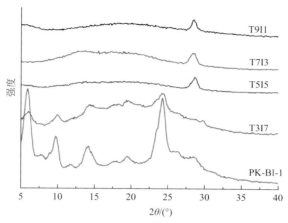

图 2.24　原生态下含苯并咪唑酮结构酚酞基聚芳醚酮共聚物的 XRD 谱图

原生态下含 5,6-二甲基苯并咪唑酮结构酚酞基聚芳醚酮共聚物的 XRD 谱图如图 2.25 所示。结果显示，原生态下，均聚物 PK-BI-2 在 $2\theta = 5°\sim40°$ 范围内具有明显的衍射峰。消除热历史后，聚合物的 XRD 结果显示为无定形结构。当其与酚酞进行无规共聚时，当 5,6-二甲基苯并咪唑酮含量大于等于 90%时，原生态下共聚物在 $2\theta = 5°\sim30°$ 范围内在原出峰位置处仍然保留有均聚物的 XRD 衍射峰，当 5,6-二甲基苯并咪唑酮含量等于 50%时，仅在 $2\theta = 28.7°$ 处出现了一个新的衍射峰，峰形较宽，强度不大，而整个扫描区间则呈现出弥散峰，情况与前面讨论的含苯并咪唑酮酚酞基聚芳醚酮共聚物基本相似，说明聚合物主链主要为长程无序的聚集态结构；该角度对应的面间距经布拉格公式计算，$d = 1.603$ Å。这可能是 5,6-二甲基苯并咪唑酮结构刚性较大，导致出现部分单元有序排列。当 5,6-二甲基苯并咪唑酮含量小于等于 30%时，共聚物的 XRD 为弥散峰而无衍射峰，表明聚合物为无定形结构。

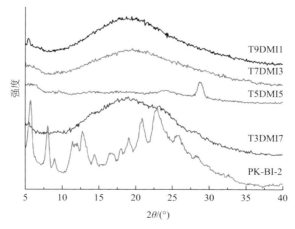

图 2.25　原生态下含 5,6-二甲基苯并咪唑酮结构酚酞基聚芳醚酮共聚物的 XRD 谱图

4. 共聚物的溶解性

聚合物的溶解性不同决定了聚合物不同的加工方式。PEEK 由于不能溶解于常见的有机溶剂，仅溶于浓硫酸中，无法进行溶液加工。酚酞基聚芳醚酮和二氮杂萘酮聚芳醚酮由于具有较大的侧基，能够在 TCM、DMF、NMP、THF 等溶剂中溶解，溶液加工性能优异。本节通过溶液 S_N2 亲核缩聚和 C—N 偶联缩聚法制备主链含有酞侧基的聚芳醚酮共聚物，对其溶解性进行考察，见表 2.10。结果表明，含苯并咪唑酮和 5,6-二甲基苯并咪唑酮结构酚酞基聚芳醚酮三元共聚体系中，共聚单体 PHT 的含量大于等于 50%时，共聚物溶解在 TCM、DMF、NMP 和 THF 等溶剂中，具有良好的溶液加工性；当共聚物中酚酞含量低于 50%时，聚合物在这些溶剂中的溶解性较差，这可能与分子链间相互作用有关，溶剂无法进入分子链之间的空间内发生溶解。所有共聚物都能溶解于浓硫酸，这可能是聚合物被磺化后溶解性增大的结果。

表 2.10　含苯并咪唑酮和 5,6-二甲基苯并咪唑酮结构酚酞基聚芳醚酮共聚物的溶解性

样品	TCM	DMF	NMP	THF	丙酮	甲苯	浓硫酸
T9I1	+	+	+	+	−	−	+
T8I2	+	+	+	+	−	−	+
T7I3	+	+	+	+	−	−	+
T6I4	+	+	+	+	−	−	+
T5I5	+	+	+	+	−	−	+
T4I6	−	−	−	−	−	−	+
T3I7	−	−	−	−	−	−	+
T2I8	−	−	−	−	−	−	+
T1I9	−	−	−	−	−	−	+
T9DMI1	+	+	+	+	−	−	+
T8DMI2	+	+	+	+	−	−	+
T7DMI3	+	+	+	+	−	−	+
T6DMI4	+	+	+	+	−	−	+
T5DMI5	+	+	+	+	−	−	+
T4DMI6	+	+	+	+	−	−	+
T3DMI7	−	−	−	−	−	−	+
T2DMI8	−	−	−	−	−	−	+
T1DMI9	−	−	−	−	−	−	+

注：“+”可溶解；“−”不溶解。

5. 共聚物的耐热性

含咪唑酮结构全芳香聚酮具有较高的 T_g 和良好的热稳定性,这是由于刚性的芳香环与羰基相连,具有较高的内旋转位阻,链段运动受到限制,可提高聚合物的 T_g;另外,芳香性杂原子的存在可有效增加键能,有助于提高聚合物的热稳定性。本节通过溶液 S_N2 亲核缩聚和 C—N 偶联缩聚,得到系列含有咪唑酮结构酚酞基聚芳醚酮,利用 DSC 和 TGA 对其耐热性进行表征。

6. 共聚物的 DSC 表征

含苯并咪唑酮结构酚酞基聚芳醚酮共聚物的 DSC 二次升温曲线如图 2.26 所示。共聚物的二次升温曲线呈现单一台阶,为玻璃化转变,无熔融转变。首先是由于酞侧基的引入,共聚物结构调整,无法形成长程有序结构;其次,苯并咪唑酮结构中亚苯侧基的存在对分子链的有序排列也存在阻碍作用。DSC 曲线表明共聚物为无定形结构。所得共聚物的 T_g 在 234~266℃范围内,见表 2.11。随着酚酞加入量增大,T_g 呈现下降的趋势。这是因为酚酞的引入,使得部分 C—N 键被芳醚键取代,主链刚性变差,柔性变强,自由旋转阻力减弱。前文中在表 2.11 中提到,环丁砜中制得的均聚物 PK-BI-1 的 T_g 为 234℃,而经酚酞改性后,其共聚物的 T_g 更高。主要原因可能是酚酞的加入,大大增强了聚合物的溶解性,避免前期沉淀现象的发生,使得其分子量变大,进而 T_g 增高。当酚酞含量小于 30% 时,聚合物 T_g 升高便不明显了,也未能达到在二苯砜中得到的 299℃的高 T_g。这是因为聚合物在达到一定溶解度后便出现前期沉淀析出,链增长受阻,分子量不再增加。

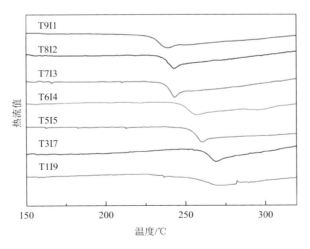

图 2.26　含苯并咪唑酮结构酚酞基聚芳醚酮共聚物的 DSC 曲线

表 2.11   含咪唑结构酚酞基聚芳醚酮的耐热性

样品	T_g/℃	$T_{d5\%}$/℃	T_{onset}/℃	$T_{p,1}$/℃	$T_{p,2}$/℃	残炭率[*]/%
T9I1	234	496	493	513	575	57.84
T8I2	239	493	500	513	577	58.67
T7I3	245	492	498	514	577	61.86
T6I4	252	501	493	515	577	60.29
T5I5	256	496	494	516	578	62.04
T4I6	260	494	493	517	577	64.05
T3I7	264	498	493	517	578	59.91
T2I8	265	496	482	512	581	61.96
T1I9	266	489	458	589		63.17
T9DMI1	239	470	455	504	571	52.74
T8DMI2	245	475	463	489	574	56.76
T7DMI3	248	467	451	480	574	55.02
T6DMI4	257	472	465	485	567	56.69
T5DMI5	259	472	463	483	568	59.43
T4DMI6	278	462	453	478	563	62.20
T3DMI7	290	464	458	482	582	62.50
T2DMI8	292	466	509	483	578	60.34
T1DMI9	298	446	510	578		57.15

＊900℃时残炭率。

含 5,6-二甲基苯并咪唑酮结构酚酞基聚芳醚酮共聚物的 DSC 二次升温曲线如图 2.27 所示。与含苯并咪唑酮结构酚酞基聚芳醚酮共聚物相似，共聚物的二次升温曲线呈现单一台阶，为玻璃化转变，无熔融转变。首先是由于酞侧基的引入，共聚物结构调整，无法形成长程有序结构；其次，苯并咪唑酮结构中二甲基亚苯侧基的存在阻碍了分子链的规整排列。DSC 曲线表明该系列共聚物为无定形结构。所得共聚物的 T_g 为 239~298℃，随着酚酞加入量增大，T_g 呈现下降的趋势。这是因为酚酞的引入，使得部分 C—N 键的链接被芳醚键取代，主链刚性变差，柔性变强，自由旋转阻力减弱导致 T_g 下降。与含苯并咪唑酮结构酚酞基聚芳醚酮共聚物结果不同的是：当酚酞加入量小于 30% 时，聚合物 T_g 升高仍在继续，最终达到 298℃ 的高 T_g。这是因为二甲基取代的苯并咪唑酮，其侧基体积较大，聚合物溶解性明显增大，未发生前期沉淀的现象，有利于缩聚反应继续进行。

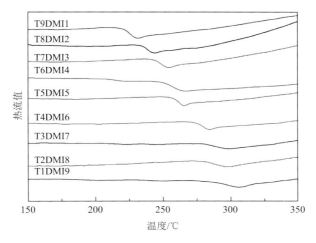

图 2.27　含 5,6-二甲基苯并咪唑酮结构酚酞基聚芳醚酮共聚物的 DSC 曲线

7. 共聚物的热重分析

含苯并咪唑酮结构酚酞基聚芳醚酮共聚物的热重分析曲线如图 2.28 所示。结果表明，聚合物的初始分解温度高于 458℃，900℃时残炭率高达 57.84%以上，表明聚合物在高温时发生炭化，热稳定性较高。当酚酞的加入量小于 20%时，共聚物的耐热性相对较差，在 260℃时有少量分解，这可能是由于苯并咪唑酮的含量高时，溶解性能变差，聚合物在环丁砜体系分子量不大，导致共聚物的耐热性相对较差。因此，可从聚合物的 TGA 曲线定性地分析反应的进行程度。从其 DTG 曲线（图 2.29）可以看出，共聚物的热分解速率在温度 513～589℃范围内，有两个峰值出现，低温

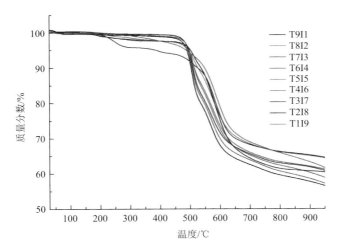

图 2.28　含苯并咪唑酮结构酚酞基聚芳醚酮共聚物的 TGA 曲线

峰形较窄。随着单体酚酞含量的增加,低温峰的强度逐渐变大,当含量达到90%时,该峰出现极值,为4.8×10⁻³℃⁻¹,这表明513℃处的峰主要为酚酞基团中酞侧基的裂解导致的。随后高温位置589℃附近出现的宽峰则主要为酮羰基的裂解失重导致的。

含5,6-二甲基苯并咪唑酮结构酚酞基聚芳醚酮共聚物的TGA曲线如图2.30所示。结果表明,聚合物的初始分解温度高于451℃,900℃时残炭率高达52.74%以上。当酚酞的加入量小于20%时,共聚物的耐热性相对较差,在200℃时即有少量分解,这可能是由于5,6-二甲基苯并咪唑酮的含量高时,溶解性能变差,聚合物在环丁砜体系分子量不大,导致共聚物的耐热性相对较差。因此,可从聚合物的TGA曲线定性地分析反应的进行程度。从其DTG曲线(图2.31)可以看出,

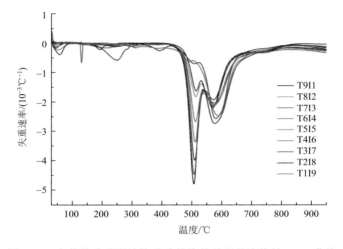

图2.29　含苯并咪唑酮结构酚酞基聚芳醚酮共聚物的DTG曲线

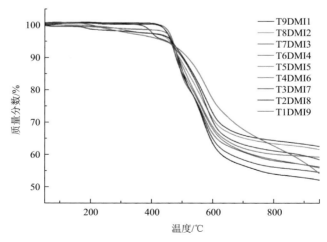

图2.30　含5,6-二甲基苯并咪唑酮结构酚酞基聚芳醚酮共聚物的TGA曲线

共聚物的热分解速率在温度 480～578℃ 范围内，有 2～3 个峰值出现，低温峰形较窄，与同咪唑酮单体含量的含苯并咪唑酮结构酚酞基聚芳醚酮共聚体系相比，低峰对应的温度更低，但强度面积变化不大，可以认定该处峰主要是由于酞侧基导致的。随着单体酚酞含量的增加，低温峰的强度逐渐变大，当含量为 80% 时，该峰出现极值，为 3.8×10^{-3}℃$^{-1}$，这表明 480℃ 处的峰主要是酚酞基团中酞侧基的裂解导致的。随后高温位置 578℃ 附近出现的宽峰则主要是酮羰基的裂解失重导致的。

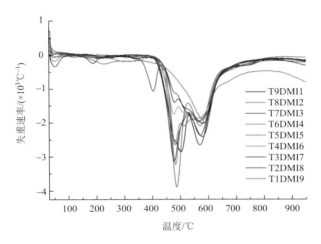

图 2.31 含 5,6-二甲基苯并咪唑酮结构酚酞基聚芳醚酮共聚物的 DTG 曲线

通过相似的共聚改性方法，以酚酞(PHT)、4, 4′-二氟二苯砜(DFDPS)均聚反应为基础，引入第三单体苯并咪唑酮(HBI)或 5, 6-二甲基-2-羟基苯并咪唑酮(DBI)，通过亲核缩聚、C—N 偶联缩聚反应，并通过调节 PHT 和第三单体 HBI 或 DBI 的投料比，制得一系列不同组分的高 T_g 聚芳醚砜共聚物。共聚物命名形式为 TxBy、TxDy(T、B、D 分别代表 PHT、HBI 和 DBI)，x 和 y 分别为反应投入的酚酞和第三单体的摩尔比，共聚物 **1** 和 **2** 代表 PESI-C 和 PESdml-C(图 2.32)。

8. 共聚物的 FTIR 表征

共聚物 **1** 和 **2** 红外谱图如图 2.33(a)和图 2.33(b)所示。可以看出：3064 cm^{-1} 处为苯环上 C—H 伸缩振动吸收峰，2926 cm^{-1} 处为甲基上 C—H 伸缩振动吸收峰，1772 cm^{-1} 处为酞侧基上 C=O 伸缩振动吸收峰，1726 cm^{-1} 处为咪唑环上羰基 C=O 伸缩振动吸收峰，1243 cm^{-1} 处为芳醚上 C—O—C 伸缩振动吸收峰，1322 cm^{-1} 处为 O=S=O 伸缩振动吸收峰，两种共聚物都随着 HBI、DBI 含量的增加，1772 cm^{-1} 吸收峰减弱，1726 cm^{-1} 吸收增强，这与实验的理论结果相符合。

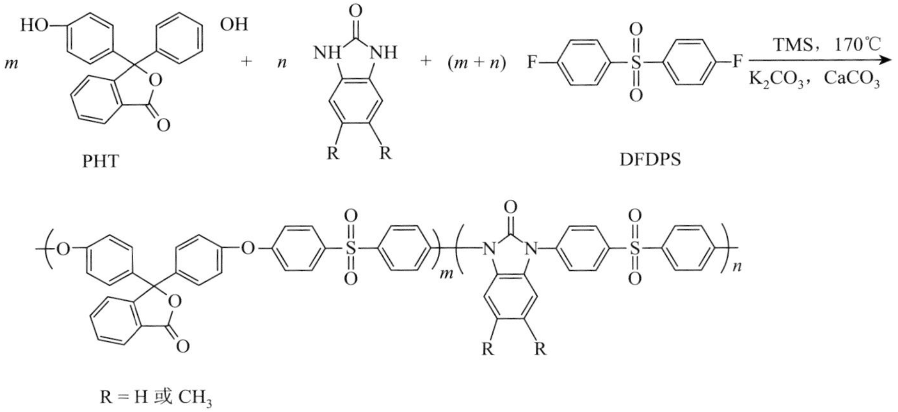

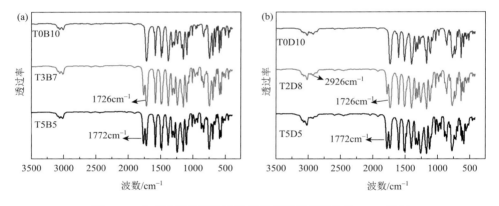

R = H 或 CH₃

图 2.32　含咪唑基的两种酚酞基聚芳醚砜共聚物合成路线

图 2.33　含咪唑基的两种酚酞基聚芳醚砜共聚物的 FTIR 谱图

9. 共聚物的 NMR 表征

共聚物 **1** 和 **2** 的 ¹H NMR 如图 2.34(a)和图 2.34(b)所示。图 2.34(a)中 δ(ppm)：8.11(H14、15)，7.93(H9)，7.86(H8)，7.97(H1)，7.77(H13、16)，7.75(H3)，7.59(H2、4)，7.37(H5)，7.19(H12)，7.08(H11)，7.01(H6、7、10)。可以看出，随着 HBI 的含量增加，1、2、4 位化学位移峰面积在减小，14、15、12 位化学位移峰面积逐渐增加。图 2.34(b)中 δ(ppm)：8.11(H14、15)，7.93(H9)，7.86(H8)，7.97(H1)，7.77(H13)，7.75(H3、16)，7.59(H2、4)，7.37(H5)，7.19(H12)，7.08(H12)，7.01(H6、7、10)，2.29(H11)。可以看出，随着 DBI 的含量增加，1、2、4 位化学位移峰面积在减小，14、15、12、11 位化学位移峰面积逐渐增加。核磁结果分析表明，通过亲核缩聚、C—N 偶联缩聚反应合成了含酚酞和苯并咪唑

酮或 5,6-二甲基苯并咪唑酮结构的三元共聚物，共聚物中酚酞和苯并咪唑酮或 5,6-二甲基苯并咪唑酮结构单元含量的变化与投料比一致。

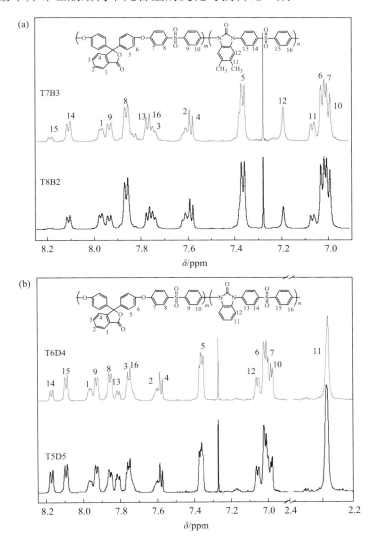

图 2.34　含咪唑基的两种酚酞基聚芳醚砜共聚物的 ^{1}H NMR 谱图

10. 共聚物的分子量表征

三元共聚物 **1** 和 **2** 的 GPC 测试结果见表 2.12。结果表明，所得共聚物 **1** 的 $M_n \geqslant 18.9 \times 10^4$ g/mol，$M_w \geqslant 56.5 \times 10^4$ g/mol，PDI = 2.3～2.9。这是因为 4,4'-二氟二苯砜具有较高的反应活性，在较低的缩聚温度条件下，仍然能够获得线型

高分子量聚合物。所得共聚物 **2** 的 $M_n \geqslant 4.1 \times 10^4$ g/mol，$M_w \geqslant 6.1 \times 10^4$ g/mol，$M_w/M_n = 1.4 \sim 1.8$。共聚物 **2** 较 **1** 反应时间较短，因此所得聚合物分子量相对较低，但在相对温和的缩聚条件（170℃）下，仍得到了高分子量聚合物，表明聚合物的单体的活性相对较高。

表 2.12   含咪唑基的两种酚酞基聚芳醚砜共聚物的表征

样品	n_{PHT} : n_{HBI}	M_n/ (10^4 g/mol)	M_w/ (10^4 g/mol)	PDI	样品	n_{PHT} : n_{DBI}	M_n/ (10^4 g/mol)	M_w/ (10^4 g/mol)	PDI
T9B1	9 : 1	24.2	56.5	2.3	T8D2	8 : 2	10.3	18.2	1.8
T8B2	8 : 2	24.5	62.2	2.5	T6D4	6 : 4	7.8	14.3	1.8
T7B3	7 : 3	18.9	56.1	2.9	T5D5	5 : 5	4.1	6.1	1.5

11. 共聚物的耐热性

共聚物 **1** 和 **2** 的 DSC 二次升温曲线如图 2.35（a）和图 2.35（b）所示，数据结果如表 2.13 所示，由曲线看出引入第三单体 HBI、DBI 的三元共聚物 **1** 和 **2** 只存在单一的台阶，是玻璃化转变，没有熔融转变，为无定形结构。主要原因是分子链中的砜基为立体结构，使聚合物无法熔融结晶，同时砜基赋予分子链较大的刚性；其次由于酞侧基的存在，聚合物无法形成长程有序的链结构；苯并咪唑酮的引入，阻碍了分子链之间的规整排列。随着苯并咪唑酮质量分数的增加，共聚物 **1** 的 T_g 呈现规律性升高，从 270℃ 逐渐升高到 340℃；随着 DBI 的质量分数增加，共聚物 **2** 的 T_g 呈现升高趋势，从 270℃ 逐渐升高到 344℃。影响 T_g 的变化因素是高分子链内旋转的难易程度。根据理论模拟，芳醚基 C—O—C 的内旋转势垒为 2.17 kcal/mol（1 kcal/mol = 4.184 kJ/mol），而 C—N—C 的内旋转势垒为 41.79 kcal/mol，随着共聚物中苯并咪唑酮结构含量增加，C—N—C 键所占比重增大，高分子链的内旋转势垒提高，从而使共聚物的刚性增加；而共聚物结构单元中苯并咪唑酮刚性结构的空间位阻也能够显著地增加聚合物的 T_g。因此在聚芳醚砜主链中引入苯并咪唑酮结构，增强了聚合物主链的刚性，从而提升聚合物的耐热性。引入苯并咪唑酮结构后分子主链间的作用力增强也对共聚物 T_g 的提高有一定的贡献，因此随着 HBI 和 DBI 的含量增加，T_g 逐渐升高，改善效果显著。当 HBI 加入的质量分数为 14.0%（T5B5）时，T_g 提高了 32℃，少量的 HBI 能大幅度提升聚合物的 T_g；当 DBI 加入的质量分数为 12.7%（T6D4）时，T_g 提高了 16℃。与加入 HBI 的共聚物相比 T_g 提升幅度偏小，产生这种现象的原因可能是 DBI 的两个甲基增大了分子链间自由旋转的阻力。

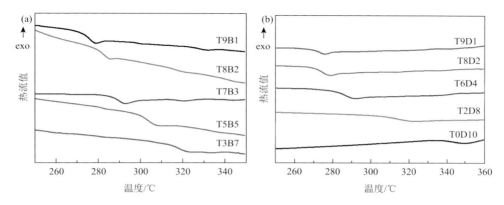

图 2.35　含咪唑基的两种酚酞基聚芳醚砜共聚物的 DSC 曲线

表 **2.13**　含咪唑基的两种酚酞基聚芳醚砜共聚物的热性能

样品 (a)	T_g/℃	T_{onset}/℃	$T_{d5\%}$/℃	样品 (b)	T_g/℃	T_{onset}/℃	$T_{d5\%}$/℃
T10B0	270	491	491	T10D0	270	491	491
T9B1	275	491	492	T9D1	271	469	468
T8B2	282	485	492	T8D2	273	458	466
T7B3	288	480	490	T6D4	286	451	451
T6B4	294	483	508	T5D5	281	447	456
T5B5	302	488	501	T4D6	273	452	463
T3B7	318	491	495	T2D8	314	429	436
T0B10	340	486	488	T0D10	344	487	441

12. 共聚物的 XRD 表征

三元共聚物 **1** 和 **2** 的 XRD 谱图如图 2.36(a) 和图 2.36(b) 所示，两者的 2θ 在 5°～40°的范围内均出现一个较宽的衍射峰，表明聚合物为无定形结构，与 DSC 显示的结果一致。聚合物 **1** 和 **2** 的共聚物在 $2\theta = 28.6°$ 处出现了一个新的衍射峰，强度不大，而均聚物没有。这可能是苯并咪唑酮结构刚性较大，导致出现部分单元有序排列。而整个扫描区间则呈现出弥散峰，说明聚合物主链主要为长程无序的聚集态结构。

13. 共聚物的溶解性

分别对两种共聚物的溶解性进行了测试，结果见表 2.14，引入苯并咪唑酮结构没有降低聚合物的溶解性，共聚物均不溶于 THF，在极性非质子溶剂 DMF、DMAc、DMSO、NMP 及氯代溶剂 TCM 中溶解性很好。由于聚合物中侧基的

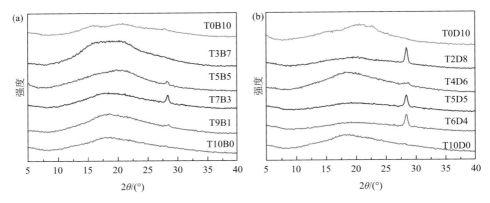

图 2.36   含咪唑基的两种酚酞基聚芳醚砜共聚物的 XRD 谱图

存在影响了主链的紧密堆砌,同时分子链中的强极性砜基也起到了相似相溶的作用,因此共聚物在常用的极性非质子溶剂中能够溶解。共聚物 **2** 溶解性和共聚物 **1** 相同,在常用极性非质子溶剂中能够溶解。

表 **2.14**   含咪唑酮结构聚芳醚砜共聚物的溶解性

样品	DMF	DMAc	DMSO	NMP	TCM	THF
T10B0,T10D0	+	+	+	+	+	–
T7B3,T7D3	+	+	+	+	+	–
T5B5,T5D5	+	+	+	+	+	–
T3B7,T3D7	+	+	+	+	+	–
T0B10,T0D10	+	+	+	+	+	–

注:"+":可溶;"–":不溶解。

14. 共聚物的热稳定性

本小节制备的共聚物**1**的TGA曲线如图2.37(a)所示,数据结果见表2.13(左栏),均聚酚酞基聚芳醚砜 5%热失重温度为 491℃;随着 HBI 含量增加,共聚物的热稳定性提升不大,但保留了均聚物 PES-C 较高的热稳定性,在热稳定性较高的情况下,可以调节投料比进而调控 T_g,从而得到耐热性较好、热稳定性较高的聚合物。

本小节制备的共聚物**2**的TGA曲线如图2.37(b)所示,数据结果见表2.13(右栏),随着 DBI 的含量增加,共聚物 **2** 的 T_g 也有升高趋势,但升高幅度不大,引入 DBI 后共聚物的热分解温度略微降低;随着 DBI 的含量增加,热失重 5%时的温度在 436~468℃ 之间波动;与均聚物相比,热稳定性有所降低,但均在 436℃ 以上,仍具有较好的热稳定性。

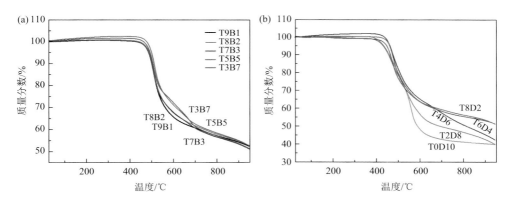

图 2.37　含咪唑基的两种酚酞基聚芳醚砜共聚物的 TGA 曲线

2.3.3　含氰基共聚物[4]

刚性氰基的引入，能够提高聚合物的 T_g 和弹性模量，进而提高聚合物材料的使用温度和力学性能；增加了分子链的极性，作为高性能涂料和复合材料的基体树脂有利于提高涂层与基材间的附着力及与增强纤维间的作用力；氰基位于分子侧链上，能够极大降低熔体黏度，有利于材料的加工成型(图 2.38)。由于结构上的突出优势，相关聚合物结构的发明专利获得 2016 年吉林省专利奖金奖。

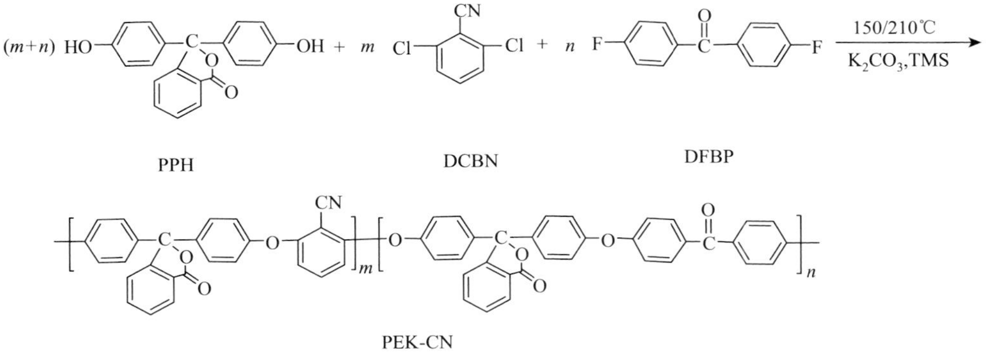

图 2.38　酚酞基聚芳醚腈酮共聚物(PEK-CN)的合成路线

表 2.15 为溶液的固含量与聚合物特性黏度之间的关系。当反应溶液的固含量低于 28%时，随着固含量的增加，酚酞基聚芳醚腈酮(PEK-CN)的特性黏度逐渐变大，这主要由于反应溶液固含量的提高，增加了反应物的碰撞概率，促进了醚键的形成，通过使重复结构单元增加而提高聚合物的特性黏度，当溶液的固含量

超过 28%时，PEK-CN 的特性黏度有所降低，这主要是由于溶液固含量较高时，体系中的碳酸钾只是部分溶解于溶剂中，并且过高的固含量不能满足 PEK-CN 在体系中的充分溶解而提前析出，导致聚合反应不完全，使 PEK-CN 特性黏度有所降低。在兼顾反应及成本的前提下选取溶液固含量为 28%。

表 2.15　溶液固含量与 PEK-CN 特性黏度的关系

序号	固含量/%	$(\eta_{sp}/c)/(dL/g)$
1	13	0.4
2	16	0.7
3	21	1.1
4	28	1.3
5	35	1.1

1. 反应温度对反应的影响

由表 2.16 可知，当缩聚温度在 180～210℃时，随着聚合反应缩聚温度的升高，PEK-CN 的特性黏度逐渐增大。这主要由于反应缩聚温度升高提高了芳烃卤代物中氟、氯离子在反应中亲核取代的能力；当缩聚温度在 210～250℃时，PEK-CN 的特性黏度随着缩聚温度的升高而有所减小。这可能由于当缩聚反应温度过高时，在反应过程中易出现炭化或副产物，导致聚合物聚合度降低，所以选用 210℃为反应缩聚温度。

表 2.16　反应缩聚温度与 PEK-CN 特性黏度的关系

序号	缩聚温度/℃	$(\eta_{sp}/c)/(dL/g)$
1	180	0.6
2	195	1.0
3	210	1.3
4	230	1.0
5	245	0.8

2. 聚合反应时间与聚合物特性黏度的关系

聚合物特性黏度与聚合反应时间的关系见表 2.17。从表中可知：随着聚合反应时间的延长，聚合物特性黏度逐渐变大到最终趋于不变，这是由于聚合反应时间短，聚合反应进行不彻底，从而导致聚合物特性黏度低，随着聚合反应时间延长，聚合反应达到极限。

表 2.17　聚合反应时间与 PEK-CN 特性黏度的关系

序号	聚合反应时间/h	$(\eta_{sp}/c)/(\text{dL/g})$
1	1.0	0.7
2	1.5	1.1
3	2.0	1.3
4	2.5	1.4
5	3.0	1.4

3. 共聚物(PEK-CN)的结构表征

共聚物 PEK-CN 的 FTIR 如图 2.39 所示。2230 cm^{-1} 处为—CN 特征吸收峰，1772 cm^{-1} 处为酚酞结构单元内酯上的羰基特征峰，1653 cm^{-1} 处为苯酮羰基伸缩振动峰，1593 cm^{-1}、1501 cm^{-1}、1460 cm^{-1}、1411 cm^{-1} 处为苯环骨架特征峰，1243 cm^{-1} 处为芳醚上 C—O—C 的特征峰，1162 cm^{-1} 处为酚酞内酯中 C—O 伸缩振动峰，1101 cm^{-1}、1080 cm^{-1}、1016 cm^{-1} 和 971 cm^{-1} 处为苯环面内弯曲振动峰，839 cm^{-1} 处为苯环双取代特征峰，754 cm^{-1}、690 cm^{-1} 处为苯环上特征峰。

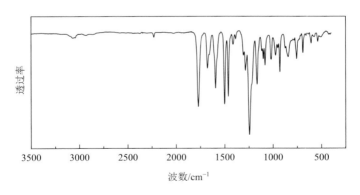

图 2.39　含氰基酚酞基聚芳醚酮共聚物(PEK-CN)FTIR 图

共聚物 PEK-CN 的 ^{13}C NMR 如图 2.40 所示。化学位移 193.1 ppm 属于二苯酮碳峰，化学位移 168.6 ppm 归属于酚酞内酯环上碳峰，化学位移 159.99 ppm 归属于苯酮苯环的碳峰，159.6 ppm 化学位移处归属于苯腈苯环上 14 位的碳峰，155.5 ppm、154.9 ppm 化学位移处的峰归属于酚酞苯环上的碳峰，151.3 ppm 化学位移处归属于酚酞苯环上的碳峰，137.2 ppm、136.4 ppm 化学位移处归属于酚酞苯环上的碳峰，135.9 ppm 化学位移处归属于二苯酮苯环上的碳峰，135.2 ppm 化学位移处归属于二苯酮苯环上的碳峰，132.1 ppm 化学位移处归属于二苯酮苯环上 21 位的碳峰，131.1 ppm 化学位移处归属于苯腈苯环上的碳峰，130.1 ppm 化学位移处归属于酚酞苯环上的碳峰，128.9 ppm 化学位移处的峰归属于酚酞苯环上的碳峰，126.1 ppm 化学位移处的峰归属于酚酞苯环上的碳峰，124.6 ppm 化学位移处的峰归属于酚酞苯环上碳峰，124.3 ppm 化学位移处的峰归属于酚酞苯环上 13 位的碳峰，119.7 ppm 化学位移处的峰归属于酚酞苯环上 2 位的碳峰，117.7 ppm 化学位移处的峰归属于二苯酮苯环上 20 位的碳峰，112.68 ppm 化学位移处的峰归属于苯腈上氰基的碳峰，112.1 ppm 化学位移处的峰归属于苯腈苯环上的碳峰，95.3 ppm 化学位移处的峰归属于苯腈苯环上的碳峰，90.2 ppm 化学位移处的峰归属于酚酞上的碳峰。

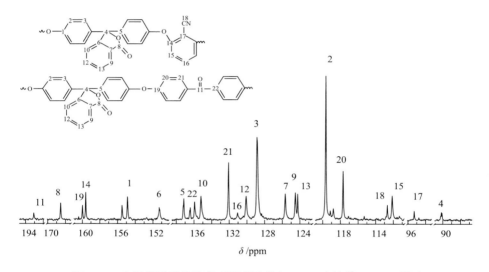

图 2.40   含氰基酚酞基聚芳醚酮共聚物(PEK-CN)的 ^{13}C NMR 谱图

PEK-CN 的 ^{1}H NMR 谱图如图 2.41 所示，由图可知，7.97 ppm 归属于酚酞苯环上的氢峰，7.90 ppm 化学位移处归属于酚酞苯环上的氢峰，7.76 ppm 化学位移处的峰归属于酚酞苯环上的氢峰，7.72 ppm 化学位移归属于酚酞苯环上的氢峰，7.54 ppm 化学位移处的峰归属于苯腈苯环上的氢峰，7.45 ppm 化学位移归属于酚酞苯环上的氢峰。7.25 ppm 化学位移处归属于酚酞苯环上的氢峰，7.17 ppm 化学位移处归属于二苯酮苯环上的氢峰，7.14 ppm 化学位移处的峰归属于二苯酮苯环上的氢峰，6.72 ppm 化学位移处的峰归属于苯腈苯环上的氢峰。

图 2.42 为 PEK-CN 的 XRD 曲线，无尖锐峰出现，表明该类聚合物为无定形态聚合物。

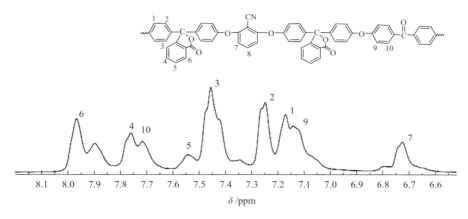

图 2.41 含氰基酚酞基聚芳醚酮共聚物(PEK-CN)的 ^{1}H NMR 谱图

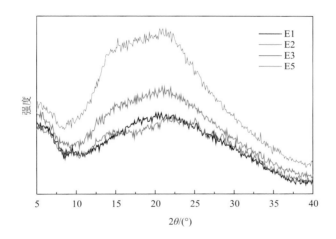

图 2.42 含氰基酚酞基聚芳醚酮共聚物(PEK-CN)的 XRD 谱图

4. 共聚物(PEK-CN)的性能表征

图 2.43 为 PEK-CN 的 DSC 谱图,由图 2.43 与表 2.18 可看出,聚合物 E1~E5 的 T_g 范围为 231.8~254.1℃,随 DCBN 含量增加而逐渐升高。聚合物玻璃化转变温度与其本身结构有关,该共聚物玻璃化转变温度主要受氰基、羰基含量的影响,氰基对提高聚合物玻璃化转变温度的影响强于酮羰基。氰基具有强极性,将其引入分子链中,提高分子链间作用力,增加分子链刚性,随着聚合物中氰基含量的增加,聚合物 T_g 逐渐变大。

图 2.44 为 PEK-CN 的 TGA 谱图,由图 2.44 与表 2.18 可见,聚合物起始热分解温度 $T_{d5\%}$ 均高于 470℃,说明聚合物具有良好的热稳定性。

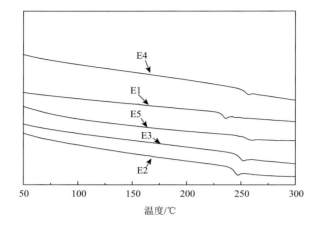

图 2.43　含氰基酚酞基聚芳醚酮共聚物(PEK-CN)的 DSC 曲线

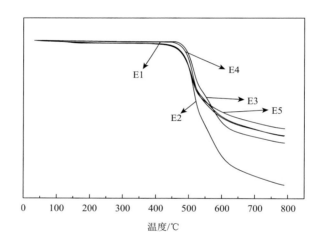

图 2.44　含氰基酚酞基聚芳醚酮共聚物(PEK-CN)的 TGA 曲线

表 **2.18**　不同氰基含量酚酞基聚芳醚酮共聚物(**PEK-CN**)的热性能与机械性能

样品	摩尔比 (DFBP：DCBN)	$(\eta_{sp}/c)/(dL/g)$	σ/MPa	ε/%	E_0/GPa	T_g/℃	$T_{d5\%}$/℃
E1	10：0(PEK-C)	1.45	97.0	9.7	2.4	231.8	495.4
E2	7：3	1.42	101.8	8.7	2.8	242.8	490.7
E3	5：5	1.37	114.0	6.5	3.8	246.9	481.5
E4	3：7	1.35	111.6	6.3	3.0	252.5	489.8
E5	0：10(PEK-N)	1.30	102.0	5.9	2.7	254.1	483.9

注：σ. 拉伸强度；ε. 断裂伸长率；E_0. 拉伸模量；$T_{d5\%}$. 5%热失重温度。

如表 2.19 所示，PEK-CN 在室温下可溶于 DMAc、DMF、TCM、THF，但随着氰基含量增加其在 TCM、THF 中的溶解性下降。这可能是氰基含量增加导致聚合物极性增强，导致其在非极性质子溶剂中的溶解性降低。

表 2.19　不同氰基含量的酚酞基聚芳醚酮共聚物(PEK-CN)的溶解性

样品	摩尔比 (DFBP∶DCBN)	DMAc	DMF	TCM	THF
E1	10∶0	++	++	++	++
E2	3∶7	++	++	++	++
E3	5∶5	++	++	+−	+−
E4	7∶3	++	++	+−	+−
E5	0∶10	++	++	+−	+−

注："++"完全溶解；"+−"半溶解。

不同氰基含量的共聚物E1～E5的热性能与机械性能结果列于表2.19。从表2.18中可看出聚合物 E1～E5 的拉伸强度为 97.0～114.0 MPa，拉伸模量为 2.4～3.8 GPa，断裂伸长率为 5.9%～9.7%。E1～E3 时，随着共聚物中氰基含量的增加，聚合物的拉伸强度、拉伸模量逐渐升高，这可能归因于氰基的强极性使分子链间偶极作用加强，增加链的刚性，提高了聚合物的力学性能。当 E3～E5 时，随着共聚物中氰基含量的增加，聚合物的拉伸强度、拉伸模量有所下降。这可能是氰基含量过高导致分子链脆化，阻碍链本身运动，实现强迫高弹形变困难。

通过共聚改性在酚酞基聚芳醚砜(PES-C)的主链中引入二氯苯腈，制备了一系列主链含酞结构和氰基的线型高分子量无定形聚芳醚腈砜共聚物(PES-CN，图 2.45)。通过 FT IR、^{1}H NMR 等方法确定了其结构。GPC 数据表明，$M_n >$ 8.2×10^4 g/mol，$M_w > 13.7 \times 10^4$ g/mol，PDI 1.6～2.0。DSC 和 TGA 测试表明聚合物具有良好的耐热性，共聚物呈现单一的玻璃化转变温度，$T_g > 261℃$。

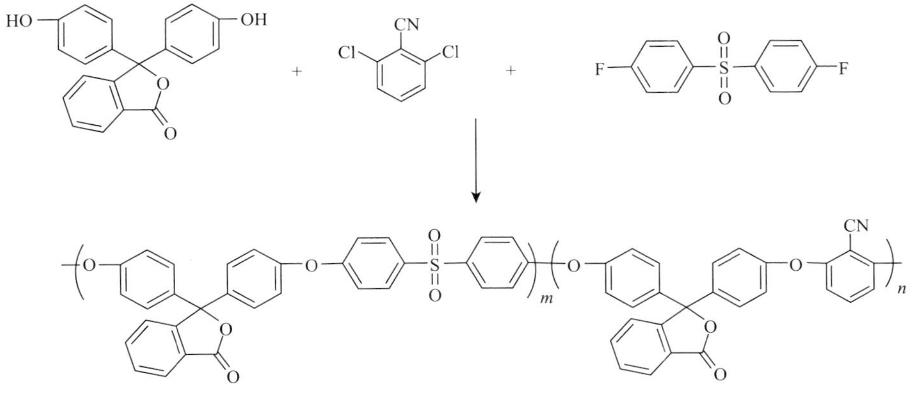

图 2.45　含氰基的酚酞基聚芳醚砜共聚物(PES-CN)的合成路线

共聚物 PES-CN 的 ^{1}H NMR 如图 2.46 所示。图中 δ(ppm)：7.98(H1)，7.87(H2)，7.76(H3)，7.62(H4、5)，7.40(H11)，7.36(H6)，7.32(H9)，7.09(H10)，7.01(H7)，6.56(H8)。可以看出，N2S8、N4S6 随着二氯苯腈含量增加，8、9、10、11 位上氢的含量逐渐增加，符合投料比的规律。核磁结果表明，通过亲核缩聚反应合成了含氰基酚酞基聚芳醚砜三元共聚物，共聚物中酚酞和二氯苯腈结构单元含量的变化与投料比一致。

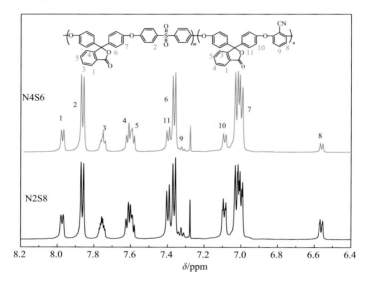

图 2.46　含氰基的酚酞基聚芳醚砜共聚物(PES-CN)^{1}H NMR 谱图

5. 共聚物的分子量表征

PES-CN 三元共聚物的 GPC 测试结果见表 2.20。结果表明，所得共聚物的 $M_n > 8.2 \times 10^4$ g/mol，$M_w > 13.7 \times 10^4$ g/mol，PDI 1.6~2.0。这是由于 4, 4'-二氟二苯砜具有较高的反应活性，在较低的缩聚温度下，仍能获得线型高分子量聚合物。

表 2.20　含氰基的酚酞基聚芳醚砜共聚物(PES-CN)的分子量

样品	收率/%	(η_{sp}/c)/(dL/g)	M_n/(10^4 g/mol)	M_w/(10^4 g/mol)	PDI
N2S8	92	1.08	24.7	47.3	1.9
N4S6	91	0.63	15.5	25.6	1.6
N5S5	89	1.61	35.9	71.8	2.0
N6S4	94	1.53	37.8	70.6	1.9
N8S2	90	1.22	23	47	2.0
N10S0	86	0.51	8.2	13.7	1.7

注：GPC 测试溶剂为 DMF。

6. 共聚物的耐热性

聚芳醚腈砜共聚物 DSC 数据见表 2.21，DSC 曲线如图 2.47 所示。测试结果表明，共聚物的 DSC 曲线均呈现唯一的玻璃化转变，无熔融转变，说明所得共聚物均为无定形聚合物。随着二氯苯腈加入量增大，聚合物的 T_g 有降低的趋势，但降低的幅度不大。

表 2.21　含氰基的酚酞基聚芳醚砜共聚物(PES-CN)的耐热性

样品	$T_g/℃$	$T_{onset}/℃$	$T_{d5\%}/℃$
N2S8	269.1	484	478
N4S6	268.0	479	472
N5S5	270.0	492	488
N6S4	268.4	488	486
N8S2	267.7	486	480
N10S0	262.6	475	477

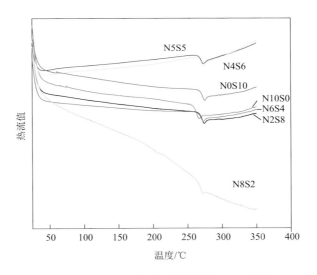

图 2.47　含氰基的酚酞基聚芳醚砜共聚物(PES-CN)的 DSC 曲线

7. 共聚物的热稳定性

PES-CN 共聚物 TGA 数据见表 2.21，TGA 曲线如图 2.48 所示。测试结果表明，随着二氯苯腈加入量增大，聚合物的 T_{onset}、$T_{d5\%}$ 有降低的趋势，但降低的幅度不大。

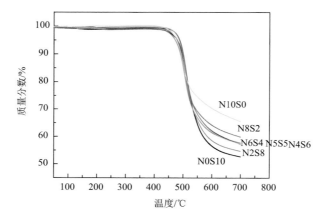

图 2.48   含氰基的酚酞基聚芳醚砜共聚物(PES-CN)的 TGA 曲线

8. 共聚物的溶解性

分别对两种共聚物的溶解性进行了测试，结果见表 2.22，引入二氯苯腈没有降低聚合物的溶解性，共聚物均不溶于 THF，在极性非质子 DMF、DMAc、DMSO、NMP 溶剂及 TCM 溶剂中溶解性很好。由于聚合物中侧基的存在影响了主链的紧密堆砌，同时分子链中的强极性砜基也起到了相似相溶的作用，因此其在常用的极性非质子溶剂中能够溶解。

表 2.22   含氰基的酚酞基聚芳醚砜共聚物(PES-CN)的溶解性

样品	DMF	DMAc	NMP	TCM	DMSO	THF
N2S8	+	+	+	+	+	−
N4S6	+	+	+	+	+	−
N5S5	+	+	+	+	+	−
N6S4	+	+	+	+	+	−
N8S2	+	+	+	+	+	−
N10S0	+	+	+	+	+	−

注："+"可溶解；"−"不溶解。

9. 共聚物的力学性能

共聚物的力学性能见表 2.23，从表中可看出各项力学性能数据都不是很好，仅供参考。引入双酚芴和二氯苯腈线膨胀系数都略微降低，但不会降低聚合物的尺寸稳定性。

表 2.23　含氰基的酚酞基聚芳醚砜共聚物（PES-CN）的力学性能

样品	σ_m/MPa	E_t/MPa	ε_b/%	线膨胀系数/[μm/(m·℃)]
N8S2	85.7	1753	9.4	61.88
N6S4	69.1	1637	8.1	61.67
N5S5	67.0	1463	7.8	61.41
N4S6	92.7	1251	15.5	61.99
N2S8	76.1	2217	11.2	60.13
N0S10	81.6	876	15.9	63.45

2.3.4　含咔唑基团共聚物[5]

　　芳杂环化合物咔唑具有刚性的稠环结构，并且是一种蓝光的发色基团。环上的活性反应位点为制备咔唑类衍生物提供了条件。作为一个富电子化合物，N-乙基咔唑容易进行亲电取代反应。室温条件下，N-甲基咔唑、N-乙基咔唑分别与 4-氟苯甲酰氯进行傅-克酰基化反应，合成出 3,6-二（对氟苯甲酰基）-N-甲基咔唑单体（CzM）和 3,6-二（对氟苯甲酰基）-N-乙基咔唑单体（CzE）（图 2.49）。反应过程中，由于 N-烷基取代咔唑结构上的 3,6-位比 2,7-位更富电子，因此 3,6-位更容易发生酰基化反应。反应是在低温条件下进行的，较低的反应温度也减少了 2,7-位发生酰基化反应的概率。此外，为了保证 N-取代咔唑的双边酰基化，反应过程中要保持 4-氟苯甲酰氯是过量的，因此采用向反应瓶中滴加 N-取代咔唑氯仿溶液的方式来实现。将产物通过 TCM 重结晶提纯，使其可以达到聚合的纯度，产率大于 80%。将咔唑结构引入到聚芳醚酮分子主链中以增加分子链刚性，从而提高聚合物耐热性。

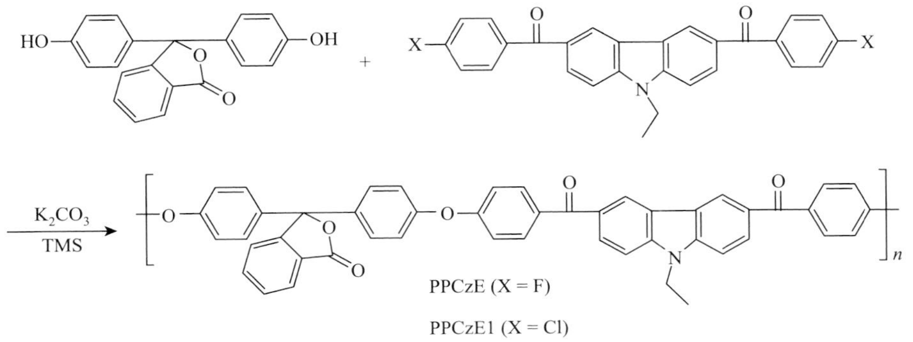

PPCzE (X = F)

PPCzE1 (X = Cl)

图 2.49　含咔唑基团共聚物的合成路线

　　以甲基取代的 CzM、乙基取代的 CzE 作为双卤单体，分别与酚酞进行缩聚反应来制备 PPCzM 和 PPCzE 均聚物。聚合物氮气气氛下热失重 5% 的温度为

470℃，750℃质量分数为55%～59%，具有较高的热稳定性(表2.24)。同时，两种聚合物的 T_g 分别为273℃和283℃(表2.24)，无熔点，比PEK-C的 T_g 提高了40～50℃，说明咔唑基团的引入，可以高效地提高聚合物的耐热性，使聚合物能够在更高的温度下使用。含 N-取代咔唑结构的酚酞基聚芳醚酮系列聚合物表现出很好的溶解性，室温下可溶解在氯代试剂(如DCM、TCM)以及高极性非质子溶剂(如NMP、DMAc)等有机溶剂中。对这些聚合物可通过溶液浇铸法制备平整透明的韧性薄膜。

表2.24   含咔唑酚酞基聚芳醚酮的热性能

样品	TGA(N₂气氛)			T_g/℃(N₂气氛)[d]
	$T_{d5\%}^{a}$/℃	$T_{d10\%}^{b}$/℃	R_c^{c}/%	
PPCzM	470	488	59	273
PPCzE	469	489	55	283

a. 10℃/min升温速率下质量损失5%的温度；b. 10℃/min升温速率下质量损失10%的温度；c. 750℃下质量分数；d. 氮气气氛10℃/min升温速率下的二次升温结果。

2.3.5   含酰亚胺侧基聚合物[6, 7]

近年，通过酚酞与苯胺的氨解反应，制备出含酰亚胺结构侧基的异吲哚啉酮双酚(图2.50)，提供了一种制备酚酞衍生物的方法。该双酚具有较高的亲核活性。

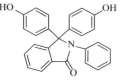

图2.50   异吲哚啉酮双酚结构式

1. 含异吲哚啉酮的聚芳醚酮

当酚酞与苯胺发生氨解反应时，生成异吲哚啉酮双酚，苯环的引入增加了自由体积；当苯环上有氟取代基时，能够进一步降低其极化率，从而降低材料的介电常数；三氟甲基或者三氟甲氧基的疏水性可以有效降低材料在使用中的介电常数波动。因此设计含氟取代的异吲哚啉酮双酚，制备低介电常数的聚芳醚酮树脂(图2.51和图2.52)。

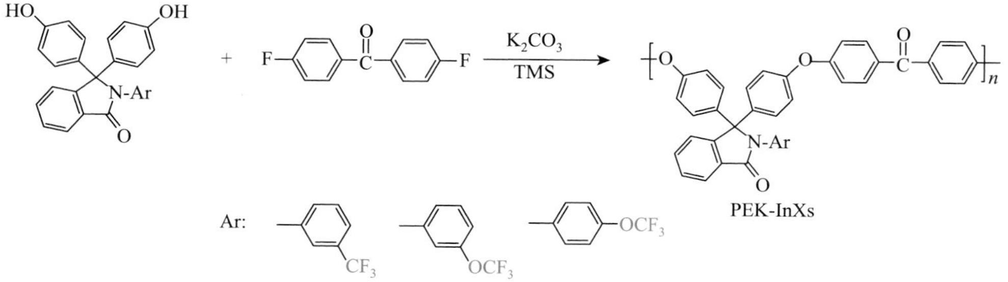

图2.51   含氟取代的异吲哚啉酮双酚聚芳醚酮(PEK-InXs)的合成路线

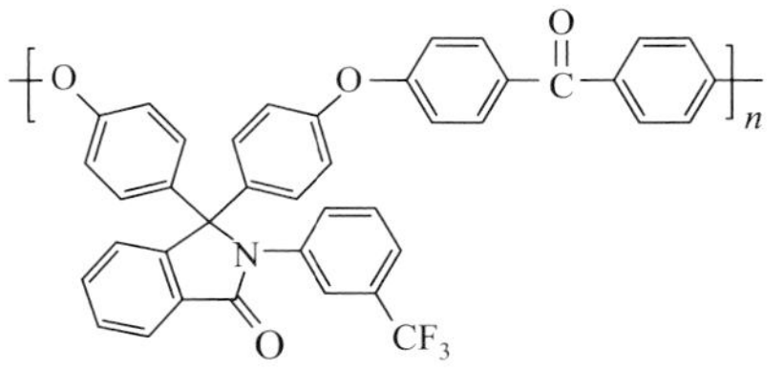

PEK-InmCF

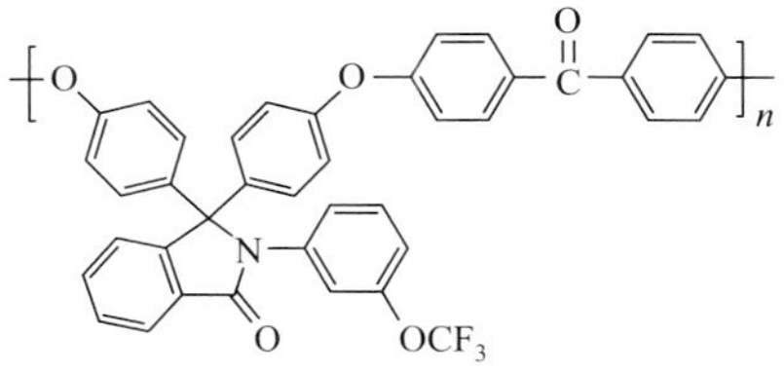

PEK-InmOCF

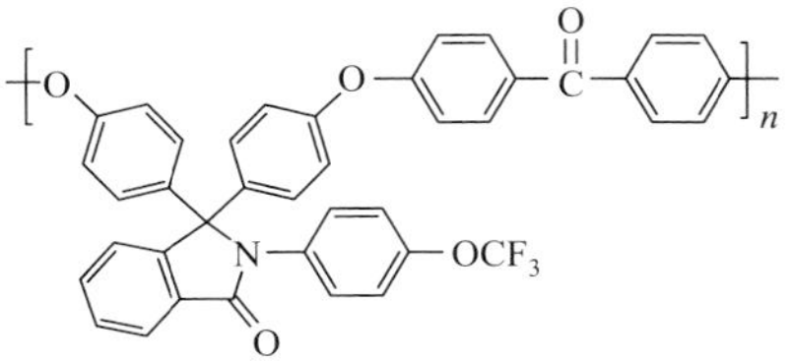

PEK-InpOCF

图 2.52　三种含氟取代的异吲哚啉酮双酚聚芳醚酮结构式

1) PEK-InXs 的热性能

所有含氟聚芳醚酮的 $T_{d5\%}$均高于 500℃(表 2.25)，表现出了良好的热稳定性，这是由于三氟甲基中碳氟键键能较高，高温下不易断裂。其 T_g 为 197～228℃，数值与取代基的种类和位置相关。间位取代的聚芳醚酮 T_g 较低，且随着取代基位阻的增加而降低，这是由于间位的取代基阻碍了分子链的堆砌，分子链间距增大，链段相对运动更加容易，宏观表现为 T_g 下降。

表 2.25　含氟取代的异吲哚啉酮双酚聚芳醚酮(**PEK-InXs**)的热稳定性

样品	$T_{d5\%}$/℃	T_g/℃
PEK-InmCF	521	213
PEK-InmOCF	538	197
PEK-InpOCF	527	228

2) PEK-InXs 的机械性能

所有的含氟聚芳醚酮薄膜样品均表现出良好的机械性能(表 2.26)，拉伸模量大于 2 GPa，拉伸强度大于 70 MPa，断裂伸长率在 5%左右。比较三种聚合物样品可以看出，含有三氟甲基取代基的聚合物，其拉伸强度大于含有三氟甲氧基的聚合物，达到了 84.0 MPa，但其断裂伸长率有所降低。这是由于三氟甲基的摩尔体积小于三氟甲氧基，聚合物分子链的堆砌相对紧密，宏观表现为拉伸强度更大，也就是更强硬。比较两种取代基相同但位置不同的聚合物，对位三氟甲氧基取代聚合物的拉伸强度大于间位三氟甲氧基取代，这是由于非对称取代对分子链堆砌的影响更大。

表 2.26　含氟取代的异吲哚啉酮双酚聚芳醚酮(PEK-InXs)的机械性能

样品	拉伸模量/GPa	拉伸强度/MPa	断裂伸长率/%
PEK-InmCF	2.9	84.0	4.60
PEK-InmOCF	2.6	70.7	4.73
PEK-InpOCF	2.1	73.8	5.18

3) PEK-InXs 的溶解性能

PEK-InXs 在 TCM、DCM、DMF、DMAc 等溶剂中具有良好的溶解性(表 2.27)，这是三氟甲基或三氟甲氧基的引入增大了分子链间距，使溶剂小分子更易于进入分子链间；同时，三氟甲基作为一种强疏水性的基团，有优良的亲脂性，综合作用有效改善了材料的溶解性，这使得材料在溶液加工领域具有优良的溶液可加工性。

表 2.27　含氟取代的异吲哚啉酮双酚聚芳醚酮(PEK-InXs)的溶解性 [a]

样品	TCM	DCM	BA	DMF	DMAc	NMP	DMSO	CYC
PEK-InmCF	+	+	±	+	+	+	+	+
PEK-InmOCF	+	+	−	+	+	+	+	+
PEK-InpOCF	+	+	−	+	+	+	+	+

注：TCM 为三氯甲烷，DCM 为二氯甲烷，BA 为乙酸丁酯，DMF 为 N,N-二甲基甲酰胺，DMAc 为 N,N-二甲基乙酰胺，NMP 为 N-甲基吡咯烷酮，DMSO 为二甲基亚砜，CYC 为环己酮。

a. +：聚合物完全溶于溶剂中；±：聚合物在溶剂中溶胀或溶解；−：聚合物在溶剂中不溶解。

4) PEK-InXs 的介电性能和吸水性

三氟甲基的引入降低了材料的介电常数与介电损耗，PEK-InmCF 的介电损耗最低，可低至 0.0048，这是由于三氟甲基含有富集的氟元素，作为电负性最大的元素，氟原子核对核外电子的束缚很强，碳氟键的电子云在外电场作用下发生的形变较小。含有三氟甲氧基的聚合物介电常数低于含三氟甲基的样品，这是由于三氟甲氧基的位阻更大，微观上更难以在外加电场的作用下发生运动。不过其介电损耗大于 PEK-InmCF，这是由于在三氟甲氧基中引入了氧原子，氧原子相较于氟原子对核外电子的束缚力弱，在外加电场作用下表现为介电损耗较高(表 2.28)。

就疏水性而言，间位取代的聚合物薄膜，其水接触角大于对位取代的聚合物薄膜，这是因为三氟甲基在间位相较于对位更易于向表面迁移，薄膜表面的氟含量相对较高，而间位三氟甲氧基的可运动性更强，更易于在薄膜表面富集，水接触角相对较大。三种聚合物的吸水率均小于 1%，三氟甲基或三氟甲氧基的引入降低了材料的吸水率。其中含有三氟甲氧基的聚合物吸水率相对较大，这是因为三氟甲氧基中存在氧原子，其相对亲水（表 2.28）。

表 2.28　含氟取代的异吲哚啉酮双酚聚芳醚酮（PEK-InXs）的吸水性和介电性能

样品	水接触角/(°)	吸水率/%	介电常数（10 GHz）	介电损耗角正切（10 GHz）
PEK-InmCF	89.6	0.51	3.039	0.0048
PEK-InmOCF	92.4	0.51	2.839	0.0070
PEK-InpOCF	84.7	0.85	2.869	0.0063

5）PEK-InXs 的自由体积

相较于没有引入含氟取代基的 PEK-In，PEK-InXs 的单个空穴的大小和自由体积分数均有了明显的上升；自由体积分数最大从 3.75%提升至 5.72%，相对提升幅度大于 50%。这表明引入大位阻的取代基可以明显改变聚合物的自由体积性质。对比三种不同取代基及取代位点的聚合物，含有三氟甲氧基取代的聚合物自由体积分数要大于三氟甲基取代，这与微观上三氟甲氧基摩尔体积较大的事实相符。对位取代相较于间位取代对分子链中的自由体积空穴大小影响更大，相对地，自由体积是三种聚合物中最大的（表 2.29）。

表 2.29　含氟取代的异吲哚啉酮双酚聚芳醚酮（PEK-InXs）的正电子湮灭测试

样品	第三寿命强度	第三寿命/ns	自由体积/Å^3	自由体积分数/%
PEK-In	21.26	2.010	98.3	3.75
PEK-InmCF	23.16	2.247	120.56	5.03
PEK-InmOCF	24.63	2.263	122.143	5.42
PEK-InpOCF	24.23	2.353	131.147	5.72

2. 含异吲哚啉酮的聚芳醚砜均聚物

准确称量 15.7368 g（0.040 mol）的 PPPBP，10.1700 g（0.040 mol）的 DFS 和 6.3577 g（0.046 mol）的无水碳酸钾置于带有搅拌器、温度计、分水器、回流冷凝装置、通氮气管的三颈烧瓶中，在氮气环境下，加入 64.60 mL 环丁砜及 45 mL 甲苯，将反应瓶内温度升至 135℃回流反应 2 h，然后缓慢升温至 165℃除去水和甲苯的共沸混合物，再进一步逐渐升温至 190℃。2 h 后将反应液倒入装有 1200 mL 乙醇和 400 mL 去离子水的烧杯中，过滤后将得到的白色沉淀物粉碎，置于去离子水中煮洗 6～8 次，用以除去沉淀物中的残余溶剂和盐。然后在 130℃鼓风烘箱中干燥 10 h，最后放入 170℃的真空烘箱中 36 h，得到聚合物 PES-In（图 2.53）。

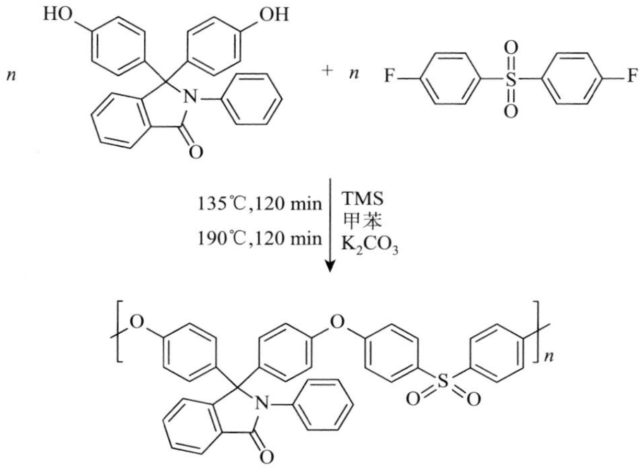

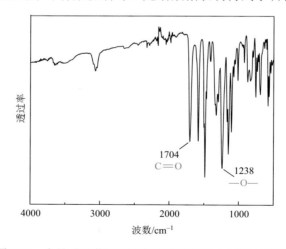

图 2.53   含异吲哚啉酮双酚聚芳醚砜(PES-In)的反应示意图

1)PES-In 聚合物的结构表征

(1)红外谱图分析。

图 2.54 为 PES-In 的红外谱图,1238 cm^{-1} 处为聚合物主链中 Ar—O—Ar 的特征吸收峰,说明发生了亲核取代反应,形成了醚键。在 3500~3200 cm^{-1} 处无明显宽峰,证实异吲哚啉酮上的酚羟基被大量消耗,1704 cm^{-1} 处为酰侧基上 C=O 伸缩振动吸收峰,3063 cm^{-1} 为芳环中 C—H 的伸缩振动吸收峰,在 1583 cm^{-1}、1486 cm^{-1} 处出现的为苯环骨架振动峰。光谱数据表明得到了目标聚合物 PES-In。

图 2.54   含异吲哚啉酮双酚聚芳醚砜(PES-In)的红外谱图

(2)核磁氢谱结构分析。

用 ^{1}H NMR 对 PES-In 的结构进行表征,TCM 为溶剂。图 2.55 为 PES-In 的核

磁共振氢谱。^{1}H NMR(400 MHz，氯仿-d)，$\delta = 8.01$ ppm(d，$J = 7.4$ Hz，1 H)，7.86ppm(d,$J = 8.6$ Hz，4 H)，7.55ppm(dt,$J = 20.5$ Hz，7.3 Hz，2 H)，7.32~7.12ppm(m，8 H)，7.05~6.84ppm(m，10 H)。通过计算谱图中积分面积，积分面积与化学位移均与预期相符，表明成功合成了目标聚芳醚 PES-In。

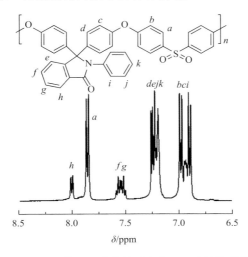

图 2.55　含异吲哚啉酮双酚聚芳醚砜(PES-In)的核磁共振氢谱

(3) X 射线衍射测试分析。

PES-In 的 XRD 谱图如图 2.56 所示。结果显示，2θ 在 5°~40°范围内出现一个弥散峰，未观测到有结晶峰出现，这是由于酞侧基和苯胺结构较大，妨碍了主链的规整性排列，证明聚合物为无定形结构。无定形结构的特点在于薄膜透明性良好。

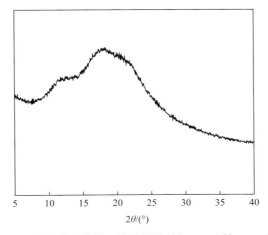

图 2.56　含异吲哚啉酮双酚聚芳醚砜(PES-In)的 XRD 谱图

2) PES-In 聚合物的热性能

图 2.57 为 PES-In 的 TGA 曲线，$T_{d5\%}$在 515℃，800℃残炭率为 46%，表明本小节合成的聚合物 PES-In 具有良好的热稳定性。PES-In 的 DSC 曲线如图 2.58 所示，测试结果表明，聚合物的 T_g 达到了 280.30℃。由此表明，由 PES-In 得到的气体分离膜具有较优异的耐高温性。此外聚合物的 DSC 二次升温曲线呈现唯一的玻璃化转变，无熔融转变，表明所得共聚物为无定形聚合物，这与 XRD 结果是一致的。

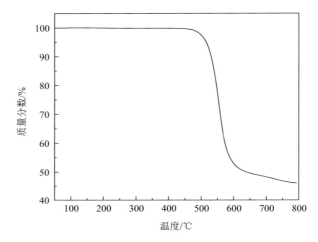

图 2.57   含异吲哚啉酮双酚聚芳醚砜(PES-In)的 TGA 曲线

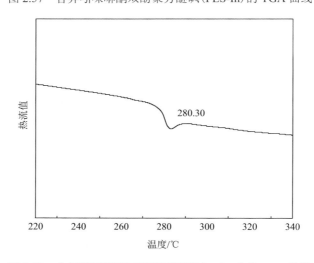

图 2.58   含异吲哚啉酮双酚聚芳醚砜(PES-In)的 DSC 曲线

3) PES-In 聚合物的力学性能

PES-In 膜的机械性能见表 2.30，拉伸模量为 2.6 GPa，断裂伸长率达到 7.1%，拉伸强度 93.46 MPa，是一种适用于气体分离膜的材料，材料强度满足于板式膜、复合膜、中空纤维膜等膜组件的制备。

表 2.30　含异吲哚啉酮双酚聚芳醚砜(PES-In)的气体分离性能、力学性能

样品	P/Barrer		α(H₂/N₂)	拉伸模量/GPa	断裂伸长率/%	拉伸强度/MPa
	H_2	N_2				
PES-In	22.777	0.475	47.90	2.6	7.1	93.46

注：P 为渗透系数，Barrer 为评估气体渗透性的单位。

4) PES-In 膜的气体分离性能

PES-In 膜的气体分离数据见表 2.30。在 25℃，0.2 MPa 时，H_2 的渗透系数为 22.777Barrer，N_2 的渗透系数为 0.475Barrer，H_2/N_2 的分离系数(α)为 47.95。

3. 含异吲哚啉酮的聚芳醚砜共聚物

以异吲哚啉酮为核心，选用结构不同的第三双酚单体，制备无规共聚物，希望通过结构调控优化聚合物性能(图 2.59)。

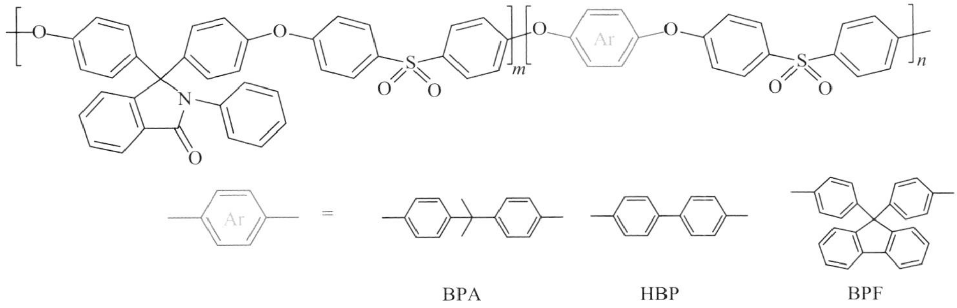

图 2.59　含异吲哚啉酮双酚聚芳醚砜(PES-In)共聚树脂的结构式

1) PPPBP-BPA 共聚物的制备

通过调节反应过程中 PPPBP 和 BPA 化学计量比，合成了一系列共聚物，并根据两单体的投料摩尔比命名聚合物，PPPBP∶BPA 的摩尔比分别为 7∶3、5∶5、3∶7，所得聚合物命名为 BPA30、BPA50、BPA70。本部分实验与结论中所有的投料比均为摩尔比。

以 BPA30 的聚合为例，在配备氮气通口、温度计、分水器、搅拌桨的 250 mL 的三颈烧瓶中装入 11.0158 g(0.028 mol)的 PPPBP，2.7395 g(0.012 mol)的 BPA，10.1700 g(0.040 mol)的 DFS，6.3577 g(0.046 mol)的无水碳酸钾，再加入 45 mL 的甲苯和 53.11 mL 的环丁砜。在氮气的保护下将反应瓶内温度升到 135℃进行带水，120 min 后升温除去甲苯，接着升温到 190℃，反应 120 min，生成土黄色黏稠物，然后倒入装有 1200 mL 乙醇和 400 mL 去离子水的烧杯中，不断搅拌，生成白色条状物。

过滤后使用破壁机粉碎，用去离子水煮洗 8 次，用以去除溶剂和产生的盐。将产物放入 130℃的鼓风烘箱中干燥 10 h，转移至 170℃的真空干燥箱中干燥 36 h 以除掉残余溶剂，得到 BPA30 聚合物。图 2.60 为 PPPBP-BPA 的合成流程图，$m+n=100$。

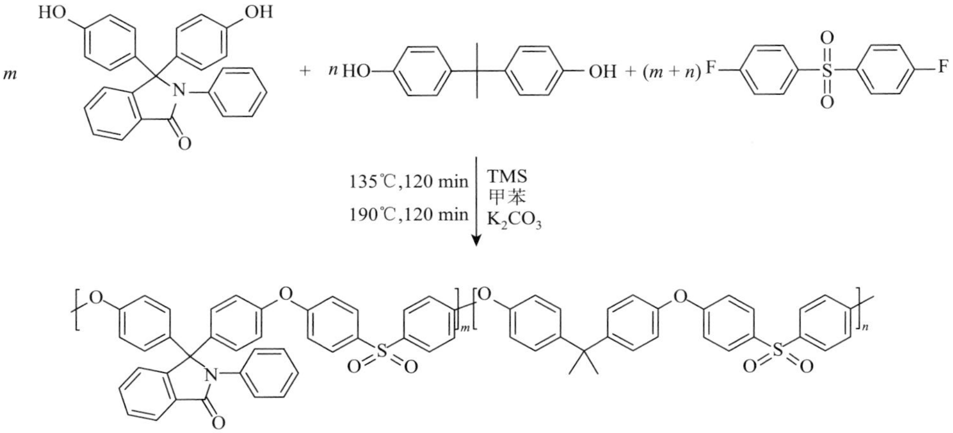

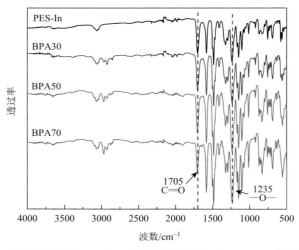

图 2.60   含异吲哚啉酮、双酚 A 聚芳醚砜共聚物(PPPBP-BPA)的反应示意图

A. PPPBP-BPA 的结构表征

(1)红外谱图分析。

PPPBP-BPA 的分子结构通过 FT IR 谱(图 2.61)来分析确认，材料的红外谱图如图 2.61 所示，1705 cm^{-1} 处为酞侧基上 C=O 伸缩振动吸收峰，随着 PPPBP 含量的逐渐降低，吸收峰强度逐渐减弱，1235 cm^{-1} 处为聚合物主链中 Ar—O—Ar 的特征吸收峰，1326 cm^{-1} 处为亚砜基的伸缩振动峰。

图 2.61   含异吲哚啉酮、双酚 A 聚芳醚砜共聚物(PPPBP-BPA)的红外谱图

(2)核磁氢谱结构分析。

由图 2.62 可知，聚合物中的甲基质子峰—CH₃ 位于 $\delta = 1.67$ ppm，双酚 A 中的甲基引入和 PPPBP 比例降低，导致酞侧基和苯胺结构上的特征峰强度降低，位于 $\delta = 1.67$ ppm 的吸收峰的峰面积增加，$\delta = 1.56$ ppm 为氘代试剂中的水峰，通过对比 PES-In 的 ^{1}H NMR，成功得到了 PPPBP-BPA。

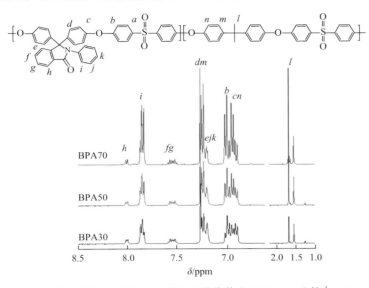

图 2.62　含异吲哚啉酮、双酚 A 聚芳醚砜共聚物(PPPBP-BPA)的 ^{1}H NMR 谱图

B. PPPBP-BPA 的热性能

通过 TGA 测试了材料的热稳定性能，在图 2.63 中，PPPBP-BPA 系列共聚物的 $T_{d5\%}$ 在 480~496℃范围内，属于耐热性优良的有机高分子材料。所有聚合物都只有

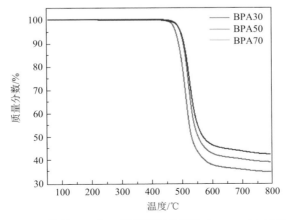

图 2.63　含异吲哚啉酮、双酚 A 聚芳醚砜共聚物(PPPBP-BPA)的 TGA 曲线

一个热失重平台，对应着共聚物主链的降解过程。从图 2.64 可以观察到，随着 BPA 增加，主链中柔性片段比例加大，链段运动更加容易，进而导致 T_g 明显下降。

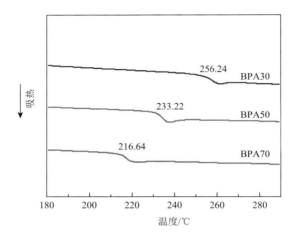

图 2.64   含异吲哚啉酮、双酚 A 聚芳醚砜共聚物(PPPBP-BPA)的 DSC 曲线

C. PPPBP-BPA 的黏度测试

PPPBP-BPA 系列聚合物的特性黏度见表 2.31。在 25℃时，PPPBP-BPA/DMF 溶液的特性黏度在 0.45～1.08 dL/g 之间，表明制备的聚合物具有较高的分子量，适用于气体分离膜的制备。

表 2.31   含异吲哚啉酮、双酚 A 聚芳醚砜共聚物(PPPBP-BPA)的特性黏度、力学性能

样品	$(\eta_{sp}/c)/(dL/g)$	拉伸模量/GPa	断裂伸长率/%	拉伸强度/MPa
BPA30	0.75	2.2	4.0	58.96
BPA50	0.45	2.2	4.5	69.18
BPA70	1.08	2.1	4.7	69.87

D. PPPBP-BPA 的机械性能

对得到的 PPPBP-BPA 系列三个聚合物膜进行测试，测试结果见表 2.31。聚合物膜表现出的拉伸强度和拉伸模量最高分别可达 2.2 GPa 和 69.87 MPa，但断裂伸长率较低，韧性较差。PPPBP-BPA 聚合物的机械性能整体低于 PES-In 水平，这是体系中刚性苯环的减少以及扭曲结构含量降低导致的。总体来说，得到的聚合物的机械性能满足气体分离过程中的强度要求。

E. PPPBP-BPA 的气体分离性能

图 2.65 为 PPPBP-BPA 的气体分离数据。当 BPA 投料量达到 30%时，H_2 和

N_2 的渗透系数分别为 20.967 Barrer 和 0.523 Barrer，H_2/N_2 的分离系数为 40.1。当 BPA 的投料量达到 50%时，H_2 和 N_2 的渗透系数均有所下降，分别为 18.437 Barrer 和 0.307 Barrer，此时 H_2/N_2 的分离系数达到最高，为 60.06。侧基体积大幅度减小后，链与链间的堆砌更加紧密，起到了拦截气体的作用，由于 N_2 的分子动力学直径(3.64 Å)比 H_2 的分子动力学直径(2.89 Å)大，因此对 N_2 的拦截效果更好，导致选择性有一定提升。在 BPA 投料比提升至 70%时，H_2 和 N_2 的渗透系数均有下降，分别为 15.576 Barrer 和 0.263 Barrer，H_2/N_2 的分离系数略有降低，为 59.22。

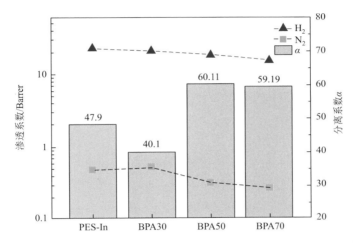

图 2.65　含异吲哚啉酮、双酚 A 聚芳醚砜共聚物(PPPBP-BPA)的气体分离性能

2) PPPBP-HBP 共聚物的制备

以一定比例的异吲哚啉酮(PPPBP)，4,4′-二氟二苯甲砜(DFS)和联苯二酚(HBP)为原料，进行亲核缩聚反应。考虑到 HBP 的溶解性较差，因此调节 PPPBP 和 HBP 的投料摩尔比为 9∶1、7∶3、5∶5，制得一系列不同侧基的聚芳醚共聚物，所得聚合物命名为 HBP10、HBP20、HBP30。

图 2.66 为 PPPBP-HBP 的合成流程图，$m+n=100$。以 HBP10 的聚合为例，在配备氮气通口、温度计、分水器、搅拌桨的 250 mL 的三颈烧瓶中放入 14.1631 g(0.036 mol)PPPBP，0.7448 g(0.004 mol)HBP，10.1700 g(0.040 mol)DFS，6.3577 g(0.046 mol)无水碳酸钾，再加入 45 mL 二甲苯和 55.85 mL 环丁砜。剧烈搅拌下升温至 165℃带水 120 min，升温除去二甲苯，继续升温至 190℃，反应 120 min，生成土黄色黏稠物，然后倒入沉淀剂中，沉淀剂为 1200 mL 乙醇和 400 mL 去离子水。不断搅拌，生成白色条状物。过滤后使用破壁机粉碎，用去离子水洗涤 8 次除盐，放入 130℃的鼓风烘箱中烘 10 h，最后转移至 170℃真空干燥箱中干燥 36 h，得到聚合物。

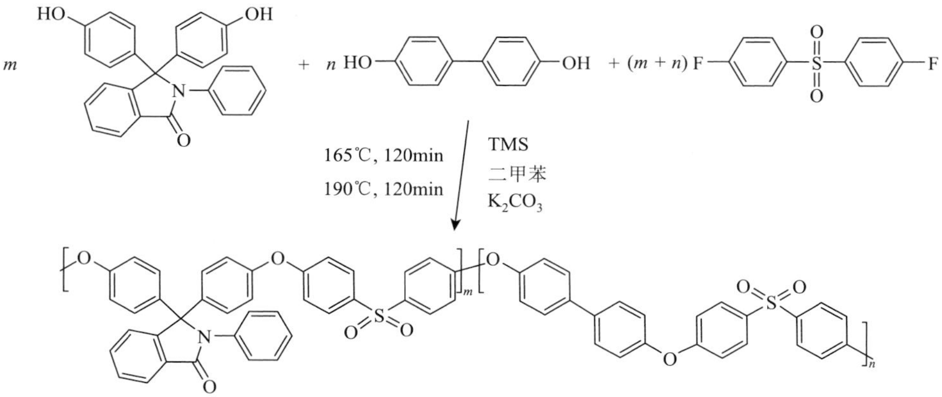

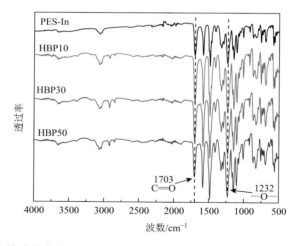

图 2.66　含异吲哚啉酮、联苯二酚聚芳醚砜共聚物(PPPBP-HBP)的合成路线

A. PPPBP-HBP 的结构表征

(1)红外谱图分析。

在图 2.67 所示 PPPBP-HBP 的 FT IR 谱图中，1232 cm^{-1} 处为聚合物主链中 Ar—O—Ar 的特征吸收峰，证明单体之间发生了亲核取代反应，形成了醚键，1326 cm^{-1} 处为亚砜基的伸缩振动峰，1703 cm^{-1} 处为内脂环上 C=O 伸缩振动吸收峰，强度随 HBP 含量的增大而降低。

图 2.67　含异吲哚啉酮、联苯二酚聚芳醚砜共聚物(PPPBP-HBP)的 FT IR 谱图

(2)核磁氢谱结构分析。

PPPBP-HBP 的 ^{1}H NMR 如图 2.68 所示，化学位移 $\delta = 8.01$ ppm、7.88 ppm、7.09 ppm 处的峰依次为 PPPBP-HBP 中 *h*、*a*、*l* 处的质子峰；$\delta = 7.55$ ppm、7.14～7.03 ppm、7.02～6.86 ppm 的峰为 *mfg*、*dejk*、*bci* 处氢质子的共振信号。在

$\delta = 7.26$ ppm 处的峰为溶剂 CDCl₃ 的峰。通过与 PES-In 的 ¹H NMR 图相比较，可以证明 PPPBP-HBP 成功制备。

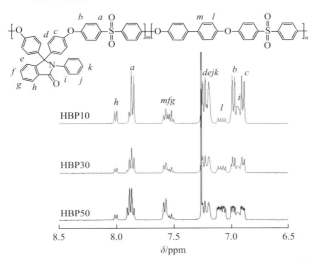

图 2.68　含异吲哚啉酮、联苯二酚聚芳醚砜共聚物(PPPBP-HBP)的 ¹H NMR 谱

B. PPPBP-HBP 的热性能

由图 2.69 TGA 曲线可知，三种聚合物 $T_{d5\%}$ 都发生在 510℃ 以上，有着良好的热稳定性。随着 HBP 投料量增大，$T_{d5\%}$ 呈现增大趋势，产生这种变化的原因可能是随着共聚物体系中酞侧基含量逐渐减少，稳定性较差的酰胺结构含量降低，聚合物的热降解活化能提高，相应地热稳定性提高。从图 2.70 中可以观察到，随着 PPPBP 含量减少，侧基体积减小，导致链与链之间的缠绕能力降低，链段容易运动，进而导致 T_g 有一定程度的下降。

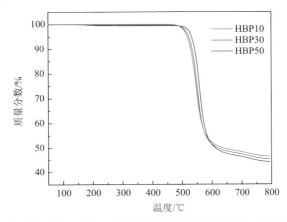

图 2.69　含异吲哚啉酮、联苯二酚聚芳醚砜共聚物(PPPBP-HBP)的 TGA 曲线

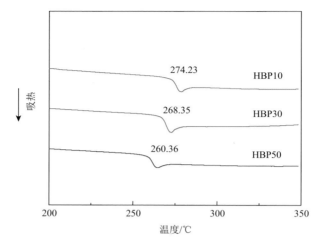

图 2.70　含异吲哚啉酮、联苯二酚聚芳醚砜共聚物(PPPBP-HBP)的 DSC 曲线

C. PPPBP-HBP 的黏度测试

PPPBP-HBP 系列聚合物的特性黏度见表 2.32，测试结果显示，25℃时 PPPBP-HBP 在 DMF 溶液的特性黏度在 1.03～1.25 dL/g 之间，由于体系中联苯二酚的溶解性较差，混合溶液的流动性较差，因此黏度数值较大，但仍可说明聚合物具备较高的分子量。

表 2.32　含异吲哚啉酮、联苯二酚聚芳醚砜共聚物(PPPBP-HBP)的特性黏度、力学性能

样品	$(\eta_{sp}/c)/(dL/g)$	拉伸模量/GPa	断裂伸长率/%	拉伸强度/MPa
HBP10	1.10	2.1	5.7	78.79
HBP30	1.25	2.3	5.8	74.84
HBP50	1.03	1.9	7.4	71.35

D. PPPBP-HBP 的机械性能

PPPBP-HBP 膜的力学性能表征结果列于表 2.32。材料的拉伸强度在 71.35～78.79 MPa，断裂伸长率在 5.7%～7.4%，杨氏模量在 1.9～2.3 GPa。侧基苯环的大量减少，使得含 HBP 系列聚合物强度和模量逐渐变低。扭曲非共面结构的减少使链与链间的缠绕程度降低，但是断裂伸长率却有上升的趋势，这可能是因为 HBP 的刚性比 PPPBP 弱，添加到共聚体系中起到了降低增加柔顺性的作用，导致材料表现出更强的韧性。

E. PPPBP-HBP 的气体分离性能

气体的分离性能不仅与聚合物的自由体积相关，也与分子内部链段堆积的松散程度相关。图 2.71 为 PPPBP-HBP 的气体分离性能图，在 25℃，0.2 MPa 条件

下，得到了 H_2 和 N_2 的渗透系数及分离系数随 HBP 含量的变化关系，正如我们所看到的，随着 HBP 含量的增加，H_2 和 N_2 的气体渗透系数逐渐下降，H_2 由基础膜的 22.777 Barrer 下降到 18.490 Barrer，N_2 由 PES-In 膜的 0.475 Barrer 下降到 0.376 Barrer，而 H_2/N_2 的分离系数则随 HBP 含量的增加先增加后降低，从 47.9 最高增加到 56.17，增加了 17.3%。HBP 与 BPA 相比，刚性更强，侧基更小，理论上会提升选择性，数据结果也验证了这一点。HBP 投料比为 50% 时，选择性出现下降趋势，这可能是体系中苯环的大量减少使材料的刚性下降，气体分子在相同压力的驱使下更容易穿过膜材料。就 PPPBP-HBP 体系整体而言符合气体分离膜的正常现象——渗透性上升，选择性下降。

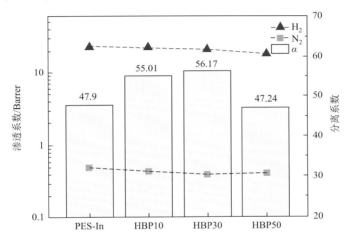

图 2.71   含异吲哚啉酮、联苯二酚聚芳醚砜共聚物(PPPBP-HBP)的气体分离性能

3) PPPBP-BPF 共聚物的制备

通过调节反应过程中 PPPBP 和 BPF 化学计量比，合成了一系列共聚物，并根据两单体的投料摩尔比命名聚合物，PPPBP∶BPF 的摩尔比分别为 7∶3、5∶5、3∶7，所得聚合物命名为 BPF30、BPF50、BPF70。

以 BPF30 的聚合为例，在配备氮气通口、温度计、分水器、搅拌桨的 250 mL 三颈烧瓶中装入 11.0158 g(0.028 mol)PPPBP，4.2049 g(0.012 mol)BPF，10.1700 g(0.040 mol)DFS，6.3577 g(0.046 mol)无水碳酸钾，再加入 45 mL 甲苯和 56.60 mL 环丁砜。在氮气的保护下将温度升到 135℃带水 120 min，然后升温并加大气流除去甲苯，接着升温到 190℃，反应 120 min，生成土黄色黏稠物，然后倒入装有 1200 mL 乙醇和 400 mL 去离子水的烧杯中，生成白色条状物。过滤后使用破壁机粉碎，去离子水洗涤 8 次，放在 130℃ 的鼓风烘箱中 10 h，转移至 170℃ 的真空干燥箱中 36 h 除掉残余溶剂，得到 BPF30 聚合物。PPPBP-BPF 的反应方程式如图 2.72 所示，$m + n = 100$。

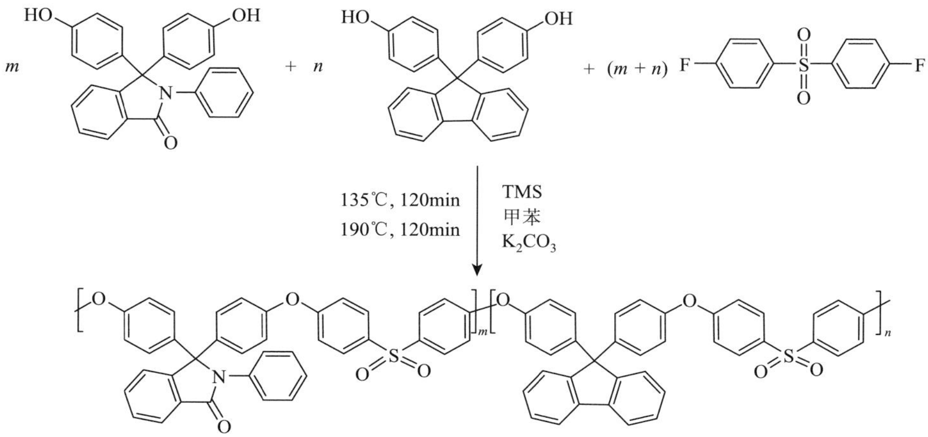

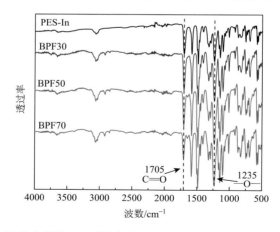

图 2.72   含异吲哚啉酮、双酚芴聚芳醚砜共聚物(PPPBP-BPF)的反应示意图

A. PPPBP-BPF 的结构表征

(1)红外谱图分析。

PPPBP-BPF 的 FT IR(图 2.73)谱图中，1235 cm^{-1} 处为聚合物主链中 Ar—O—Ar 的特征吸收峰，1705 cm^{-1} 处为酰侧基上 C=O 伸缩振动吸收峰。由于聚合物仍有大量苯环存在，故在 1583 cm^{-1}、1486 cm^{-1} 处出现的苯环骨架振动峰强度依旧很大。

图 2.73   含异吲哚啉酮、双酚芴聚芳醚砜共聚物(PPPBP-BPF)的 FT IR 谱图

(2)核磁氢谱结构分析。

PPPBP-BPF 三元共聚物的 ^{1}H NMR(400 MHz)谱图如图 2.74 所示。可以看到，随着共聚物中双酚芴加入量的增大，酰侧基 e、f、g 位上氢的共振峰面积逐渐减小，而 n、o、p、q 位上氢的共振峰面积逐渐增加，$\delta = 7.26$ 处的峰为 CDCl$_3$ 的峰，证明成功得到了 PPPBP-BPF 聚合物。

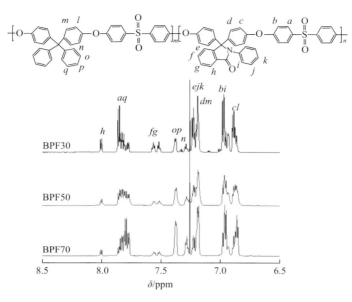

图 2.74　含异吲哚啉酮、双酚芴聚芳醚砜共聚物(PPPBP-BPF)的 ¹H NMR 谱图

B. PPPBP-BPF 的热性能

图 2.75 所示的 TGA 曲线中 PPPBP-BPF 表现出很好的热稳定性，随着 BPF 加入量的增大，共聚物的 $T_{d5\%}$ 呈现增大趋势，表明 BPF 的加入，使得共聚物的热稳定性得到改善，这是侧基变化导致的，芴侧基对称结构的耐热稳定性比内酯环结构好，裂解需求的能量更高，耐热水平得到提高。同时从图 2.76 PPPBP-BPF 的 DSC 曲线得知，当 BPF 的摩尔分数增加后，侧基保持较大体积，链段运动相对困难，导致 T_g 范围的变化不大，维持在 280℃左右，所制备出的聚合物的使用温度水平较高。

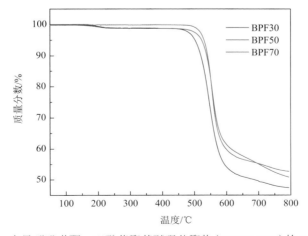

图 2.75　含异吲哚啉酮、双酚芴聚芳醚砜共聚物(PPPBP-BPF)的 TGA 曲线

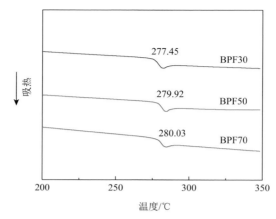

图 2.76　含异吲哚啉酮、双酚芴聚芳醚砜共聚物(PPPBP-BPF)的 DSC 曲线

C. PPPBP-BPF 的黏度测试

PPPBP-BPF 系列聚合物的特性黏度见表 2.33，25℃时的特性黏度在 0.53～0.94 dL/g 之间，说明该 PPPBP-BPF 系列聚合物具备较高的分子量，满足制膜要求，适用于气体分离膜的应用。

表 2.33　含异吲哚啉酮、双酚芴聚芳醚砜共聚物(PPPBP-BPF)的特性黏度、力学性能

样品	$(\eta_{sp}/c)/(\text{dL/g})$	拉伸模量/GPa	断裂伸长率/%	拉伸强度/MPa
BPF30	0.53	2.3	6.1	73.15
BPF50	0.94	2.4	5.1	76.25
BPF70	0.65	2.3	4.9	68.30

D. PPPBP-BPF 的机械性能

PPPBP-BPF 系列聚合物的机械性能见表 2.33，其拉伸强度为 68.30～76.25 MPa，断裂伸长率为 4.9%～6.1%，拉伸模量为 2.3～2.4 GPa。BPF50 膜的拉伸强度最高，这可能与分子量高有关。虽然在 BPF 参与共聚之后得到的膜材料比 PES-In 具有更低的拉伸强度、断裂伸长率和拉伸模量，但仍能满足成膜和气体分离测试的要求。

E. PPPBP-BPF 的气体分离性能

PPPBP-BPF 聚合物气体分离数据如图 2.77 所示，当 BPF 添加量为 30%时，对 N_2 的截留较为显著。这是因为侧基的扭曲非共面结构含量降低以及侧基的对称性较好导致链段堆砌更加紧密，因此气体分子的孔道变小，进而导致渗透系数下降，分离系数上升显著，达到 59.4，增加了 24.0%。但是除 BPF30 膜的渗透性下降外，其他聚合物膜对 H_2 和 N_2 的渗透系数均有所上升。这可能是因为在聚芳醚侧基上芴结构刚性比酞侧基更强，在投料比大于 50 之后，刚性对气体分离起到了

主导作用，致使链间堆砌不紧密，气体分子更容易透过。虽然渗透性有所提升，但由于两种气体间渗透系数增加的速率相差不大，导致 BPF50、BPF70 膜对 H_2/N_2 的选择性的变化不多。

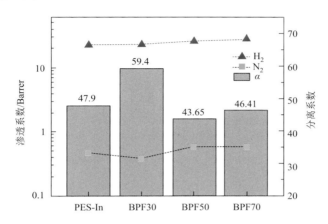

图 2.77　含异吲哚啉酮、双酚芴聚芳醚砜共聚物(PPPBP-BPF)的气体分离性能

2.3.6　含环氧侧基聚合物[8]

CET(可交联的环氧热塑性树脂)是一类活性热塑性树脂，在环氧增韧剂、涂料、黏合剂和功能高分子材料方面已获得广泛关注。迄今，CET 材料制备中，线性主链平均分子量与环氧基团含量之间，即材料的韧性与交联度之间存在矛盾。笔者制备了一类新结构的 CET 树脂，其由碱金属氢化物(NaH)的 S_N2 亲核取代反应将环氧基团定量接枝到高分子量聚芳醚侧链上，利用分子链上未被取代的仲氨基进行环氧自固化反应，并通过对环氧接枝量的控制来调整固化后的交联密度，进而调整固化产物的性能，探索此类 CET 树脂在高性能涂料方面应用的可能性。

3,3′-双(4-羟基苯基)苯并吡咯酮(HPP)和二氟二苯酮经 S_N2 亲核取代反应合成聚芳醚酮(PEK-H)，再经与 ECH 的亲核取代反应得到了含有环氧侧基的 PEK-HE 树脂(图 2.78)。接枝环氧基的反应通常在强酸或强碱条件下进行，以 K_2CO_3 为催化剂时，可部分接枝环氧；当采用活泼的 NaH 为催化剂时，环氧接枝比较完全，并且通过改变环氧氯丙烷的加入量可以控制环氧侧基的含量从 0～100%。例如，当 PEK-H 的结构单元与加入环氧氯丙烷的摩尔比为 1∶0.2 时，得到的 PEK-HE 环氧侧基的含量接近 20%(由聚合产物的 ^1H NMR 谱图积分计算得到)。

单体 3,3′-双(4-羟基苯基)苯并吡咯酮(HPP)结构的 ^1H NMR 谱(图 2.79)中，$\delta = 9.5$ ppm 归属于仲胺基的氢，$\delta = 9.4$ ppm 归属于羟基上的氢。

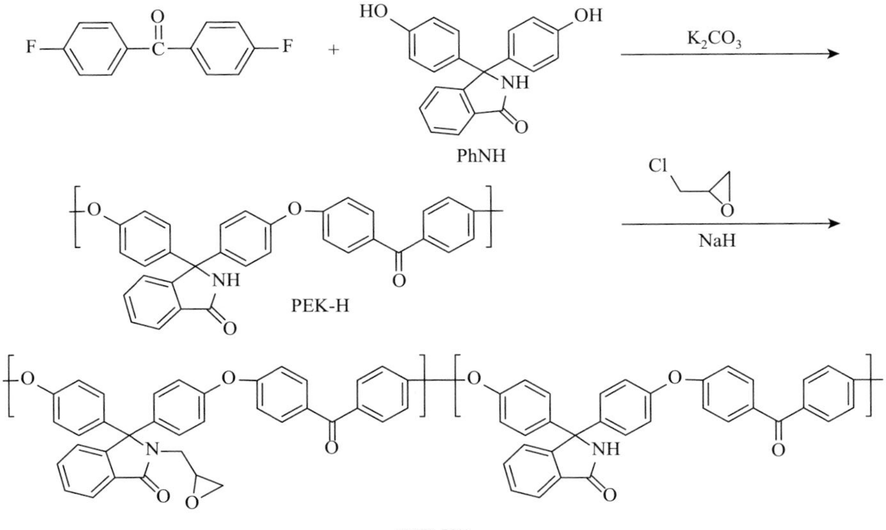

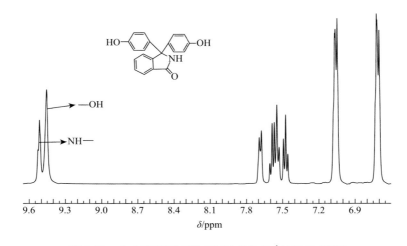

图 2.78 含环氧侧基聚芳醚酮(PEK-HE)的合成路线

图 2.79 含内酰胺环双酚(HPP)单体的 ^{1}H NMR 谱图

PEK-HE 的结构由 ^{1}H NMR 和 FT IR 表征。系列聚合物用 PEK-HEAB 表示，图 2.80A 为聚合中间产物 PEK-H(A = 100，B = 0)的 ^{1}H NMR 谱图，$\delta = 9.8$ ppm 归属于分子侧链上仲胺基的氢；图 2.80B 为环氧基团接枝率 50%(PEK-HE5050)的 ^{1}H NMR 谱图，$\delta = 9.8$ ppm 处仲胺基的积分比例缩小，出现了 $\delta = 3.6$(a)、$\delta = 3.4$(a')、$\delta = 2.4$(b，c)、$\delta = 2.2$(c')谱峰，这些均归属于环氧侧基上的氢；图 2.80C 为环氧基团接枝率 100%(PEK-E)时的 ^{1}H NMR 谱图，$\delta = 9.8$ ppm 处谱峰

消失，$\delta = 3.6\,\text{ppm}\,(a)$、$\delta = 3.4\,\text{ppm}\,(a')$、$\delta = 2.4\,\text{ppm}\,(b, c)$、$\delta = 2.2\,\text{ppm}\,(c')$ 谱峰积分比例增大，主链及酚酞环上的氢$(1\sim8)$的谱峰归属如图 2.80 所示。在系列核磁谱图中均可以通过仲胺基氢积分面积计算环氧侧基的含量。图 2.81 为 PEK-E 与 PEK-H 的 $^{13}\text{C NMR}$ 谱图，$49.5\,(1)\,\text{ppm}$、$46.7\,(2)\,\text{ppm}$、$43.9\,(3)\,\text{ppm}$ 为环氧基团上的碳谱峰。

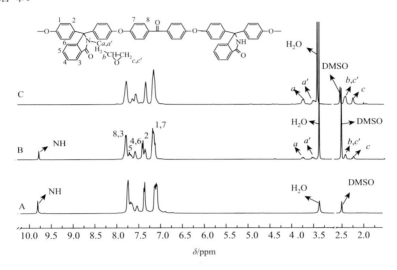

图 2.80　含内酰胺环聚芳醚酮均聚物(PEK-H，A)，含内酰胺环、环氧侧基聚芳醚酮共聚物(PEK-HE5050，B)，含环氧侧基聚芳醚酮均聚物(PEK-E，C)的 $^1\text{H NMR}$ 谱图

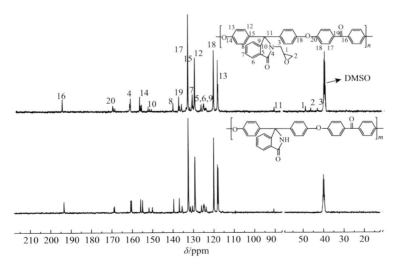

图 2.81　含环氧侧基聚芳醚酮均聚物(PEK-E)与内酰胺环聚芳醚酮均聚物(PEK-H)的 $^{13}\text{C NMR}$ 谱图

图 2.82 为中间体(PEK-H)与环氧基团接枝率 100%(PEK-E)的 FT IR 谱图，2850～2985 cm^{-1}、1378 cm^{-1}、900 cm^{-1} 处为环氧基团取代特征峰，3246 cm^{-1} 处为仲胺基的特征峰，PEK-E 谱图中此处消失。从图 2.83 环氧基投料摩尔比与聚合物中环氧基摩尔比关系可以看到，环氧基接枝可控。

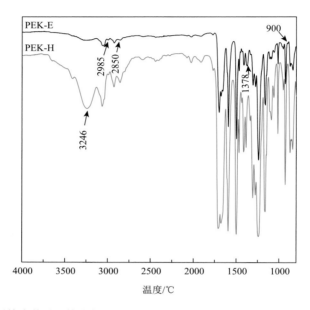

图 2.82   含环氧侧基聚芳醚酮均聚物(PEK-E)与内酰胺环聚芳醚酮均聚物(PEK-H)的红外谱图

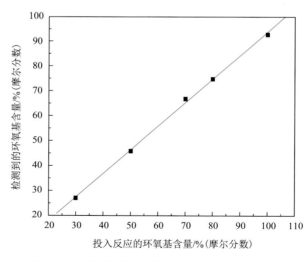

图 2.83   环氧基投入与聚合物中环氧基含量关系

PEK-HE 性能测试：随着环氧基含量的增加，由图 2.84 可知固化体系反应放热峰值温度升高，这主要是环氧基含量的增加导致聚合物增加了空间位阻，这也将使体系用来克服分子链及链段移动所需要的能量增加，因此也就阻碍了固化反应的发生，使其反应活性降低。

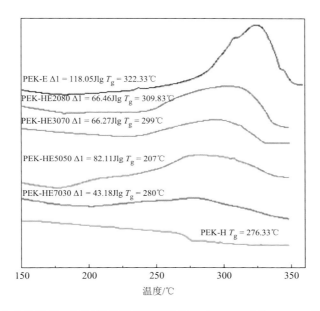

图 2.84　含内酰胺环、环氧侧基聚芳醚酮共聚物(PEK-HE)的 DSC 一次升温曲线

放热量方面，从 PEK-HE7030 到 PEK-HE3070 放热量先增加后降低，主要是由于体系的放热量与环氧基含量及仲胺基含量有关，仲胺基起到固化剂作用，环氧基与仲胺基比例在 70∶30 到 30∶70 范围时，仲胺基所起固化剂固化作用大于热交联作用，体系固化主要是仲胺基固化环氧。当环氧基与仲胺基比例高于 80∶20 时，放热量大于 PEK-HE5050，且呈增加趋势，由于环氧基含量较高，随着温度升高，环氧基与环氧基之间作用逐渐增强，导致开环，仲胺基所起的作用相对降低，说明仲胺基与环氧基比例含量在此范围内，固化反应为热交联，因此，PEK-E 的放热量最大。由图 2.85 DSC 二次升温曲线可知，由 PEK-H 到 PEK-HE7030 均具有较高 T_g 且呈先升高后降低的规律，这主要是由于 PEK-HE 含有仲胺基和环氧基，仲胺基的存在可以起到固化剂的作用，在加热过程中导致聚合物有部分交联，进而导致 PEK-HE 的 T_g 升高，高于 PEK-H，仲胺基和环氧基摩尔比与交联反应有关，可见在仲胺基和环氧基摩尔比为 1∶1(PEK-HE5050)时交联程度较高，因此 T_g 呈先升高后降低规律。

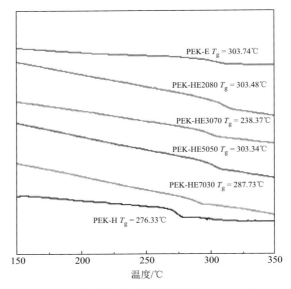

图 2.85   含内酰胺环、环氧侧基聚芳醚酮共聚物(PEK-HE)的 DSC 二次升温曲线

比较固化前后聚合物涂膜热稳定性(图 2.86)，PEK-H 热稳定性较好，其 $T_{d5\%}$ 为 471℃，PEK-HE $T_{d5\%}$ 分别为 406℃(PEK-HE7030)、349℃(PEK-HE5050)、309℃(PEK-HE3070)，随着环氧基引入聚合物含量的增加，热稳定性变差，表明在热失重过程中有环氧基分解。固化后的 PEK-HE 的 $T_{d5\%}$ 都有明显提高，均在 450℃以上，PEK-HE5050 具有更优良的热稳定性，表明随着聚合物中环氧基与仲胺基摩尔比接近 1:1，交联程度高，聚合物经自固化后的热稳定性也提高，因此可以通过改变投料比调节环氧基在聚合物中的含量，调整固化后涂层的性能。

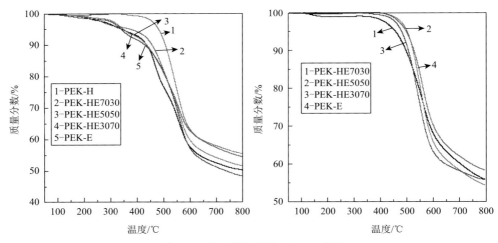

图 2.86   聚合物固化前后 TGA 曲线

将同时含有内酰胺环和环氧基的共聚物 PEK-HE5050 在室温下放置 7 个月，测试其 TGA 曲线，发现几乎没有变化，表明聚合物常温下保持稳定，不发生自交联反应(图 2.87)。

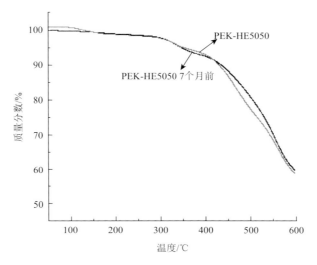

图 2.87 PEK-HE5050 室温下放置 7 个月前后的 TGA 曲线

恒温前的薄膜在室温下可溶于 DMAc、DMF、DMSO、NMP 等溶剂(表 2.34)，但在 120℃烘箱中，加热 10～15 h 后，即使在加热回流条件下，上述薄膜也只能溶胀，不能溶解，表明环氧侧基酚酞基聚芳醚酮发生了自交联反应。

表 2.34 不同聚合物的溶解性比较

样品	DMSO	DMF	NMP	DMAc	THF	TCM	DCM	Acetone
PEK-H	+	+	+	+	−	−	−	−
PEK-HE7030	+	+	+	+	+−	+−	+−	−
PEK-HE5050	+	+	+	+	+	+−	+−	−
PEK-HE3070	+	+	+	+	+	+−	+−	−
PEK-E	+	+	+	+	+	+−	+−	−

注：聚合物 0.05 g/mL 浓度下测试，"+"可溶解；"+−"部分可溶；"−"不溶解。

此外笔者设计从苯并吡咯酮单体出发合成含环氧侧基且其含量可控的酚酞基聚芳醚酮共聚物(PEK-C-HE)，能够通过侧链上仲胺基进行环氧自固化反应。与 PEK-C 相比，PEK-C-HE 不仅保持了在极性非质子溶剂中良好的溶解性，且其溶液涂层自固化后具有相当高的抗冲击、耐热及电绝缘性等各项优异的性能，与 PEK-HE 相比，引入第三单体酚酞使其具有更好的溶解性。

　　HPP、酚酞和等物质的量的二氟二苯酮经 S_N2 亲核缩聚反应合成聚芳醚酮(PEK-C-H)，再经与 ECH 的取代反应得到了含有环氧侧基的 PEK-C-HE 共聚物(图 2.88)。合成该共聚物是为将功能性的环氧基团接枝到线型高分子量聚芳醚酮侧链上，同时保留酚酞侧基以保持产物在极性非质子溶剂中的可溶性。接枝环氧的反应通常在强酸或强碱条件下进行。

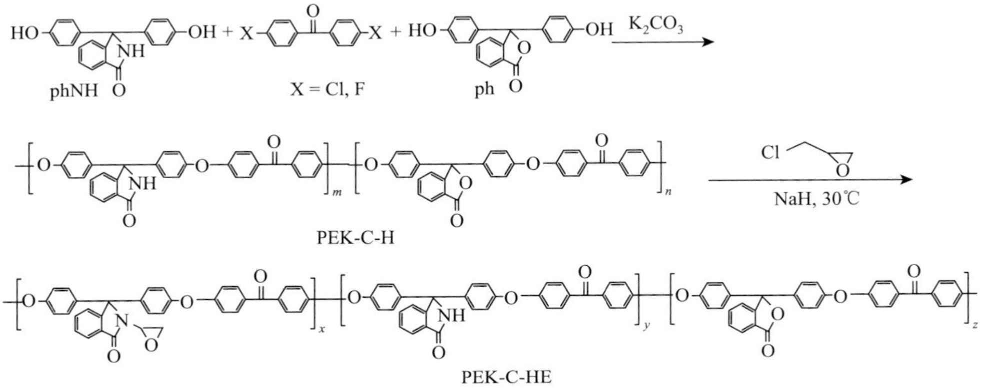

图 2.88   含酚酞侧基、侧环氧基、侧内酰胺基三元聚芳醚酮共聚物(PEK-C-HE)的合成路线

　　以 K_2CO_3 为催化剂时，可部分接枝环氧；当采用活泼的 NaH 为催化剂时，由于具有更强的碱性，容易夺取仲胺基上的氢，生成的负离子与 ECH 发生亲核取代反应，只需温和的反应条件(室温)，即可达到环氧接枝比较完全的程度，并且通过改变 ECH 的加入量可以控制环氧侧基的含量。例如，当聚合中间体 PEK-C-H 含仲胺基的结构单元与加入 ECH 的摩尔比为 1:0.5 时，产物 PEK-C-HE 中仲胺基与环氧基的比例接近 1:1，表明接枝反应比较完全(由聚合产物的 ^1H NMR 谱图积分计算而得，图 2.89A)。

　　聚合物的合成路线如图 2.88 所示，聚合物结构由 ^1H NMR 和 FT IR 表征。图 2.89A 为 PEK-C-HE2525 的 ^1H NMR 谱图，$\delta = 9.8$ ppm 处为仲胺基的谱峰，$\delta = 3.6$ ppm(a)、$\delta = 3.4$ ppm(a')、$\delta = 2.4$ ppm(b，c)、$\delta = 2.2$ ppm(c')谱峰均归属于环氧基团上的氢；图 2.89B 为 PEK-C-E 的 ^1H NMR 谱图，$\delta = 9.8$ ppm 处谱峰消失，$\delta = 3.6$ ppm(a)、$\delta = 3.4$ ppm(a')、$\delta = 2.4$ ppm(b，c)、$\delta = 2.2$ ppm(c')谱峰积分比例增大。通过核磁谱图中仲胺基氢积分面积计算出环氧侧基的含量。图 2.90 是 PEK-C-HE2525、PEK-C-E 的 FT IR 谱图，$2991\sim2854$ cm^{-1} 及 929 cm^{-1} 处为环氧基团上的 CH 和 CH_2 取代特征峰，3423 cm^{-1} 处尖峰为仲胺基的特征峰，可以看到 PEK-C-E 在此处的尖峰消失。图 2.91 为环氧基投入量与产物环氧基含量的关系，可知环氧基的接枝基本可控。

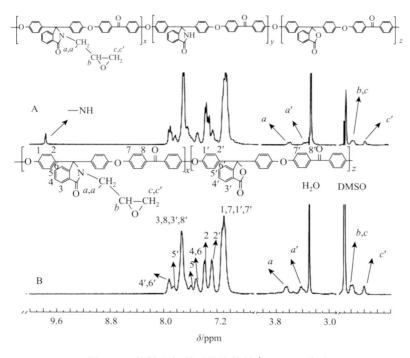

图 2.89　接枝环氧前后共聚物的 ¹H NMR 谱图

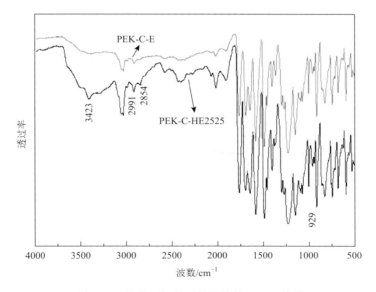

图 2.90　接枝环氧前后共聚物的 FT IR 谱图

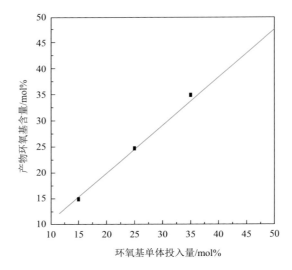

图 2.91   环氧基投入量与产物环氧基含量的关系

mol%为摩尔分数

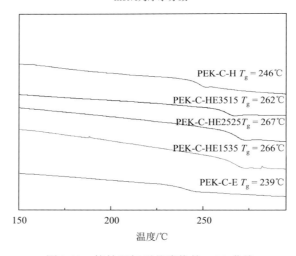

图 2.92   接枝环氧后共聚物的 DSC 曲线

如图 2.92 中 DSC 曲线可知，PEK-C-H、PEK-C-HE3515、PEK-C-HE2525、PEK-C-HE1535、PEK-C-E 的 T_g 分别为 246℃、262℃、267℃、266℃、239℃，PEK-C-H 具有较高的 T_g，随着环氧基团含量的增加，T_g 呈先增加后降低的趋势，说明升温过程中，由于仲胺基的存在，引发环氧结构交联反应，且交联反应程度是先增加后降低的。比较固化前后聚合物的热稳定性(图 2.93)，随着环氧基引入聚合物含量的增加，热稳定性变差，表明在热失重过程中有环氧基分解。固化后的聚合物的 $T_{5\%}$ 都有明显提高，热稳定性明显提高。

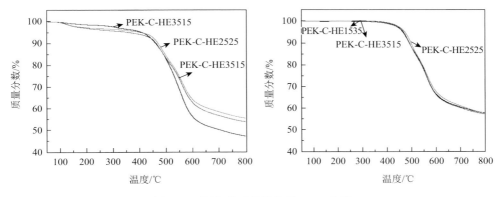

图 2.93　固化前后共聚物的 TGA 曲线

表 2.35 给出了三个不同环氧含量的 PEK-C-HE 自固化前后对多种极性非质子溶剂溶解状态的比较，由于酚酞结构提高了聚合物的溶解性，聚合物在常温下均具有良好的溶解性，置于 120℃烘箱 15～18 h 后，在溶剂中以溶胀状态存在，表明聚合物发生了自固化交联反应。

表 2.35　聚合物溶解性比较

样品	处理条件	DMSO	THF	DMF	NMP
PEK-C-HE3515		++	+	++	++
PEK-C-HE2525	20℃空气中	++	+	++	++
PEK-C-HE1535		++	+	++	++
PEK-C-HE3515		+−	+−	+−	+−
PEK-C-HE2525	120℃真空状态 15～18h	+−	+−	+−	+−
PEK-C-HE1535		+−	+−	+−	+−

注："++"室温可溶解；"+"可溶解；"+−"为部分可溶/溶胀。

2.3.7　含反应型双键聚合物

笔者分别制备了主链和侧链含反应型双键的酚酞基聚芳醚酮共聚物，通过调整单体加入比例，调控聚合物中反应型双键的含量。聚合物能够参与热固树脂的交联反应及在紫外光照射下交联，从而提高树脂体系的增韧效果和高性能涂料的力学性能。

1. 主链含丙烯基的酚酞基聚芳醚酮

从酚酞(PHT)、二烯丙基双酚 A(DABPA)、二氟二苯酮单体通过 S_N2 亲核缩聚制备 RPEK-C 共聚物(图 2.94)，核磁结果证实，侧链的烯丙基在高温下全部异构化成丙烯基。通过二氟二苯酮单体过量封端与聚合反应时间调节 RPEK-C 的分子量，调整 PHT 和 DABPA 的单体比例，能够定量接枝丙烯基（图 2.95）。当 PHT 与 DABPA 的当量比为 98∶2、95∶5、90∶10 时，所得聚合物分别标记为 RPEK-C2、RPEK-C5、RPEK-C10。

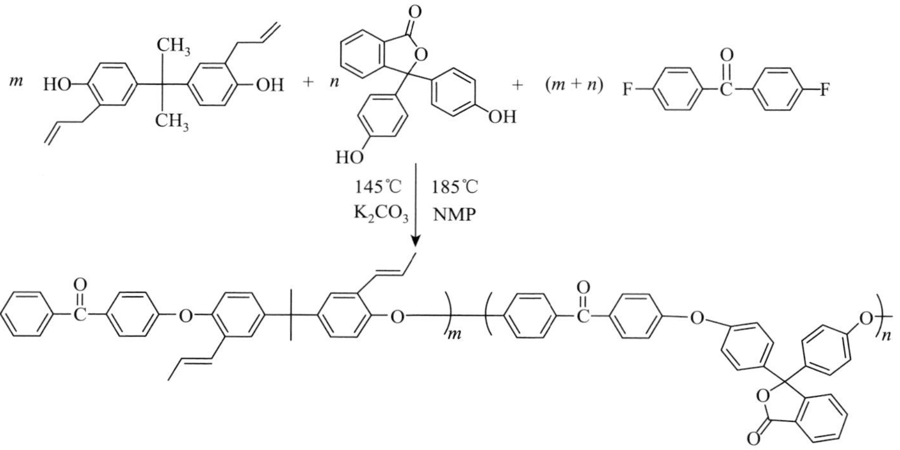

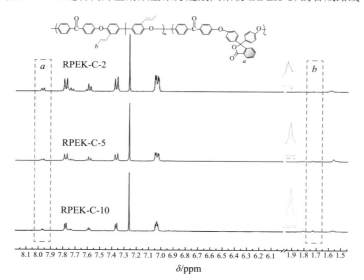

图 2.94　主链含丙烯基酚酞基聚芳醚酮共聚物（RPEK-C）的合成路线

图 2.95　¹H NMR 谱图证实丙烯基含量可控

2. 侧链含烯丙基的酚酞基聚芳醚酮[9]

由酚酞啉（PPL）和二氟二苯酮（DFBP）的 S_N2 亲核取代反应合成含有羧基侧基的聚芳醚酮（PEK-L）中间体，温度控制在 175℃左右，反应 4 h；再接枝丙烯酸羟乙酯（HEA），选用纳米氧化锌（nZnO）为催化剂，对苯二酚为阻聚剂，进行了多次实验，得到的 PEK-L-A 的烯丙基接枝率均较低，而且产物不纯，表明 nZnO 的催化效率低，达不到实验目的。所以选用 DCC/DMAP 高效催化体系代替 nZnO，外置冰水浴，温度控制在 10℃ 以下，温度过高会导致反应过程中产生副产物 DCU，难以除尽，得到的最终产物不纯。通过调整 PEK-L 和 HEA 的投料比(1∶1、5∶4、5∶3、5∶2、5∶1)，可调控 PEK-L-A 的烯丙基接枝率(100%、80%、60%、40% 和 20%，图 2.96)。

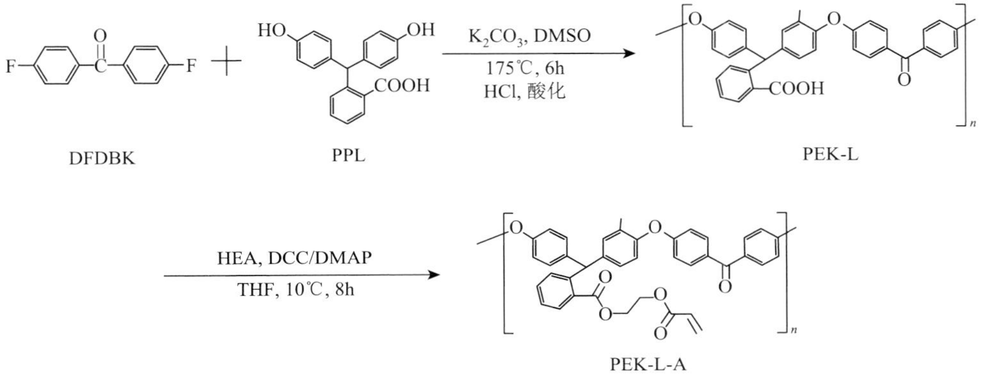

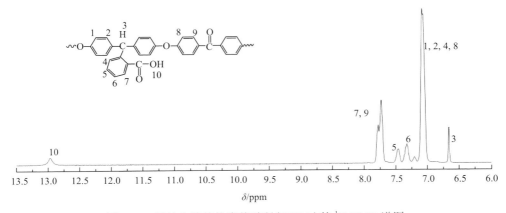

图 2.96　侧链含烯丙基的酚酞基聚芳醚酮的合成路线

1)PEK-L 的核磁表征

(1)PEK-L 的 ^{1}H NMR 表征谱图分析。

图 2.97 为聚合物 PEK-L 的 ^{1}H NMR 谱图，7.74 ppm 处的峰为苯酮苯环上的 7 和 9 位的氢的吸收峰，7.51 ppm 处的峰为侧链苯环上 5 位的氢的吸收峰，7.36 ppm 处的峰为侧链苯环上 6 位的氢的吸收峰，7.07 ppm 处的峰为苯酮苯环上 1、2、4、8 位的氢的吸收峰，6.6743 ppm 处的峰为主链上 3 位的氢的吸收峰，12.97 ppm 为侧链羧基 10 位氢的化学位移。

图 2.97　侧链含羧基的聚芳醚酮(PEK-L)的 ^{1}H NMR 谱图

(2)PEK-L 的 ^{13}C NMR 表征谱图分析。

聚合物 PEK-L 的 ^{13}C NMR 谱图(图 2.98)中,40 ppm 处是溶剂 DMSO 的吸收峰,50 ppm 处的峰为聚合物主链上 1 位的碳的吸收峰,117 ppm 和 120 ppm 处的峰为聚合物主链上 2 位的碳的吸收峰,126 ppm 处的峰为聚合物侧链 7 位的碳的吸收峰,130 ppm 处的峰为聚合物 3、8~12 位的碳的吸收峰,140 ppm 和 144 ppm 的峰为聚合物主链上 5 位的碳的吸收峰,153 ppm 和 161 ppm 处的峰为聚合物主链上 6 位的碳的吸收峰,169 ppm 处为聚合物侧链羧基上 13 位的碳的吸收峰,193 ppm 处为聚合物主链上羰基 4 位上的碳的吸收峰。

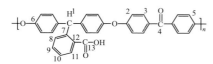

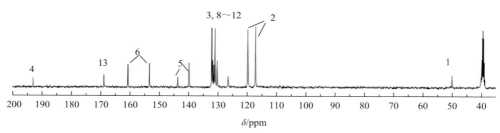

图 2.98   侧链含羧基的聚芳醚酮(PEK-L)的 ^{13}C NMR 谱图

2)PEK-L 的 FT IR 表征

图 2.99 为聚合物 PEK-L 的 FT IR 表征谱图,3062 cm^{-1} 处为聚合物苯环上 =C—H 键的伸缩吸收峰,1495 cm^{-1} 和 1591 cm^{-1} 处为聚合物苯环上 C=C 键的伸缩振动特征峰,764 cm^{-1} 处为聚合物中邻位取代的苯环上碳氢键的变形振动峰,1650 cm^{-1} 处为聚合物主链上芳香酮羰基的伸缩振动吸收峰,1068 cm^{-1} 和 1230 cm^{-1} 处各为聚合物中 Ar—O—Ar 键的对称和不对称的伸缩振动特征峰,表明了聚合物的结构中含芳环的骨架。3426 cm^{-1} 处为聚合物侧链氢氧键的伸缩振动特征峰,1695 cm^{-1} 和 1721 cm^{-1} 处各为聚合物中由氢键缔合的羧基中羰基和游离的羧基的伸缩振动特征峰,928 cm^{-1} 处为聚合物中羧酸二聚体的氢氧键的变形振动,表明了聚合物中含有羧基。

3)PEK-L-A 的核磁表征

(1)PEK-L-A 的 ^1H NMR 谱图分析。

图 2.100 所示为聚合物 PEK-L-A 的 ^1H NMR 谱图,7.74 ppm 处的峰为苯酮苯环上的 14 位的氢的吸收峰,7.51 ppm 处的峰为侧链苯环上 7 位的氢的吸收峰,7.36 ppm 处的峰为侧链苯环上 5 位的氢的吸收峰,7.20 ppm 处的峰为侧链苯环上

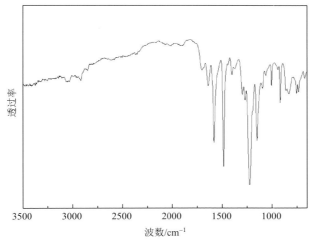

图 2.99　侧链含羧基的聚芳醚酮(PEK-L)的 FTIR 谱图

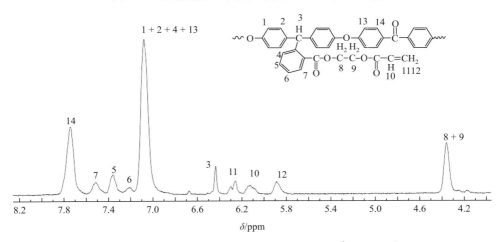

图 2.100　侧链含烯丙基聚芳醚酮(PEK-L-A)的 ^{1}H NMR 谱图

6 位的氢的吸收峰，7.07 ppm 处的峰为苯酮苯环上 1、2、4、13 位的氢的吸收峰，6.43 ppm 处的峰为主链上 3 位的氢的吸收峰，6.30 ppm 和 6.25 ppm 处的峰为侧链双键上 11 位的氢的吸收峰，6.12 ppm 处的峰为侧链双键上 10 位的氢的吸收峰，5.88 ppm 处的峰为侧链双键上 12 位的氢的吸收峰，4.36 ppm 处的峰为侧链 8、9 位的氢的吸收峰。

(2)PEK-L-A 的 ^{13}C NMR 谱图分析。

图 2.101 所示为聚合物 PEK-L-A 的 ^{13}C NMR 谱图，50 ppm 处为聚合物主链上 1 位碳的吸收峰，62 ppm 处为聚合物侧链乙基中 14 位碳的吸收峰，117 ppm 和 120 ppm 处为聚合物主链中 2 位上碳的吸收峰，130 ppm 处为聚合物苯环上 3、8 和

12 位上碳的吸收峰和侧链烯丙基碳碳双键的 16、17 位上碳的吸收峰,140 ppm 和 144 ppm 处为聚合物主链的苯环上 5 位碳的吸收峰,153 ppm 和 160 ppm 处为聚合物主链的苯环上 6 位碳的吸收峰,165~169 ppm 处为聚合物主链的苯环上 2 位碳的吸收峰和侧链羰基的吸收峰,193 ppm 处为聚合物主链的羰基 4 位上的碳的化学位移,说明了聚合物结构中含有烯丙基基团。

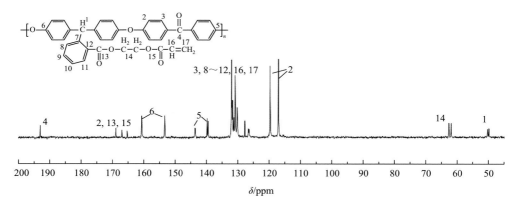

图 2.101　侧链含烯丙基聚芳醚酮(PEK-L-A)的 ^{13}C NMR 谱图

4) PEK-L-A 的红外表征

图 2.102 所示为聚合物 PEK-L-A 的 FT IR 的表征图谱,2942 cm^{-1} 处为聚合物的苯环上 ═C─H 键的伸缩振动特征峰,1597 cm^{-1} 及 1493 cm^{-1} 处为聚合物中苯环的 C═C 键的伸缩振动吸收峰,1239 cm^{-1} 和 1162 cm^{-1} 处分别为聚合物中 Ar─O─Ar 键不对称和对称伸缩振动特征峰,767 cm^{-1} 处为聚合物中邻位取代的苯环上的碳氢键的变形振动,说明聚合物的结构中含有芳环骨架。3076 cm^{-1} 处

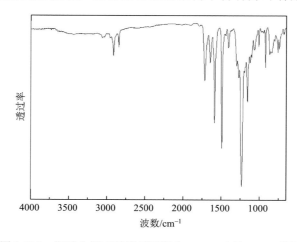

图 2.102　侧链含烯丙基聚芳醚酮(PEK-L-A)的 FT-IR 谱图

为聚合物烯烃中 ═C—H 键的伸缩振动特征峰，1660 cm^{-1} 处为聚合物侧链烯丙基中 C═C 双键的伸缩振动特征峰，922 cm^{-1} 和 858 cm^{-1} 处为聚合物侧链烯丙基中 ═C—H 的变形振动，说明结构中含有烯丙基双键。2852 cm^{-1} 处为聚合物侧链乙基中 C—H 的伸缩振动特征峰。

5) 聚合物热性能分析

图 2.103 和图 2.104 为聚合物 PEK-L-A 的热稳定性曲线图，聚合物的玻璃化转变温度(T_g)和 $T_{d5\%}$ 都呈现明显的规律性，即随聚合物黏度的增加而升高。聚合物在接枝 HEA 后，热稳定性降低，这是由于 HEA 作为增塑剂引入到聚合物的侧链中，增加了分子链的柔韧性，同时烯丙基也比羧基更容易分解。

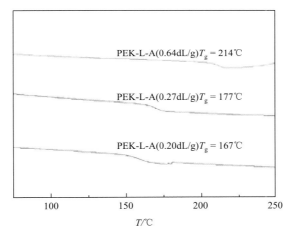

图 2.103　侧链含烯丙基聚芳醚酮(PEK-L-A)的 DSC 曲线

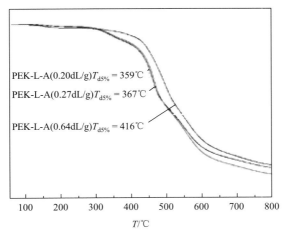

图 2.104　侧链含烯丙基聚芳醚酮(PEK-L-A)的 TGA 曲线

6) 反应条件对聚合物黏度的影响

表 2.36 所示为不同反应条件对聚合物黏度的影响。改变反应时 PPL 和 DFBP 的投料比可以调节聚合物的黏度，当反应时间缩短为 2 h 时，未能得到聚合物，同时，当反应温度低于 174℃时，也未能得到聚合物，可见改变原料的投料比是调节最终聚合物黏度的主要手段。

表 2.36　反应条件对聚合物黏度的影响

投料比	反应时间/h	反应温度/℃	溶剂加入量/mL	带水剂加入量/mL	聚合物黏度/(dL/g)
17/20	4	178	20	20	0.15
19/20	4	174	20	20	0.20
23/24	4	181	20	20	0.25
28/29	4	177	20	20	0.27
54/53	4	180	20	20	0.30
100/99	4	177	20	20	0.51
1/1	4	177	20	20	0.64
1/1	4	168	20	20	—
1/1	2	178	20	20	—

7) 侧链含烯丙基(PEK-L-A)聚芳醚酮的不同接枝率可控合成

图 2.105 为不同烯丙基接枝率的 PEK-L-A 的 ^{1}H NMR 图谱，6.67 ppm 处是未接枝 HEA 的聚合物主链上氢的化学位移，6.43 ppm 处为接枝 HEA 后主链上

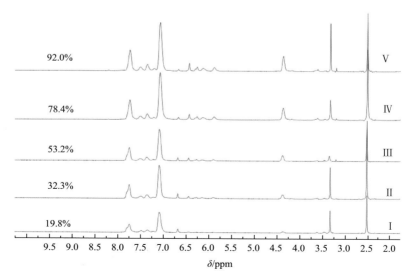

图 2.105　不同烯丙基接枝率的聚芳醚酮(PEK-L-A)的 ^{1}H NMR 谱图

氢的化学位移,通过 6.67 ppm 和 6.43 ppm 处位移积分面积的比可以计算出聚合物侧链中烯丙基的接枝率。按不同的投料比计算,Ⅰ~Ⅴ理论上烯丙基的接枝率分别为 20%、40%、60%、80%、100%,依图谱计算得出的烯丙基的实际接枝率则为 19.8%、32.3%、53.2%、78.4%、92.0%,表明了通过改变 PEK-L 与 HEA 投料比能够实现烯丙基侧基接枝率的可控合成。

2.3.8　含羧基聚合物[10]

大连理工大学王忠刚团队制备了含有酚酞啉结构的聚芳醚酮均聚物(PEK-L)(图 2.106);大连化学物理研究所周光远团队制备了含有侧链羧基及主链羧基的两种聚芳醚酮共聚物(PHT-PPL 和 PEK-D)(图 2.107 和图 2.108),其中 PEK-D 具有更高的热稳定性以及更低的成本(因为二羟基苯甲酸远低于酚酞啉的市场价格),因而更具有实际应用的可能性。以上含羧基的聚芳醚酮均/共聚物都用于环氧树脂的大分子增韧剂研究中。

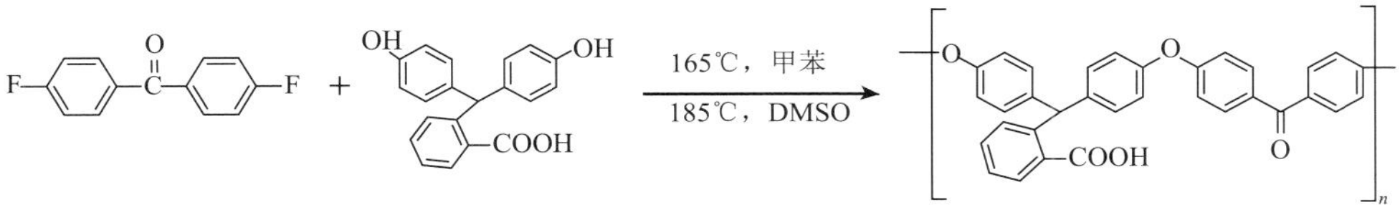

图 2.106　侧链羧基聚芳醚酮均聚物(PEK-L)的合成路线

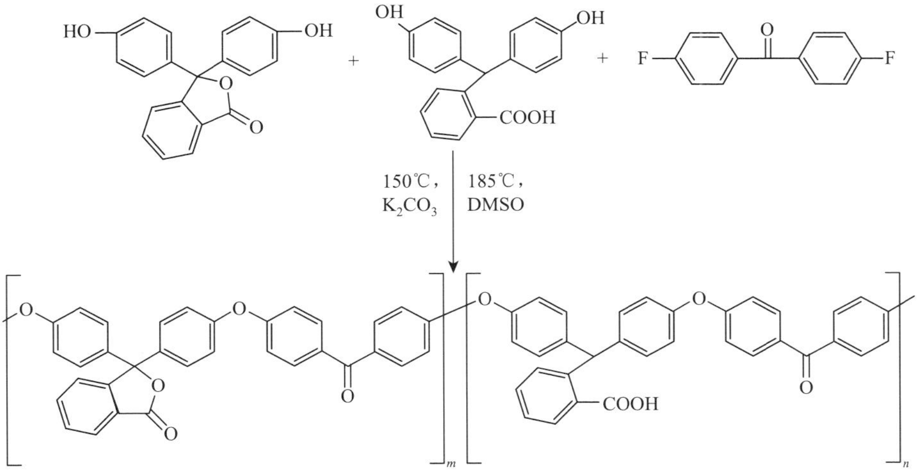

图 2.107　PHT-PPL 的合成路线

在三颈烧瓶中依次加入二氟二苯酮、酚酞/酚酞啉/3,5-二羟基苯甲酸、无水碳酸钾、甲苯及二甲基亚砜,开动机械搅拌并通入氮气,升温到 140℃反应 2 h 以充分除去和甲苯产生共沸回流的水分,蒸除甲苯,缓慢升温到 175℃反应 4 h,得到

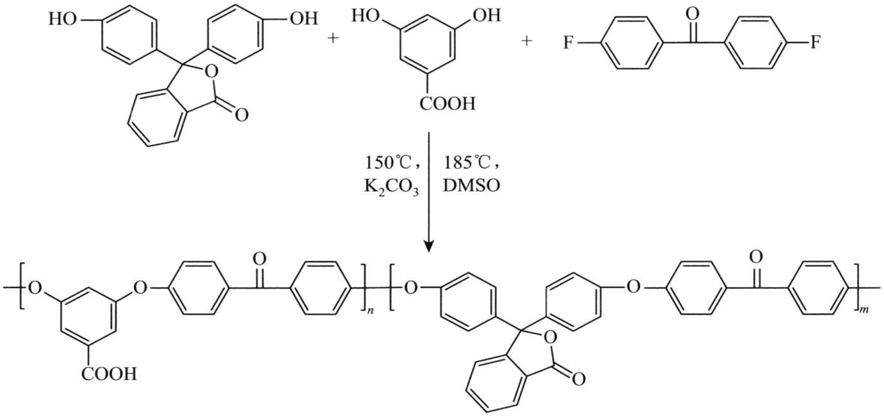

图 2.108　PEK-D 的合成路线

黏稠溶液。自然冷却到 100℃并用 DMAc 进行稀释，倒入乙醇和 HCl 配成的混合沉降剂中，析出大量白色沉淀。用去离子水反复煮洗以充分去除无机盐，置于真空烘箱干燥，得到含侧链羧基聚芳醚酮。

PEK-L 具有很高的热稳定性，其 T_g 为 228℃，失重 5%时的温度达 426℃，700℃时的残炭率 58%。

PHT-PPL 和 PEK-D 两种聚合物都具有很高的热稳定性。PHT-PPL 的 T_g 为 222℃，PEK-D 的 T_g 为 216℃，这是由于 PEK-D 的分子量较低；PHT-PPL 的 $T_{d5\%}$ 达 443℃，PEK-D 的 $T_{d5\%}$ 达 463℃。PEK-D 在 700℃时的残炭率高达 58%，表明 PEK-D 具有更优异的热稳定性。

2.3.9　含磺酸侧基聚合物[11]

长春应化所的张所波团队将酚酞的内酯环经羟基化改性后，接枝长链的季铵盐基团。柔性的侧链便于官能团聚集，亲/疏水区域发生相分离，形成离子簇，提高膜的离子传导性能。

通过酚酞（PHT）与乙醇胺缩合反应制备了含有羟基的双酚单体（PHT-EOA，图 2.109），使用该单体与二卤单体进行缩聚，合成了一系列侧链含有羟基的共聚物。随后羟基与丙磺酸内酯反应，将磺酸基团引入聚合物的侧链中（图 2.110）。

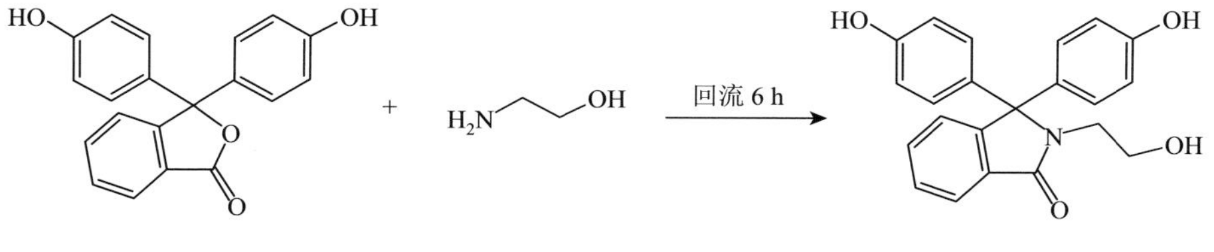

图 2.109　酚酞内酯环羟基化改性

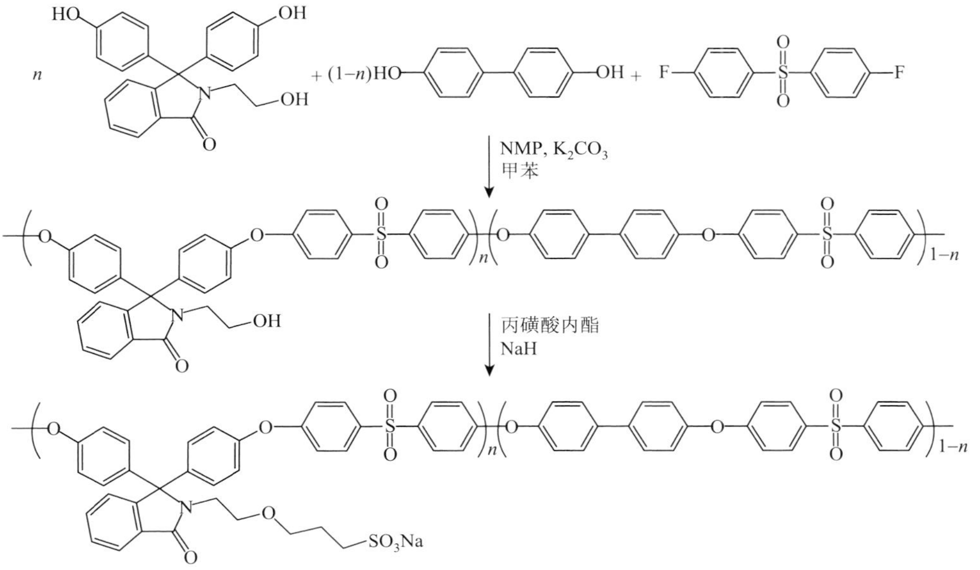

图 2.110　含磺酸侧基酚酞基聚芳醚砜共聚物的合成路线

2.3.10　酚酞基聚芳醚酮的封端

　　线型聚芳醚酮树脂合成一般通过单体投料比例、反应时间和温度来调控分子量的大小，以期获得满足使用性能的聚合物材料。为了防止聚合物的黏度和分子量过大，采用过量投料的方式可以将黏度降低，但这种方式聚合得到的聚合物还存在大量的活性端基，这些活性端基在高温下促发聚合物链增长使分子量进一步增大，分子量分布变宽，分子链间发生交联，流动性变差，最终使其热加工变得极为困难。为了进一步提高酚酞基聚芳醚酮树脂的热加工性和稳定性，以 4-氟二苯酮为封端剂，采用一步法投料，对聚合物进行封端反应(图 2.111)，使其只保留惰性的苯环结构，聚合物核磁谱图未观测到含氟单体或者封端剂的存在。

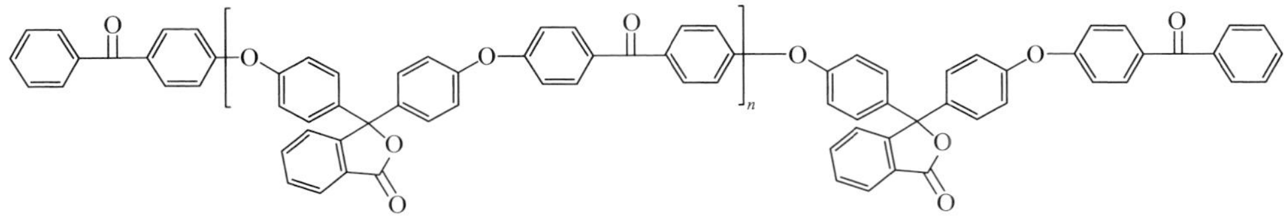

图 2.111　4-氟二苯酮封端的酚酞基聚芳醚酮分子式

　　GPC 结果显示封端聚合物的数均分子量可达 34.1 kDa(1 Da = 1.66054×10^{-27} kg)，

对应的熔融指数为 3.5 g/10min(表 2.37),随着封端剂用量增加,数均分子量降低至 26.4 kDa,熔融指数提高至 12.9 g/10min。

表 2.37　未封端和封端聚合物的分子量及分子量分布

序号	投料比			GPC 数据			熔融指数/(g/10 min)		
	$n_{酚酞}$	$n_{二氯二苯酮}$	$n_{4-氟苯酮}$	M_n/kDa	M_w/kDa	PDI	360℃	370℃	380℃
PEK-C	100	95	0	18.0	29.6	1.64	—	—	—
FD-1	100	98	4	34.1	56.7	1.66	3.5	4.8	6.4
FD-2	100	99	4	26.4	42.9	1.63	12.9	19.1	24.8

为了研究聚合物在加热过程尤其是在加工温度下的稳定性,对 FD-1 和 FD-2 聚合物进行了高温循环实验,在经历了十次 DSC 升温处理(室温至 400℃,升降温速率为 20℃/min)后,玻璃化转变温度变化(最大值与第二次结果差值)分别为 0.18℃和 0.66℃,对比未封端聚合物 PEK-C(羟基过量)的玻璃化转变温度变化为 8.97℃,说明聚合物经 4-氟苯酮封端后,在热加工温度范围以内具有较好的热稳定性(表 2.38)。

表 2.38　未封端与封端聚芳醚酮 DSC 测试的 T_g 变化

升温次数	PEK-C	FD-1	FD-2
第一次	—	—	—
第二次	226.51	227.64	222.71
第三次	228.59	227.64	222.65
第四次	229.86	227.73	222.86
第五次	231.05	227.69	222.97
第六次	232.18	227.69	223.11
第七次	233.17	227.77	223.21
第八次	233.91	227.82	223.19
第九次	234.75	227.66	223.37
第十次	235.48	227.70	223.34

对封端聚芳醚酮 FD-1 和 FD-2 的熔融指数测试发现,360℃下熔融指数分别为 3.5 g/10 min 和 12.9 g/10 min,随着温度提高,流动性变好,熔融指数逐渐增大。聚合物在经过挤出、造粒后,所得粒料在 DMAc 中仍然具有良好的溶解性,可进行二次造粒。

2.4　芳香环状低聚物　<<<

芳香环状低聚物是指那些在主链上含有很少的脂肪链或不含脂肪链的全芳香的聚碳酸酯、聚酯、聚醚、聚硫醚、聚酰亚胺及聚酰胺等环状化合物。在缩聚反应中形成环状低聚物的可能性总是存在的，区别是生成量的多少。一般在线型聚芳醚酮的合成过程中，大约产生 2%的环状低聚物。如果原料单体构型有利，生成环状低聚物的趋势就比较明显。

2.4.1　芳香环状低聚物的特点

芳香环状低聚物与线型高聚物及其他小分子环状化合物相比，无论在分子结构上或性能上均具有特点，主要表现在以下几个方面。

(1)芳香环状低聚物通常具有较大的分子尺寸，缺乏环张力。

(2)芳香环状低聚物具有刚性和较为开放的敞开结构，并且具有一定的空穴。

(3)芳香环状低聚物多由一系列聚合度不同的环状同系物组成，且具有一定的组分分布。

(4)芳香环状低聚物在引发剂的引发下，能够进行快速的开环聚合，在聚合过程中没有小分子量挥发性副产物生成。

(5)芳香环状低聚物的熔融黏度低。

(6)芳香环状低聚物具有很高的热稳定性，由于芳香环状低聚物不含酚端基等活性基团，其抗热氧化能力大大提高。

(7)芳香环状低聚物的溶解性好，绝大多数芳香环状低聚物易溶于 THF、卤代烃和 DMF、DMAc 等极性有机溶剂。

2.4.2　芳香环状低聚物的制备

为利用开环聚合技术制备线型聚芳醚酮(砜)，姜洪焱、齐颖华[12-14]合成了多种结构的酚酞聚醚(酮、砜)环状低聚物。特别适用于制备热塑性复合材料及反应加工等领域，芳香环状低聚物还在分子识别及分子组装等方面得到应用。

运用"假高稀"技术，在高温下通过溶液缩聚反应一步法合成了 PEK-C 和 PES-C 芳香环状低聚物(aromatic PEK-C/PES-C cyclic oligomers)。

此外，齐颖华通过在单体上引入强吸电子基团(如硝基—NO$_2$)，使反应活性提高，在较温和的条件下通过界面缩聚反应高产率地合成了芳香环状聚醚砜，与溶液聚合反应相比，反应单体的浓度更稀，根据 Jacobson-Stockmayer 理论，浓度越稀，越有利于小环化合物的生成。因此界面缩聚更有利于成环反应，分子量分布较窄，以环状二聚体为主。

2015 年李娜娜将含磷基团引入芳环低聚物中[15]，制备流动性较好的阻燃剂，可用于提高 PBT、PA6 等材料的阻燃性能（见本书 3.1.3 小节）。

2.4.3　芳香环状低聚物的应用

芳香环状低聚物的研究是随着高性能复合材料的制作而发展起来的。由芳香环状低聚物的开环聚合来制备热塑性工程塑料及复合材料在商业上极具吸引力：①ROP 反应将低分子量、低黏度的环状预聚体转化成高分子量聚合物而不形成任何副产物。②操作这些低黏度预聚体的加工过程比高黏度的高分子量聚合物要容易得多。③低黏度加上不形成小分子副产物，对碳纤维或玻璃纤维增强的复合材料的制备具有重要的价值。例如，在树脂与纤维的浸渍和成型过程中使气泡的形成降至最低程度。④避免在模压或注射成型中遇到的部件的应力集中等问题。迄今已有近百种的芳香环状低聚物经开环聚合得到了相应的高分子量的线型聚合物。

参 考 文 献

[1]　刘启凤. 酚酞聚醚砜共聚物合成及其用于水处理膜研究[D]. 长春: 长春理工大学, 2020.

[2]　周光远, 王红华, 王志鹏, 等. 基于酚酞基聚芳醚砜的制备与产业化技术. 科技成果, 吉林省中科聚合工程塑料有限公司, 2019.

[3]　王志鹏. 高玻璃化转变温度聚芳醚、酮的分子设计、制备与表征[D]. 北京: 中国科学院大学, 2014.

[4]　刘付辉. 酚酞聚芳醚腈酮共聚物的合成及性能[D]. 长春: 长春工业大学, 2014.

[5]　王菲菲. 主链含 N-烷基咔唑结构的无定型聚芳醚酮的合成与表征[D]. 北京: 中国科学院大学, 2014.

[6]　姜泽. 基于聚芳醚的气体分离膜的制备与性能研究[D]. 大连: 大连工业大学, 2022.

[7]　刘晓龙. 低介电常数聚芳醚酮单体设计及聚合物合成[D]. 大连: 大连理工大学, 2023.

[8]　关兴华. 含环氧侧基酚酞聚芳醚酮的合成及性能研究[D]. 长春: 长春工业大学, 2013.

[9]　曹建伟. 含烯丙基侧基聚芳醚酮的制备及其紫外光固化研究[D]. 长春: 长春工业大学, 2013.

[10]　刘富华. 含羧侧基聚芳醚酮的合成及其作为大分子固化剂改性环氧树脂的研究[D]. 大连: 大连理工大学, 2009.

[11]　张强. Cardo 聚醚砜离子交换膜材料的制备与性能研究[D]. 北京: 中国科学院大学, 2012.

[12]　姜洪焱, 陈天禄, 齐颖华, 等. MALDI-TOF 质谱表征聚芳醚酮环状低聚物及其组分分布[J]. 高等学校化学学报, 1998, 19(4): 652-655.

[13]　齐颖华, 陈天禄, 姜洪焱, 等. 界面缩聚法合成双酚 A 芳香环状聚醚砜[J]. 高等学校化学学报, 1998, 19(12): 2029-2031.

[14]　齐颖华, 陈天禄, 刘盛洲, 等. 聚硫醚醚酮(砜)芳香环状低聚物的合成与自由基开环聚合[J]. 高等学校化学学报, 2000, 21(3): 480-483.

[15]　李娜娜. 含磷聚合型阻燃剂的合成及应用研究[D]. 北京: 中国科学院大学, 2015.

第3章

酚酞基聚芳醚酮(砜)复合材料

　　复合材料是由两种及以上组分复合而成的,在本章节中主要是树脂和纤维。复合材料与金属构件相比,有着独特的优势。纤维增强树脂基复合材料具有优异的比强度、比刚度,替代金属材料可以减轻重量、节省燃油。复合材料可设计性强,可根据构件的性能决定纤维铺层方向、铺层顺序等,减少构件数量,降低制造成本。复合材料还具有良好的耐腐蚀性、耐候性及加工性能,目前已被广泛地应用在航空航天、汽车、船舶、医疗器械、体育用品等领域[1]。

　　树脂基复合材料分为热固性树脂基复合材料和热塑性树脂基复合材料。热塑性树脂基复合材料与热固性树脂基复合材料相比具有①高韧性、成型周期短;②良好的阻燃性;③良好的耐疲劳性;④预浸料可长期存储;⑤环保可回收等优势。市场上应用最为广泛的多为结晶型 PEEK 树脂基复合材料,PEEK 树脂长期使用温度可达 260℃,耐溶剂性强,力学性能优异。PEEK 预浸料制备大型结构件多采用自动铺丝工艺,原位成型降低制造成本,但是需要克服工艺窗口窄、成型温度高、零部件维修不易、界面结合偏弱等问题[2-6]。相对而言,无定形聚芳醚酮(砜)树脂的可溶解性使这类树脂基复合材料更具潜在优势,树脂溶液极易浸润大丝束碳纤维,制备工艺简单可控,可制备高纤维体分复合材料,层间剪切强度更优异,复合材料制造成本较低,极具市场竞争力。当然,无定形聚芳醚酮(砜)复合材料同样有诸多问题需要解决[7-9],如树脂熔体黏度大、溶剂回收、树脂与纤维结合问题、复合材料成型工艺及性能等是本章节着重深入讨论的内容。

3.1　耐高温复合材料助剂　　　◀◀◀

　　助剂又称添加剂,泛指在生产和加工过程中为改进生产工艺和产品的性能而加入的辅助物质,目的是改善材料的加工性能和最终制品的性能,加入的助剂一般对材料的基本结构无明显影响。助剂的特点是多品种、小规模、特定功能、复配使用。助剂的选择必须兼顾应用对象种类、加工方式、制品特征及配合组分等多种因素，使用得当才能有明显效果。复合材料同样需要适合的助剂来改善制品的性能，按适用范围可分为合成用助剂，改善复合材料基体树脂的各项性能，如抗氧剂、流变性能改进剂等；加工用助剂，改善复合材料挤出、注塑、模压、自动铺丝等，如促进剂、热稳定剂、固化剂等；增效性添加剂，改善复合材料特定的功能性，如阻燃剂、增韧剂、导热、导电等助剂。

由于助剂种类繁多，应用范围十分广泛，本小节只对耐高温树脂基复合材料中用到的纤维上浆剂、增韧剂及阻燃剂进行讨论。

3.1.1　耐高温上浆剂

碳纤维生产的原料主要是聚丙烯腈(PAN)、沥青纤维和人造纤维原丝，经过干燥、预氧化、低温炭化、高温炭化、表面处理、上浆等步骤制得[10-11]。由于碳纤维本身具有脆性，在生产、纺织和运输过程中容易出现纤维单丝断裂、产生毛丝等现象，导致其力学强度等性能降低，因此在生产中纤维上浆是其中的重要环节。热塑性树脂的加工温度多在 $230 \sim 380\,℃$，而市场上的纤维上浆剂一般为热固性环氧类的上浆剂，高温加工会导致上浆剂树脂分解，残渣会严重影响树脂和纤维之间的界面结合强度，所以研发耐高温碳纤维上浆剂对提高热塑性复合材料的综合性能具有重大意义。根据配制工艺的不同，一般分为溶剂型、乳液型上浆剂。本小节主要介绍溶剂型和乳液型碳纤维上浆剂的研究工作。

::::: 1. 溶剂型上浆剂

溶剂型上浆剂是将主浆料溶解在易挥发的有机溶剂中形成均一的溶液体系[12-14]。常用的有机溶剂是 DMF、丙酮、THF 和乙醇等。纤维上浆后经过高温处理去除有机溶剂，而主浆料在纤维表面形成高分子胶层起到保护纤维的作用。

由于碳纤维表面呈惰性，因此为了提高碳纤维与有机树脂的结合力，需要引入强极性基团，氰基具有强极性和反应性，可以提升分子链之间的偶极-偶极相互作用，同时氰基作为一个潜在的交联点，在一定温度及压力下发生交联反应，进一步提升材料的热稳定性及力学性能，根据相似相溶原理，我们设计了上浆剂的基体树脂，选用二氟三苯二酮单体可使共聚物具有更好的韧性，有利于树脂成膜，共聚物(PEKK-CN)合成路线如图 3.1 所示。

PEKK-CN 树脂可溶于 THF、TCM、DMAc 等极性有机溶剂，我们选择挥发速率慢、低毒性的 DMAc 作为溶剂，按质量浓度配制了 0.5%、1%、2%的上浆剂对去浆后的 T700 碳纤维上浆处理并与商品化的纤维进行热失重分析，如图 3.2 所示。

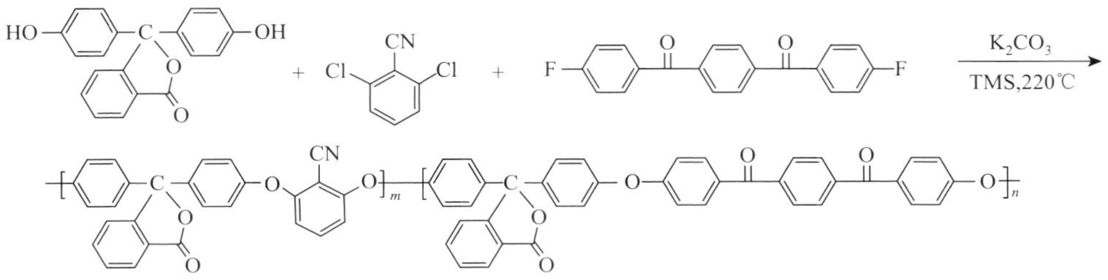

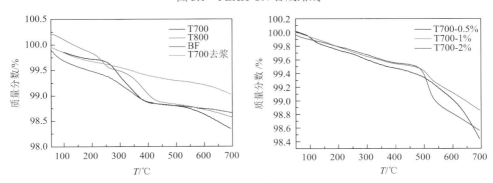

图 3.1　PEKK-CN 合成路线

图 3.2　上浆纤维热失重曲线

由图可见,商品化的纤维上浆剂含量约为 1%。当热塑性上浆剂浓度为 2%时,T700 碳纤维上的上浆剂含量与商品化纤维相当。但是随着上浆剂浓度的增加,碳纤维的集束效果越明显,并且柔顺度下降,无法满足对纤维的展纱要求。T700 碳纤维的表面形貌如图 3.3 所示。T700 表面的上浆剂用丙酮洗脱可见纤维的一条条

图 3.3　碳纤维表面形貌:(a) T700;(b) 去浆 T700;(c) T700-0.5%;(d) T700-1%;(e) T700-2%

沟壑，随着上浆剂浓度的递增，纤维表面趋于平滑，当上浆剂浓度达到 2% 时，纤维粘连严重，因此选择上浆剂质量浓度为 1% 的溶液对 T700 纤维进行上浆处理。

通过纤维单丝拔出实验，如图 3.4 所示评测树脂与碳纤维的结合强度，基体树脂选择酚酞基聚芳醚腈酮树脂(PEK-CN)，溶解于 TCM 溶剂，点涂在纤维表面，经高温烘干制成椭圆形液珠。实验数据分散性相对较大，取平均值纤维的界面剪切强度(IFSS)约为 85 MPa。

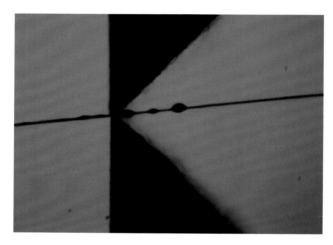

图 3.4　纤维单丝拔出实验

2. 乳液型上浆剂

溶剂型上浆剂配置较为简单，但是制备过程中需要使用较多的有机溶剂，导致成本过高，生产过程中有一定的安全隐患以及会对环境造成污染等问题，近年来溶剂型上浆剂基本不再大规模工业化使用。乳液型上浆剂具有更好的工艺性、上浆稳定、渗透率高、浸渍时间短、环保等特点，成为上浆剂的一个重要发展方向。乳液型上浆剂由水、主浆料、表面活性剂(乳化剂)、稳定剂、消泡剂等成分组成[15-18]。相反转法是制备乳液型上浆剂最为常用和高效的方法，大多数的高分子树脂与相应的乳化剂经过相反转的作用均可以形成稳定性良好、可以稀释的乳液型上浆剂，制备过程如图 3.5 所示。

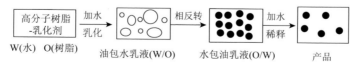

图 3.5　相反转法制备乳液型上浆剂

乳化剂种类很多，经过对表面活性剂 HLB 值的计算，选择了十二烷基苯磺酸钠(SDBS)、壬基酚聚氧乙烯醚(NP-10)、聚氧乙烯辛基苯酚醚(OP-10)，同时选择 PES-C 树脂作为对比实验，制备的乳液如图 3.6 所示。由表 3.1 可见，树脂的特性黏度对乳液粒径尺寸起决定作用，特性黏度越大越难分散成小尺寸液滴，将乳液滴到玻璃片上，烘干水分，通过扫描电镜观察乳液粒径，树脂被分散成大小均一的球形颗粒，彼此周围存在空隙，不粘连，成膜性较差，因为聚芳醚酮树脂不溶于水，球形颗粒很难彼此黏接到一起(图 3.7)。

图 3.6　乳液上浆剂

表 3.1　乳液性能

树脂	$(\eta_{sp}/c)/(dL/g)$	乳化剂种类	乳化剂比例	D_{50} 粒径/nm
PES-C	0.33	SDBS、NP-10	1:1	313
PES-C	0.5	SDBS、NP-10	1:1	683
PEKK-CN	0.32	SDBS、OP-10	1:1	529
PEKK-CN	0.5	SDBS、NP-10	1:1	776

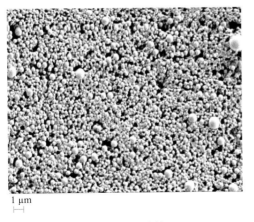

1 μm

(a) PEKK-CN-0.32　　　　　　　　　　　(b) PEKK-CN-0.5

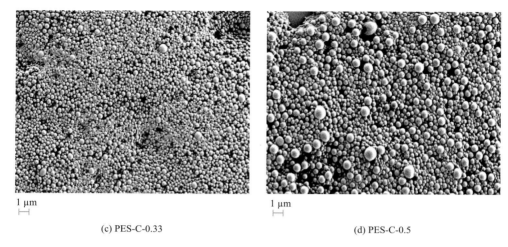

(c) PES-C-0.33

(d) PES-C-0.5

图 3.7 乳液颗粒电镜图

　　将去浆的 T700 碳纤维浸入乳液上浆剂，烘干纤维观察其表面形貌，如图 3.8 所示。小粒径的树脂颗粒易附着在纤维上，大颗粒容易脱落形成缺陷，乳液的成膜性仍需添加助剂解决。

　　由表 3.2 可见，选择特性黏度 0.33 dL/g 的树脂作为上浆剂主体树脂，复配 SDBS 和 OP-10 可以显著降低乳液粒径尺寸。Zeta 电位是对颗粒之间相互排斥或吸引力的强度的度量。分子或分散粒子越小，Zeta 电位的绝对值(正或负)越高，体系越稳定，经测定，优化后的乳液上浆剂的 Zeta 电位为−55 mV，具备较好的稳定性。乳化剂 HLB 值与聚合物 HLB 值相近时，聚合物才能被乳化，所以通过计算，PES-C 溶液的 HLB 值为 13.21，PEKK-CN 的 HLB 值为 11.92。在基础配方中加入稳定剂、消泡剂、成膜剂等助剂进行乳化，最终得到了存储时间长、粒径小而均一、成膜性较好的乳液上浆剂，上浆后的 T800s 纤维如图 3.9 所示。

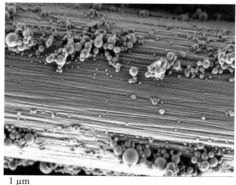

(a) PEKK-CN-0.32

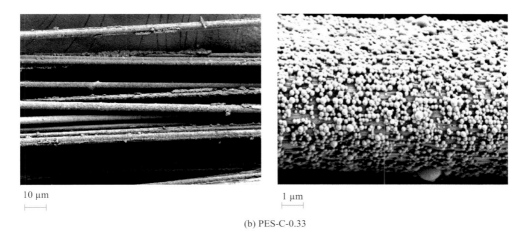

10 μm

1 μm

(b) PES-C-0.33

图 3.8　乳液上浆剂上浆碳纤维

表 **3.2**　乳液性能

树脂	(η_{sp}/c)/(dL/g)	乳液浓度/%	乳化剂种类	乳化剂比例	D_{50} 粒径/nm	保存时间/d
PES-C	0.33	1	SDBS、NP-10	1∶1	284	60
PES-C	0.33	1	SDBS、OP-10	2∶1	155	21
PEKK-CN	0.32	1	SDBS、OP-10	3∶1	183	50
PEKK-CN	0.32	1	SDBS、NP-10	1∶1	315	70

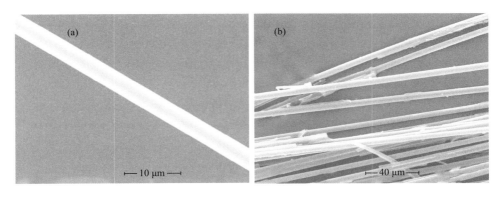

(a) 10 μm

(b) 40 μm

图 3.9　（a）去浆 T800s；（b）乳液上浆 T800s

3.1.2　高性能增韧剂

　　目前国际上航空、航天领域高性能专用树脂，特别是环氧树脂、双马来酰亚胺(简称双马，BMI)树脂，这两类树脂体系的耐温等级能够覆盖较宽的应用温度范围，其工艺性能和力学性能基本满足应用要求，环氧和双马固化后形成交联网络使其具有优良的机械性能、耐候性、耐辐射、电绝缘性能和优异的耐热性能，同时具有良好的工艺操作性。因而近年来其复合材料已在航空、航天飞行器的主承力、次承力和结构件上获得广泛应用，如美国 F-22 战斗机的 360 个零件，包括机翼正弦波梁、尾翼工字形梁、肋、机身框、襟副翼等；航天器结构件，包括卫星中心承力筒、各种仪器安装结构板，火箭的锥壳、筒段、整流罩，发动机盖、燃烧室壳体、喷管、喉衬、扩散段等。

　　环氧树脂和双马树脂为热固性树脂，固化后由交联密度大引起的抗冲击韧性差，需要经过增韧才能有实际使用价值。因此，针对液体成型树脂需要制定专门的增黏增韧方案，使其既能实现应用性能的提高，又能保证成型所需的工艺性。目前常用的环氧/双马树脂的增韧改性方法主要如下：通过化学法在环氧/双马单体中引入柔韧性的基团；添加其他增韧剂的物理共混法，包括二元胺、橡胶、烯丙基化合物、热塑性树脂(thermoplastics，TP)、热固性树脂、合成新型环氧/双马单体、无机纳米粒子及碳纤维改性等。

　　其中热塑性树脂增韧 BMI 树脂是一种十分有效的改性方法，通过添加高耐热等级的 TP，既不明显降低树脂体系的力学性能和耐热性能，又能同时提高 BMI 树脂的抗冲击韧性。耐高温 TP 增韧改性 BMI 树脂的机理是 TP 的加入改变了共混体系的凝聚态结构，随着反应的进行两相的相容性发生变化，并出现反应诱导相分离的现象，体系由开始的均相结构逐渐转变为相分离结构。材料在受力情况下，TP 相可诱发基体 BMI 树脂产生银纹；同时 TP 本身能够产生塑性形变，吸收更多能量，有效地抑制裂纹扩展，起到增韧的作用。

　　目前，不同耐温等级的碳纤维复合材料的基体树脂都已基本定型，因此复合材料的稳定性成为提升材料综合性能的关键。碳纤维复合材料改善损伤阻抗和损伤容限的方法主要是对基体树脂进行增韧，为满足体系耐高温性质的要求，主要采用高性能热塑性高分子材料对热固性树脂进行增韧。

　　国外的环氧树脂和双马树脂增韧剂有 PES、聚醚酰亚胺(PEI)等多个可以稳定供货的品种，如日本住友公司开发的 SumikaExcel 系列 PES($T_g = 220 \sim 227℃$)；比利时 Solvay 公司开发的 Virantage 系列羟基封端 PES($T_g = 216℃$)；沙特的 Sabic 公司开发的 Ultem、Extem 系列 PEI($T_g = 217 \sim 267℃$)等。

　　国内方面，主要增韧剂品种为 PSF、PES、PES-C、PEK-C、杂萘联苯聚芳醚等。可大批量提供的热塑性增韧剂的产品包括大连聚砜塑料有限公司生产的 PSF($T_g = 185℃$)，长春应化所、中国科学院大连化学物理研究所、长春应化所徐州工程塑料厂生产的 PEK-C($T_g = 225℃$)和 PES-C($T_g = 265℃$)，吉林大学生产的 PSF、PES($T_g = 225℃$)，大连理工大学研发的杂萘联苯聚芳醚系列高性能树脂($T_g = 263 \sim 305℃$)。与国外产品相比，国产增韧剂种类基本能满足不同类型预浸料的生产。

　　通过添加高耐温等级的热塑性树脂，能够保持树脂体系的力学性能和耐热性能，同时提高环氧/双马树脂的抗冲击韧性。PEK-C 和 PES-C 为无定形耐高温热塑性树脂，作为增韧成分能够溶解在环氧、双马小分子树脂中，固化过程中形成交联网络时，溶解的热塑性树脂经相分离析出，形成海岛结构或双连续结构。材料体系在受力时，热塑相能够产生塑性形变，吸收更多能量，有效地抑制裂纹扩展，起到增韧的作用；并且热塑性树脂的高分子量带来的黏度，能够提高热固性树脂体系的黏度，提高制备预浸料的工艺可操作性，同时起到增黏作用。

目前 PEK-C 树脂和 PES-C 树脂作为耐高温热塑性树脂增韧剂，具有与小分子的环氧、双马等热固性树脂良好的相容性，不论在民用还是国防领域，都已获得广泛应用。通常从聚合釜出料经后处理后的树脂粒径 50%的粒径分布(D_{50})大约在 1000 μm，为加速热塑性增韧剂在热固性树脂中的溶解速度，调控制备纤维复合材料预浸料的工艺，通常粉碎成 D_{50} 在 30 μm 左右的超细粉。

前述 PEK-C 和 PES-C 历经 40 年的发展，使用树脂颗粒原位增韧环氧、双马树脂已有实际应用。随着高科技发展，对材料的性能要求快速提高，因而笔者也开发了多种结构和形式的增韧剂，以满足需求。

1. 耐高温增韧剂树脂

为制备 T_g 高于 300℃的酚酞基聚醚，笔者筛选了多种单体，其中咪唑是含有类双酚结构的刚性单体，能够与二卤二苯酮/砜发生 C—N 偶联反应。且由于含有咪唑基团的分子链的旋转能垒非常高，因而含有咪唑基团的酚酞基聚芳醚砜具有更高的 T_g，调整聚合物中咪唑与酚酞的比例，能够得到 $T_g>300℃$的聚芳醚砜树脂[19]（图 3.10）。

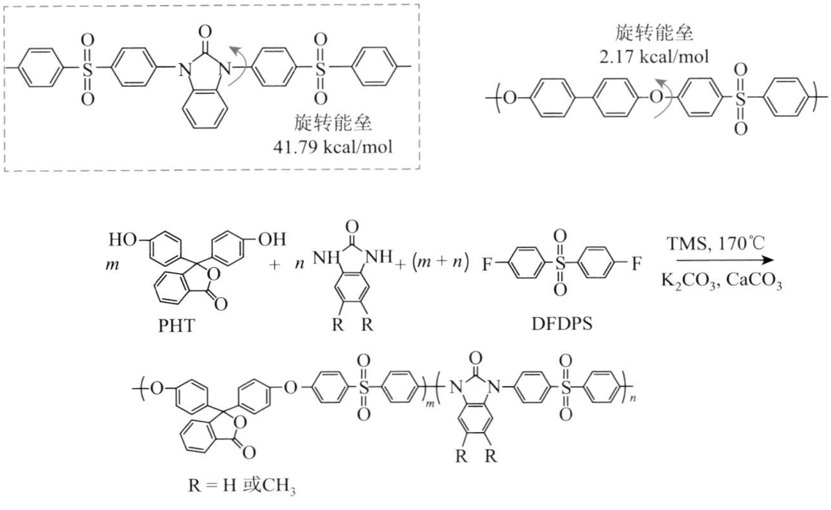

图 3.10　耐高温增韧剂合成路线

咪唑基聚醚砜的力学性能见表 3.3，以其为增韧剂，能够增韧耐高温的 BMI 树脂，同时起到增黏作用。

表 3.3　咪唑基聚醚砜的力学性能

玻璃化转变温度/℃	拉伸强度/MPa	175℃拉伸强度/MPa	拉伸模量/GPa	断裂伸长率/%	弯曲强度/MPa	无缺口冲击/(kJ/m²)
300~340	95.3	62.5	3.8	2.8	151	49

2. 反应型增韧剂树脂

在传统的热塑增韧剂分子链上接枝上一定量的反应基团，如羧基(—COOH)、羟基(—OH)、氨基(—NH₂)、烯丙基(—CH₂—CH=CH₂)等，不仅能提高增韧剂树脂在热固树脂中的溶解度，且能够一定程度上参与热固性树脂的交联反应，起到锚定效果，改善界面性能，从而很大程度提升树脂体系的增韧效果[20,21]。

大连理工大学王忠刚教授采用合成的含羧基侧基新型聚芳醚酮(PEK-L)直接作为环氧树脂的大分子固化剂来固化改性环氧树脂。与多数热塑性树脂不同的是，PEK-L 主链上每个重复单元中都含有一个羧基侧基，这些侧基能与环氧树脂中的环氧基反应而使二者发生交联，得到一种兼具热塑性材料和热固性材料优点的交联树脂，从而避免了对环氧树脂进行共混改性时因出现界面分离而造成树脂相关性能的下降。高性能热塑性聚合物——含羧基侧基聚芳醚酮(PEK-L)韧性好、模量高、耐热性较高及加工性良好，通过与环氧树脂交联来改性环氧树脂，既作环氧树脂的固化剂，又作环氧树脂的改性剂，其韧性链段通过化学键键合到致密的环氧树脂交联网络中，与环氧树脂产生良好的相容性，从而避免了对环氧树脂进行共混改性时因出现界面分离而造成树脂相关性能的下降。研究过程中，将 PEK-L 改性环氧树脂体系的力学性能、热学性能及断面形态与使用普通固化剂 4-甲基-六氢苯酐(MeHHPA)固化的纯环氧体系的相应性能进行了分析对比，结果表明 PEK-L 不仅能改进环氧树脂的韧性、耐热性，且不降低其模量。

此外，超支化酚酞基聚芳醚酮树脂、溶胀型酚酞基聚芳醚酮树脂、酚酞基聚芳醚酮(砜)薄膜、酚酞基聚芳醚酮(砜)无纺布等多种结构和增韧形式的研发正在进行中，预期将获得实际应用，能够进一步提升热固树脂体系的抗冲击韧性。

3.1.3　耐高温阻燃剂

随着经济的发展，人们对环保和安全的意识有了很大提高。对生态环境和生命价值也更为关注。无卤阻燃剂由于具有低烟、低毒等环境友好型特点，得到广泛应用[22]。磷系阻燃剂与传统的卤系阻燃剂相比，在燃烧过程中产生的有毒及腐蚀性气体少，可同时在气相和凝聚相起阻燃作用，且阻燃效率高，应用越来越广泛。含磷聚合型阻燃剂能够符合阻燃剂发展要求，如高效的阻燃性、高的热稳定性、与高分子材料相容性好及对高分子材料力学性能影响小等。

芳环低聚物的特点和制备相关的描述见本书 2.4 节。笔者利用苯膦酰二氯单体与不同的双酚单体，在"假高稀"条件下，通过缩聚反应制备了一系列芳香环状聚膦酸酯低聚物阻燃剂环状双酚 A 苯基膦酸酯(CPBA)、环状酚酞苯基膦酸酯(CPPA)和环状双酚芴苯基膦酸酯(CPFP)。本节只讲述含酚酞结构的环状聚膦酸酯低聚物阻燃剂的相关部分。

在装有搅拌器、氮气进出口及进料口的 500 mL 四口瓶中，加入 200 mL DCM、40 mL 去离子水和 0.2 g 相转移催化剂。取相同摩尔质量(7 mmol)的苯膦酰二氯和酚酞，分别配制成 50 mL 的 DCM 溶液和 NaOH 溶液，设置反应温度为 10℃，缓慢滴加原料溶液。待滴加完成后，继续反应 2 h。反应结束后，分离得到有机相，水洗数次后蒸干溶剂得到产品 2.22 g，产率为 72.1%(图 3.11)。

图 3.11　含酚酞结构的环状聚膦酸酯合成路线

反应温度对界面缩聚反应的影响较大，考虑到苯膦酰二氯单体以及生成的苯膦酰二氯端基的低聚物的水解问题，将反应控制在较低温度下进行。对于环状低聚物 CPPA，当反应温度为 10℃时产率最高，达到 72.1%，此时为该环化反应的最佳反应温度。反应温度很低时，反应速度太慢导致主要产物芳香环状聚膦酸酯低聚物的产率太低，而线型聚膦酸酯低聚物是主要产物。反应温度由 0℃升高到 10℃时，环化物的产率有显著提高，当温度继续升高到 20℃时，环化物的产率有所下降。因此，芳香环状低聚物成环反应为动力学控制反应，反应物的反应速度越快，未反应端基浓度越低，从而形成"高稀"条件，环化产率较高。而苯膦酰二氯单体极易水解，随着反应温度的升高，苯膦酰二氯水解加速，环化物的产率有下降趋势。

芳香环状聚膦酸酯低聚物作为一类新型的芳香环状低聚物，其结构的表征，一方面是通过核磁共振结合红外光谱分析对环状聚膦酸酯低聚物分子链结构的表征，膦酸酯基团结构的确认来反映聚合物链的本质。另一方面是聚膦酸酯环状低聚物中环结构的表征，依据以往对芳香环状低聚物的表征，已经发现激光质谱是确认芳香环状低聚物环结构的重要测试手段。

图 3.12 中膦酸酯基团的形成可由 1132 cm^{-1}、1170 cm^{-1}(P=O 基团的伸缩振

动峰)和 1202 cm^{-1}、1017 cm^{-1}、928 cm^{-1}(P—O—C 基团伸缩振动峰)得到确认。
酚酞环内酯基团中的 C=O 键特征峰为 1770 cm^{-1}，692 cm^{-1}，745 cm^{-1} 处为苯环
C—H 面弯曲振动峰，1505 cm^{-1}、1603 cm^{-1} 为苯环骨架伸缩振动峰，3062 cm^{-1}
为苯环 C—H 伸缩振动峰。

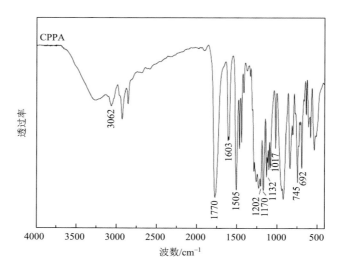

图 3.12　芳香环状低聚物 CPPA 的 FT IR 谱图

CPPA 的核磁氢谱可由图 3.13 中 δ = 6.76 ppm(d, 4 H)，7.08 ppm(d, 4 H)，
7.55～7.72 ppm(m，4 H)，7.76 ppm(d，1 H)，7.80 ppm(m，1 H)，7.89～
7.98 ppm(m，3 H)处的位移得到确认。

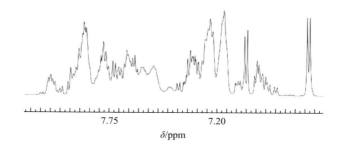

图 3.13　芳香环状低聚物 CPPA 的 ^{1}H NMR 谱图

CPPA 的核磁碳谱（CDC13）：90.41 ppm（C12），115.29 ppm（C11），123.85 ppm
（C9，C10），125.10 ppm（C8），128.35 ppm（C7），128.57 ppm（C14，C15），129.56 ppm
（C6），132.00 ppm（C5），133.36 ppm（C16），134.37 ppm（C4），137.68 ppm（C13），
151.27 ppm（C3），156.88 ppm（C2），169.20 ppm（C1），如图 3.14 所示。

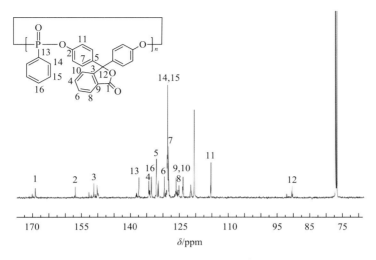

图 3.14　芳香环状低聚物 CPPA 的 ^{13}C NMR 谱图

CPPA 的核磁磷谱可由图 3.15 中 12.02 ppm（d，1 P）处的位移确认。

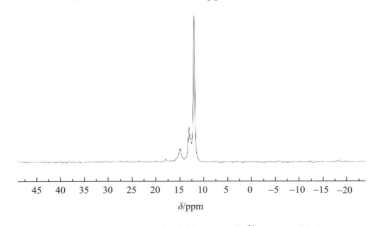

图 3.15　芳香环状低聚物 CPPA 的 ^{31}P NMR 谱图

图 3.16 为 CPPA 环状低聚物的 MALDI-TOF-MS 谱图，基质选用 1, 8, 9-蒽三酚，谱图十分清晰，具有很好的信噪比，直接检测到聚合度 n 为 2～6 的环状低聚物质子化的分子离子峰，其中环状二聚体的含量最多。除分子离子峰[Mn + H]$^+$ 外，同时存在同位素分子离子峰[Mn + D]$^+$ 和[Mn + T]$^+$，其丰度符合自然界分布规律。759.2 Da 的物质为端基为酚酞的线型低聚物，仅存在少量。结果表明，该低聚物产物为环状低聚物和少量线性组分的混合物。

通过熔融共混的方式，将酚酞基芳香环状聚膦酸酯低聚物阻燃剂按照一定的比例，分别添加到 PBT 和 PA6 基体材料中，对其进行共混改性研究。结果表明，

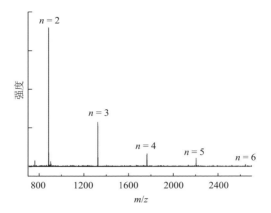

图 3.16　芳香环状低聚物 CPPA 的 MALDI-TOF-MS 谱图

CPPA 阻燃剂与 PBT 和 PA6 基体材料均表现出良好的相容性；添加量为一定数值时，均能够有效提高复合材料的 LOI 值，并能够达到 UL-94 V-0 级要求；阻燃剂的添加对复合材料力学性能的影响较小，同时提高了复合材料的加工性能，表明 CPPA 阻燃剂是通过改变基体材料的热分解途径来提高残炭量，改善阻燃性能。

3.2　纤维增强热塑性复合材料的制备　◀◀◀

　　热塑性复合材料具有轻质高强、抗冲击、成型时间短、可回收等突出特点，已逐渐替代部分轻质金属材料或热固性复合材料，在航空航天、机械制造、汽车、电子电气等领域应用前景广泛[23]。目前，以碳纤维、芳纶纤维、碳化硅纤维、高强玻璃纤维等高性能纤维为增强纤维，以聚醚酰亚胺(PEI)、聚苯硫醚(PPS)、聚醚醚酮(PEEK)等特种工程塑料为基体的纤维增强复合材料已成功应用到各种结构件中。短切纤维增强热塑性复合材料是以长度为 0.2～0.7 mm 纤维材料增强热塑性塑料而制成的复合材料。增强纤维在热塑性塑料基体中呈均匀无规状分布，含量一般为 30%左右，制件相比热固性树脂成型效率高，占热塑性复合材料市场的主要份额。连续纤维增强热塑性复合材料的纤维质量分数大于 50%，具有更为优异的力学性能和可设计性已用于主承力结构件中，但材料成本较高，高温树脂黏度较大，导致复合材料预浸料不易制造、对加工成型设备及工艺要求较苛刻，制约了其进一步应用[24, 25]。高性能热塑性复合材料的加工技术主要有挤出注塑、模压、缠绕、自动铺放及热压罐成型等。热塑性复合材料自动铺丝技术具备"原位固结"的优势，构件在加工过程中一次成型，成型所需时间短，大幅提高了生产效率，并且加工过程不受场地和构件尺寸的约束，因此该技术将会是未来生产航空航天复合材料结构件的重要方向之一。

目前航空领域应用较为成熟的结晶型 PEEK 树脂基复合材料见表 3.4。

表 3.4　碳纤维增强 PEEK 复合材料在战斗机上的应用实例

机型	构件	生产厂商
C-130	机身腹部壁板	洛克希德·马丁
F-117A	尾翼	洛克希德·马丁
V-22	前起落架门	波音
T-38	主起落架门	诺斯罗普·格鲁曼
F-5E	主起落架门	诺斯罗普·格鲁曼
Alpha-Jet	水平安定面前缘	多尼尔
F/A-18	机翼壁板	麦道唐纳·道格拉斯
阵风	发动机周围、机身蒙皮	达索

以无定形聚芳醚腈酮(PEK-CN)、聚芳醚砜(PES-C)树脂为基体的热塑性复合材料具备独特的优势，树脂可溶解于有机溶剂，非常利于纤维丝束浸润，配合大丝束碳纤维、织物等增强纤维，可得到低成本、高性能的热塑性复合材料预浸料。PEK-C、PEK-CN、PES-C(表 3.5)相较于结晶型 PEEK 力学性能良好，加工温度低，高温流动性较好，工艺窗口更宽，层间结合紧密，收缩率小，更适合模压、自动铺丝技术制备大尺寸部件，未来在民用领域会有更突出的市场前景。

表 3.5　聚芳醚酮(砜)树脂性能对比

树脂	密度 /(g/cm³)	热性能		力学性能					室温溶解性
		玻璃化转变温度/℃	5%热失重温度/℃	拉伸强度/MPa	拉伸模量/GPa	断裂伸长率/%	弯曲强度/MPa	弯曲模量/GPa	
PEK-C	1.24	228	485	98~105	2.6	4~10	155	2.7	非质子极性溶剂卤代烃
PEK-CN	1.26	245	492	100~112	2.8~3.4	5~15	165	2.9~3.3	非质子极性溶剂卤代烃
PES-C	1.28	265	490	95~100	2.8	3~6	150	2.8	非质子极性溶剂卤代烃
PEEK (450 G)	1.32	143 ($T_m = 334$)	>500	93	3.8~4.0	40~60	170	3.8	浓硫酸

3.2.1 短切碳纤维增强聚芳醚酮复合材料

对于短切碳纤维增强热塑性树脂基复合材料，基体树脂需要具备适宜的熔体黏度，以便在热加工过程中对碳纤维充分浸润，减少碳纤维与树脂间的界面缺陷。PEK-C、PEK-CN、PES-C 与 PEEK 的高温黏度如图 3.17 所示。PEK-CN 树脂在高温下具有相对较低的熔体黏度，更适合作为复合材料的基体树脂。

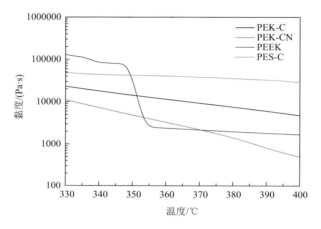

图 3.17　树脂高温黏度对比

为了进一步改善 PEK-CN 树脂的加工性，设计并成功制备了一种高温流动性极好的酚酞基聚芳醚酮(PCK-B)树脂，通过共混改性的方式降低聚芳醚酮的熔体黏度，扩大了其加工窗口，为无定形聚芳醚酮在复合材料领域应用打开更广阔的空间。

图 3.18 是 PEK-CN/PCK-B 两种树脂不同共混比例共混物的流变分析图。由图

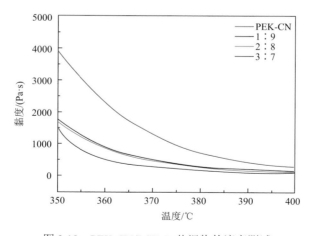

图 3.18　PEK-CN/PCK-B 共混物的流变测试

可知,向 PEK-CN 中加入 PCK-B 后,共混物的复数黏度明显下降,并且随着 PCK-B 的含量增加,复数黏度逐渐下降。当 PCK-B 的含量达到 30%时,350℃下,共混物的复数黏度相比于 PEK-CN 下降了近 63%,达到 1500 Pa·s。如果复数黏度过高,在与碳纤维共混之后体系的熔体黏度还会变大,无法充分浸润碳纤维,不利于加工成型;如果复数黏度过低,共混物在双螺杆挤出机中难以受力向前推进,同样不利于加工,故需要选择一个合适的复数黏度,使树脂可以有效包覆碳纤维的同时利于加工成型。

综上所述,PCK-B 的加入成功降低了 PEK-CN 复数黏度,改善了其加工流动性。并且在 PCK-B 的含量达到 30%时,共混物的复数黏度达到理想值。

在 350℃,0.5 MPa 压力条件下,不同共混比例的共混物的熔融指数见表 3.6。可以观察到,向 PEK-CN 中加入 PCK-B 后,共混物的熔融指数明显升高,并且随着 PCK-B 的含量增加,熔融指数逐渐上升。当 PCK-B 的含量达到 30%时,共混物的熔融指数相比于 PEK-CN 升高了近 300%,达到 14.3 g/10 min,该熔融指数适合熔融加工制备复合材料。当 PCK-B 含量为 40%时,23.2 g/10 min 的熔融指数对该体系的加工条件来说,熔体黏度过低,难以对碳纤维形成有效包覆并加工成型。另外,遵循改性同时不降低其他性能原则,为保证共混物的力学性能尽可能不受影响,在满足某一性能条件的情况下,添加的共混改性树脂越少越好。

表 3.6　350℃/5 kG 条件下不同共混比例的共混物的熔融指数

	PEK-CN	PEK-CN /PCK-B	PEK-CN /PCK-B	PEK-CN /PCK-B	PCK-B
共混比例	10∶0	8∶2	7∶3	6∶4	0∶10
熔融指数/(g/10 min)	3.6	8.0	14.3	23.2	129.2

通过对共混物熔融指数的测试分析,进一步证实了 PCK-B 的加入有效降低了 PEK-CN 的熔体黏度,并且 PCK-B 的添加量为 30%时熔融指数最为合适。

如图 3.19 所示,分别对 PEK-CN(特性黏度 0.35 dL/g)、PEK-CN(特性黏度 0.45 dL/g)以及 PEK-CN/PCK-B 共混物的样条进行拉伸测试,其中,共混物中的 PEK-CN 的特性黏度为 0.45 dL/g。由于 PCK-B 的力学强度远远小于 PEK-CN,因此随着 PCK-B 含量的增加共混物的拉伸强度应该逐渐降低。由图可见,当刚开始添加少量 PCK-B(20%)时,共混物的拉伸强度反而有些许提高,主要原因可能是两组分相容性良好,在 PCK-B 含量较少时对体系的力学强度几乎不产生影响,但是 PCK-B 的加入降低了共混物的熔体黏度,使得在热加工成型时样条内部更加致密,导致起初加入 PCK-B 时拉伸强度升高。后期随着 PCK-B 含量增加(≥30%),这时 PCK-B 本身的力学强度开始对整个体系的力学强度产生影响,故共混物的拉伸强度逐渐下降，符合最初的设想。但是下降幅度较小，当 PCK-B 的含量为 30%时，拉伸强度为 101 MPa，相比于不添加 PCK-B 时仅仅下降了 3.8%，间接证明了两种树脂具备良好的相容性。

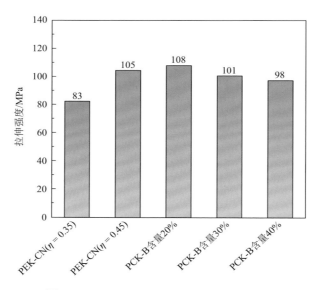

图 3.19   PEK-CN/PCK-B 共混物的拉伸强度

值得注意的一点是，当 PCK-B 的添加量达到 30%时，共混物的拉伸强度远高于特性黏度 0.35 dL/g 的本体树脂 PEK-CN，与此同时，前者的熔融指数也高于后者，这证明了所合成的 PCK-B 树脂作为 PEK-CN 改性料的可行性和实用性。

表面涂层法是一种均一化的碳纤维表面处理方法，最典型的例子就是商业碳纤维生产中广泛采用的环氧型上浆剂处理方法，其既能保护碳纤维，防止碳纤维起毛断裂，又能在碳纤维与树脂基体之间插入一层化学活性涂层，增加碳纤维与基体之间的界面结合力。另一个例子是用热塑性聚合物涂覆碳纤维，在提高复合材料韧性的同时，改善复合材料的界面性能。

为提高碳纤维与酚酞基聚芳醚酮基体树脂间的界面强度，设计并合成了一种热塑性上浆剂树脂（BK-N），通过引入极性基团，加强纤维与树脂间的相互作用。

对不同上浆含量的碳纤维进行了微观形貌分析，其 SEM 照片如图 3.20 所示。从 SEM 照片中可以观察到，当上浆剂含量为 1%时，上浆剂在碳纤维表面形成了一种质地均匀的薄膜，同时对碳纤维的包覆较为完整；上浆剂含量为 1.8%时，碳纤维表面开始出现一些分散不均的树脂颗粒；上浆剂含量为 2.2%时，树脂不再是细小的颗粒状，而是形成一种厚度不均的膜并伴有团聚包覆在树脂表面。树脂的不均匀分散和成膜性差不利于复合材料界面强度的提高，所以综合前文，通过观察不同上浆剂含量碳纤维的集束性以及微观形貌，确定最佳上浆剂浓度在 1%～1.8%之间。

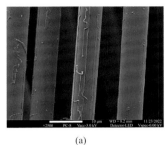 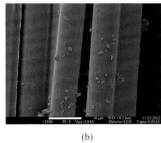 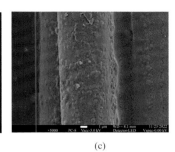

(a) (b) (c)

图 3.20　不同上浆剂含量的碳纤维 SEM 图片：(a)上浆量 1%；(b)上浆量 1.8%；(c)上浆量 2.2%

通过改变上浆剂含量制备了短切碳纤维，与树脂共混制备复合材料，碳纤维的质量分数为 6%，并对其进行拉伸测试，结果如图 3.21 所示。由图可知，使用了上浆剂之后，复合材料的拉伸强度相比于去浆碳纤维制备的复合材料，拉伸强度得到明显的提升，证明上浆剂的加入有效增强了碳纤维和基体树脂之间的界面强度。

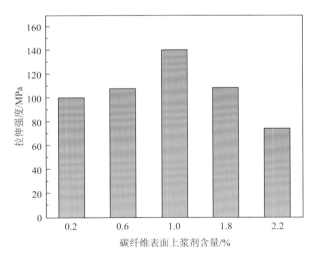

图 3.21　不同上浆剂含量复合材料的拉伸强度

可以观察到，随着上浆剂含量的增加，复合材料的力学强度呈现先升高后下降的趋势，主要原因是上浆剂提高了两相之间的黏接性，但是随着上浆剂含量增加，上浆剂树脂在碳纤维表面发生团聚，分散不均，容易在界面处产生缺陷。另外，上浆剂含量大于 1%时，碳纤维硬挺度过高，导致在加工过程中难以均匀分散在树脂中。当上浆剂含量为 1%时，拉伸强度最大，达到了 140 MPa，比基体树脂提高了 37%，比去浆碳纤维制备的复合材料提高了 49%，证明上浆剂有效提高了界面强度，大幅提升了复合材料的力学强度，同时也验证了上浆剂含量存在最优值。

为了探究短切碳纤维增强 PEK-CN/PCK-B 共混物复合材料的界面机理，对未上浆的复合材料(图 3.22)和上浆之后的复合材料(图 3.23)进行了 SEM 分析。从图 3.22 中可以看出，去浆碳纤维与树脂之间界面强度低，仅靠简单的机械互锁结构连接界面，纤维从树脂中拔出后，碳纤维表面并没有树脂残留，并且可以看到纤维和树脂连接处发生明显脱离。另外值得注意的是，在图 3.22（b）中，没有从树脂中拔出的碳纤维四周被树脂紧紧包覆，没有明显空隙，这说明基体树脂对纤维的浸润性良好，树脂的熔体黏度合适。

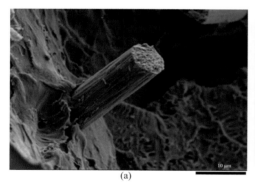
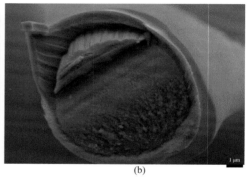

(a)   (b)

图 3.22   去浆碳纤维制备的复合材料拉伸断面

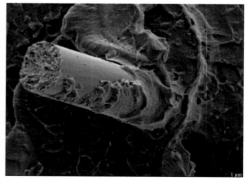

图 3.23   上浆含量 1%碳纤维制备的复合材料拉伸断面

通过图 3.23 可以明显看出，上浆之后的碳纤维在被从树脂中拔出之后表面仍被大量树脂包覆，而且未被拔出的一端与树脂连接处也不再有空隙和断裂，这说明上浆之后的碳纤维与基体树脂之间界面强度较高，在受到外力作用时，界面处强有力的黏接强度能够防止纤维与树脂间发生脱黏现象。纤维既通过力的传递承受了载荷，又在一定维度上阻止了裂纹的扩展。

综上所述，通过 SEM 照片分析可知，PEK-CN/PCK-B 共混物具有合适的熔体黏度，对碳纤维的浸润性好、包覆性强。上浆剂的使用加强了树脂和纤维之间的黏接性，有效提高了界面强度。

3.2.2 连续纤维增强聚芳醚酮复合材料

采用含氰基的酚酞基聚芳醚腈酮树脂(PEK-CN)作为复合材料基体树脂，利用湿法成型工艺制备碳纤维增强聚芳醚酮复合材料。不同氰基含量的 PEK-CN 树脂的热学及力学性能见表 3.7，共聚物具有良好的热稳定性及力学性能。随着氰基含量的增加，聚合物刚性逐渐增大，断裂伸长率降低，同时由于二氯苯腈的非对称结构，分子主链的规整度下降，聚合物在高温下的熔体黏度随之降低，在相近的特性黏度下，4,4′-二氟二苯甲酮(DFBP)与 2,6-二氯苯腈(DCBN)的摩尔比为 3∶7 时，树脂具有更低的熔体黏度，易加工成型。我们选择 E4 型号 PEK-CN 树脂作为复合材料的树脂基体。由图 3.24(b)可见，共聚物的熔体黏度随着树脂特性黏度的增大而增加，0.45 dL/g 的 PEK-CN 树脂高温黏度较低，匹配复合材料的模压或自动铺丝工艺。

表 3.7 PEK-CN 树脂性能

样品	摩尔比 (DFBP∶DCBN)	$(\eta_{sp}/c)/(dL/g)$	$T_g/℃$	$T_{5\%}/℃$	σ/MPa	$\varepsilon/\%$	E/GPa
E1	PEK-C	1.45	231.8	495.4	97.0	9.7	2.6
E2	7∶3	1.42	242.8	490.7	101.8	8.7	2.8
E3	5∶5	1.37	246.9	481.5	114.0	6.5	3.2
E4	3∶7	1.35	252.5	489.8	111.6	6.3	3.3
E5	PEK-N	1.30	254.1	483.9	102.0	5.9	3.0

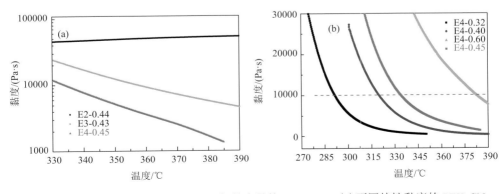

图 3.24 PEK-CN 树脂黏度：(a)不同氰基含量的 PEK-CN；(b)不同特性黏度的 PEK-CN

湿法成型制备连续纤维增强聚芳醚酮复合材料工艺中的纤维面密度、树脂上胶量更易调控，成型后的复合材料纤维体分最高可达 70%，适合制备高强高模，尺寸稳定性要求较高的薄壁板、长桁等。选择特性黏度 0.45 dL/g 的 PEK-CN 树脂作为基体树脂，N,N-二甲基乙酰胺(DMAc)作为溶剂，配制 25 wt%～30 wt%（wt%表示质量分数）质量浓度的胶液，通过排布机制备复合材料预浸料。湿法成型复合材料最大的优势是树脂胶液黏度低，由图 3.25(a)可见，PEK-CN 树脂的 DMAc 溶液室温黏度小于 3 Pa·s，远低于热熔法成型的几十～几百 Pa·s，更适合大丝束纤维及纤维织物浸渍，图 3.25(b)为成型后的复合材料单向预浸料片材，树脂可完全浸润纤维空隙。

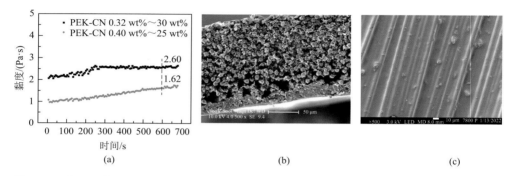

图 3.25　(a)25℃树脂胶液黏度；(b)PEK-CN/T700 预浸料侧面；(c)PEK-CN/T700 预浸料表面

通过调节胶液浓度、纤维张力、排布螺距、滚轴转速等参数调控纤维面密度及上胶量，见表 3.8。

表 3.8　预浸料成型参数

样品	固含量/%	张力/N	螺距/mm	转速/(r/min)	面密度/(g/m²)	上胶量/%
T700/PEK-CN	25	6	8	12	120	27.4
T700/PEK-CN	25	6	6	9	135	32.5
T700/PEK-CN	20	8	6	12	135	25.4
T700/PEK-CN	30	8	6	12	135	36.6

湿法制备预浸料中的溶剂残留会严重影响复合材料制件的力学性能，图 3.26(b)为表干的预浸料片材，通过热失重分析可见材料仍有 5%的溶剂残留，快速烘干会造成预浸片材收缩，局部缺胶，所以采用高温热压方式除尽溶剂，预浸料片材的 5%热分解温度可达 516℃。由图 3.27 可见，热压处理后预浸片材厚度从 160 μm 降至 130 μm，不但降低了预浸料的孔隙率，而且使体系更密实，更利于后续成型加工。

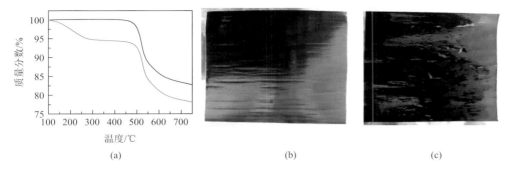

图 3.26 PEK-CN/T700 热失重曲线(a)、预浸料表干片材(b)、预浸料真空烘干(c)

图 3.27 PEK-CN/T700 片材电镜图:(a)热压预浸片;(b)表干预浸片

不同特性黏度的 PEK-CN 树脂的流变曲线如图 3.28 所示。考察压力及保温时间对复合材料单向板性能的影响。由图 3.29 我们确定了不同特性黏度下树脂的模压工艺[27, 28]。从复合材料弯曲破坏样件的扫描电镜可见(图 3.30),纤维与 PEK-CN 树脂界面结合较好,受到外力作用时,界面传递载荷,基体树脂首先发生破坏形变,复合材料具有良好的界面性能[29-32]。通过光镜观察复合材料的内部纤维浸渍情况，如图 3.31 所示，复合材料具有较好的成型质量，孔隙率＜0.5%。

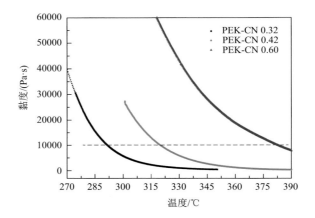

图 3.28　PEK-CN 树脂流变曲线

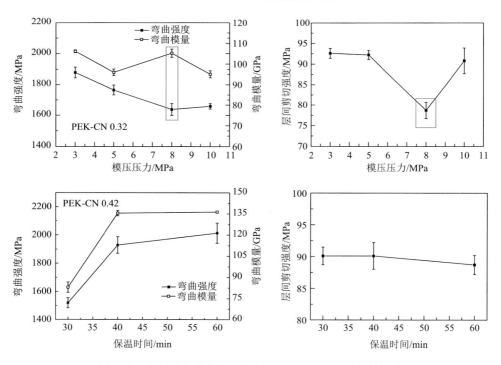

图 3.29　不同压力及保温时间对 PEK-CN/T700 性能的影响

选择 0.45 dL/g 的 PEK-CN 制备碳纤维复合材料，在 335℃，10 MPa 下保温 40 min 制备复合材料层合板，对复合材料的力学性能进行评定。随着温度升高，

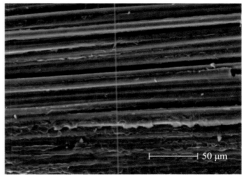

图 3.30　PEK-CN/T700 复合材料层间扫描电镜图

图 3.31　PEK-CN/T700 复合材料光镜图

复合材料的弯曲强度及层间剪切强度(ILSS)略有下降，在 150℃下仍具有较高的保持率。PEK-CN/T700 室温的 ILSS 可达 120 MPa，见表 3.9 和表 3.10。

表 3.9　PEK-CN/T700 高温性能

温度/℃	弯曲强度/MPa	剩余百分比/%	层间剪切强度/MPa	剩余百分比/%
25	2152.5±57.8	—	120.2±2.9	—
150	1814.5±31.9	84.3	82.0±3.1	63.5
180	—	—	56.9±0.7	44.0

表 3.10　复合材料力学性能对比

	0°拉伸强度/MPa	0°拉伸模量/GPa	0°压缩强度/MPa	0°压缩模量/GPa	弯曲强度/MPa	弯曲模量/GPa	层间剪切强度/MPa
PEK-CN/T700	2287	135	1034	138	2152	135	120
PEEK/T700	2210	121	1381	108	1502	130	105

注：0°拉伸强度是材料在其纤维方向一致的拉伸测试中的强度表现。

通过动态机械分析测试复合材料的热机械性能如图 3.32 所示，PEK-CN/T700 的损耗角正切峰值为 221.8℃，这可能是复合材料中溶剂残留起到塑化作用，降低了基体树脂的玻璃化转变温度。

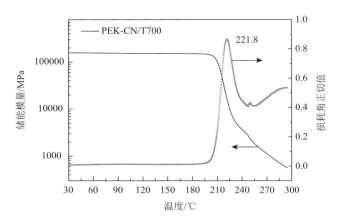

图 3.32　复合材料 DMA 曲线

3.2.3　连续化制备碳纤维/聚芳醚酮预浸料

针对溶液法连续化制备聚芳醚酮预浸料，对其制备技术及装备进行初步研究，如图 3.33 所示。装置分为纱架、预处理炉、展纱装置、浸胶系统、多组高温炉、高温加热辊、切边收卷及溶剂回收系统等。

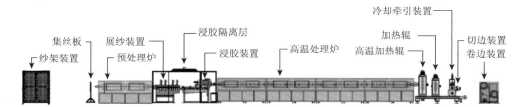

图 3.33　溶液复合材料预浸线

在连续化实验中遇到的问题，如胶液吸湿、胶液滴胶黏辊、预浸料存在气泡、溶剂残留或回收率较低、树脂分布不均匀等，如图 3.34 所示。

图 3.34　关键技术问题

在实验中同样尝试了碳纤维及玻璃纤维织物，最终通过调整胶液溶剂配方、烘干温度、纤维张力、高温辊温度、收卷速度等制得表观完好，幅宽 300 mm 的聚芳醚酮预浸料(图 3.35)，但是设备及连续化工艺技术仍需要进行更深入的研究。

图 3.35　玻璃纤维及碳纤维聚芳醚酮预浸料

3.3　纤维增强聚芳醚酮(砜)复合材料展望

随着国内航空装备、军民融合领域对先进树脂基复合材料的不断增加和应用要求的不断提高，环保和资源的可持续利用，热塑性树脂基复合材料将逐渐占据主体地位，制造技术将逐渐向整体化、自动化、数字化和低成本化发展。

热塑性树脂基复合材料结构整体化技术进一步发展完善。通过模具的设计、模块化结构的应用极大地减少了构件内和构件间的连接，利用其可焊接、可注塑的优势，提高复合材料的结构效率。

复合材料预浸带的自动铺丝技术将进一步在大型复合材料构件成型中得到应

用，大幅提升构件的制造效率及批次稳定性，以热压罐成型为辅助，做到原位一次闭环成型，采用结晶型与无定形树脂相结合，优化自动铺丝工艺，形成高效的复合材料自动化技术。

树脂基复合材料制造过程向着数字化体系发展，包括复合材料数据体系、数字化设计、数字化检测，以最优的方案参与结构部件的制造。

树脂基复合材料目前主要应用在高端制造业，已逐渐往民用领域推广发展，复合材料的低成本化是一种发展趋势，从小丝束到大丝束，从碳纤维到植物纤维，从原料到制造技术，复合材料在民用领域的迅猛发展必将带来新的跨越。

<h2>参 考 文 献</h2>

[1] 益小苏, 张明, 安学锋, 等. 先进航空树脂基复合材料研究与应用进展[J]. 工程塑料应用, 2009, 37(10), 72-76.

[2] 陈吉平, 李岩, 刘卫平, 等. 连续纤维增强热塑性树脂基复合材料自动铺放原位成型技术的航空发展现状[J]. 复合材料学报, 2019, 36(4): 784-794.

[3] 宋清华, 肖军, 文立伟, 等. 热塑性复合材料自动纤维铺放装备技术[J]. 复合材料学报, 2016, 33(6): 1214-1222.

[4] LOVINGER A J, HUDSON S D, DAVIS D D. High-temperature crystallization and morphology of poly(aryl ether ether ketone)[J]. Macromolecules, 1992, 25(6): 1752-1758.

[5] 陈浩然. T700/PEEK 预浸纱制备的浸渍机理及工艺优化[D]. 南京: 南京航空航天大学, 2018.

[6] 陈浩然, 李勇, 还大军, 等. T700/PEEK 热塑性自动铺放预浸纱制备质量控制及性能研究[J]. 航空学报, 2018, 39(6): 228-237.

[7] 曹建伟, 王志鹏, 王红华, 等. 含烯丙基侧基聚芳醚酮的制备及其表征[J]. 功能高分子学报, 2012, 25(4): 424-428.

[8] 王志鹏, 王菲菲, 王红华, 等. 主链含酞和芴结构的无定形聚芳醚酮的合成[J]. 高等学校化学学报, 2014, 35(11): 2517-2523.

[9] 王志鹏, 王菲菲, 王红华, 等. 含苯并咪唑酮结构双酚 A 型聚芳醚酮共聚物的制备和表征[J]. 应用化学, 2015, 32(5): 504-509.

[10] 赵康, 朱谱新, 荆蓉, 等. 碳纤维上浆剂的功能和进展[J]. 纺织科技进展, 2015, (5): 4-8.

[11] 齐磊, 刘扬涛, 高猛, 等. 碳纤维表面处理和上浆剂的研究进展[J]. 纤维复合材料, 2016, 33(1): 33-35.

[12] 陈平, 陆春, 于祺, 等. 连续纤维增强 PPESK 树脂基复合材料的界面性能[J]. 材料研究学报, 2005, 19(2): 159-164.

[13] NARDIN M, ASLOUN E M, SCHULTZ J. Study of the carbon fiber-poly(ether-ether-ketone)(PEEK) interfaces, 2: relationship between interfacial shear strength and adhesion energy[J]. Polymers for Advanced Technologies, 2010, 2(3): 115-122.

[14] 陈平, 陆春, 王静, 等. 连续纤维增强含二氮杂萘酮联苯结构聚芳醚砜酮树脂基复合材料的界面[J]. 高分子学报, 2011, 32(1): 38-47.

[15] LIU J, GE H, CHEN J, et al. The preparation of emulsion type sizing agent for carbon fiber and the properties of carbon fiber/vinyl ester resin composites[J]. Journal of Applied Polymer Science, 2012, 124(1): 864-872.

[16] 李晓非. PPEK 乳液上浆剂的制备与性能表征[D]. 哈尔滨: 哈尔滨工业大学, 2012.

[17]　张舒. 基于上浆法的界面设计及其对 CFRP 界面性能的影响研究[D]. 哈尔滨: 哈尔滨工业大学, 2014.

[18]　LIU J, ZHOU X, LIANG J. Effects of sulfonated poly(ether sulfone)sizing agent on interfacial properties for carbon fibers/poly(ether sulfone)composites[J]. Acta Materiae Compositae Sinica, 2015, 32(2): 420-426.

[19]　杨玉, 王志鹏, 王红华, 等. 含咪唑酮结构聚芳醚砜共聚物的制备与表征[J]. 应用化学, 2017, 34(6): 623-630.

[20]　LIU C, QIAO Y, LI N, et al. Toughened of bismaleimide resin with improved thermal properties using amino-terminated poly(phthalazinone ether nitrile sulfone)s[J]. Polymer: The International Journal for the Science and Technology of Polymers, 2020, 206: 122887.

[21]　郭鸿俊, 王雪, 宗立率, 等. 羧基含量可控氮杂环聚芳醚砜反应性增韧 601 环氧树脂[J]. 高分子学报, 2018, (9): 1236-1243.

[22]　李娜娜. 含磷聚合型阻燃剂的合成及应用研究[D]. 北京: 中国科学院大学, 2015.

[23]　贺福. 碳纤维增强热塑性树脂复合材料[J]. 化工新型材料, 1986, (11): 8-13.

[24]　王岚, 陈阳, 李振伟. 连续玄武岩纤维及其复合材料的研究[J]. 玻璃钢/复合材料, 2000, (6): 22-24.

[25]　DENAULT J, DUMOUCHEL M. Consolidation Process of PEEK/Carbon Composite for Aerospace Applications[J]. Advanced Performance Materials, 1998, 5(1): 83-96.

[26]　LEE Y, PORTER R S. Crystallization of poly(etheretherketone)(PEEK)in carbon fiber composites[J]. Polymer Engineering and Science, 2010, 26(9): 633-639.

[27]　王健, 孙巧英, 李朝, 等. 热压工艺对单向连续碳纤维增强聚苯硫醚/聚醚砜复合材料力学性能的影响[J]. 化工新型材料, 2012, 40(7): 61-63.

[28]　SEFERIS J C. Polyetheretherketone(PEEK): Processing-structure and properties studies for a matrix in high performance composites[J]. Polymer Composites, 2010, 7(3): 158-169.

[29]　郑亮, 廖功雄, 徐亚娟, 等. 连续玻璃纤维增强 PPESK 共混树脂基复合材料的性能[J]. 高分子材料科学与工程, 2009, 25(2): 48-51.

[30]　YUNHE Z, WEI T, YU Z, et al. Continuous carbon fiber/crosslinkable poly(ether ether ketone)laminated composites with outstanding mechanical properties, robust solvent resistance and excellent thermal stability[J]. Composites ence and Technology, 2018, 165: 148-153.

[31]　孙正, 刘力源, 刘德博, 等. 纳米改性连续纤维增强热塑性树脂复合材料及其力学性能研究进展[J]. 复合材料学报, 2019, 36(4): 771-783.

[32]　李宏福, 王淑范, 孙海霞, 等. 连续碳纤维/尼龙 6 热塑性复合材料的吸湿及力学性能[J]. 复合材料学报, 2019, 36(1): 120-127.

第4章

酚酞基聚芳醚酮(砜)合金材料

酚酞基聚芳醚酮(砜)合金材料是指以酚酞基聚芳醚酮(砜)树脂为基础的高性能工程塑料，树脂性能见表 4.1。随着科学技术以及制造业的高速发展，对于高强度、高模量、尺寸稳定、轻质、绝缘、耐热、耐磨、抗蠕变、耐腐蚀、耐水解、耐辐照及自润滑材料的需求越来越迫切[1, 2]，而酚酞基聚芳醚酮(砜)合金材料是可以满足这些要求的，其广泛用于航空、航天、核能、军工等高技术领域，现已成为国民经济、国防军工、尖端技术和高新技术产业乃至人民生活不可缺少的重要材料之一。

PEK-C 和 PES-C 的 T_g 分别为 231℃和 265℃，具有优异的耐热性，且由于它们的分子链结构含有酚酞侧基，聚合物主链无法堆积成有序结构，故而溶解性好，不仅能够像结晶性聚芳醚酮可进行模压成型、注塑成型，也可以进行溶液法加工，弥补了聚芳醚酮加工方法的不足，大大拓宽了材料的应用领域[3-5]。目前，长春应化所在此基础上开发了含氰基的功能性酚酞基聚芳醚酮(PEK-CN)和耐温等级更高的酚酞基聚芳醚砜，使材料的发展面向了功能化探索，同时，大大提高了材料的耐温性，将材料的 T_g 提高到 340℃以上，如 PESI-C 的 T_g 为 347℃，拓展了这类材料的使用范围，满足了各行业对耐高温特种工程塑料的应用需求，具有广泛的应用前景。

表 4.1　酚酞基聚芳醚酮(砜)树脂的基本性能

树脂	一般性能						
	外观	密度/(g/cm³)	吸水率/%	T_g/℃	热变形温度/℃	线膨胀系数/(10⁻⁵ m/mK)	收缩率/(mm/mm)
PEK-C	深琥珀色	1.3	0.5	231	208(1.82 MPa) 212(0.45 MPa)	6.56	0.006
PES-C	深琥珀色	—	—	260			

树脂	机械性能								
	弯曲强度/MPa	弯曲模量/GPa	拉伸强度/MPa	拉伸模量/GPa	断裂伸长率/%	抗冲击强度	断裂韧性/(MPa/m)	泊松比	硬度/(N/mm²)
PEK-C	132	2.74	102	2.43	6.1	46 J/m 悬臂梁缺口	2.43	0.367	178

续表

树脂	机械性能								
	弯曲强度 /MPa	弯曲模 量/GPa	拉伸强 度/MPa	拉伸模 量/GPa	断裂伸长率 /%	抗冲击强度	断裂韧性 /(MPa/m)	泊松比	硬度/ (N/mm²)
PES-C	152	2.74	100	1.6	10	21 J/m 简支 梁无缺口	—	—	—
PESI-C	151	3.4	95.3	3.6	2.8	49 kJ/m² 悬 臂梁无缺口	—	—	—

　　酚酞基聚芳醚酮(砜)合金材料作为工程塑料比较特别的一个品种具有以下独特的优势。

　　可溶性：PEK-C/PES-C 树脂的分子主链含有大的 Cardo 环侧基，使分子链不能有序堆积，降低分子间作用力，从而使树脂在 DCM、DMAc 等常规溶剂中具有良好的溶解性。树脂具有良好的溶解加工性能，使酚酞基聚芳醚酮(砜)合金材料可以通过溶液共混的方式达到均匀分散的效果，防止出现材料分散不均匀、局部富集现象，从而使合金材料具有优异、稳定的性能[6,7]。

　　耐热性：材料耐热性的主要指标是 T_g，要使材料满足高温使用，其就必须具有高的 T_g。PEK-C/PES-C 树脂具有较高的 T_g，不同分子结构的树脂的 T_g 在 220～350℃之间，满足各领域不同耐温等级的需求。

　　易加工性：工程塑料的加工方法主要有模压成型和注射成型。对于 T_g 超过 250℃的材料主要采用模压成型，其效率较低，能耗和成本都比较高，但对材料 T_g 的限制比较宽，原则上只要具有可测的 T_g，就可以进行热压加工；注射成型这种加工方法效率高，精度高，但其材料的使用温度受到加工设备的限制，一般可注射成型材料的 T_g 在 250℃以下，且进行注射成型的树脂的熔体黏度应在 5000 Pa·s 左右。作为工程塑料用的酚酞基聚芳醚酮(砜)树脂具有优异的加工性，一般通过控制分子量使得到的树脂适合特定的成型方式。特性黏度在 0.5 dL/g 以上的树脂的熔体黏度比较高，适合模压成型；特性黏度在 0.4～0.5 dL/g 之间的树脂的溶体黏度一般在 3000～5000 Pa·s，适用于注射成型。

　　非晶性：结晶性聚合物由于结晶起到物理交联的作用，材料即使在 T_g 以上也能够保持一定的机械性能。PEEK 的 T_g 只有 143℃，但由于其是结晶聚合物，其熔点为 334℃，故可在 200℃左右使用。然而作为结构材料使用时就要充分考虑到其在 T_g 以上机械性能的降低，且作为关键部位使用时材料的结晶性可能会带来不利，一般过大的结晶度会使材料变脆，投入使用后可能会造成事故。PEK-C/PES-C 树脂由于分子主链具有大的酚酞侧基，分子链不能形成有序堆积，其聚集态都是非晶无定形的，具有较好的尺寸稳定性和力学强度保持率。

4.1 无机粉体增强酚酞基聚芳醚酮(砜)材料 ◀◀◀

　　PEK-C/PES-C 树脂是一种高玻璃化转变温度的无定形热塑性高性能树脂，其物理机械性能在较宽的温度范围内保持率较高，具有优异的电性能和良好的加工性能，自实现商业化以来，已在石油、化工、机械制造、电气及军工各方面得到广泛的应用。目前，随着塑料应用范围的不断扩大，需要多种性能优良的改性材料以满足不同的应用目的，而无机粉体填充改性是获得改性材料的方法之一。选择新的、合适的填充材料，以提高复合化效果、成型加工性等，开发酚酞基聚芳醚酮(砜)树脂填充料改性的目的主要是在保持基体树脂性能的基础上，改善其某方面的性能并降低成本。表 4.2 是 PEK-C 基体树脂的基本性能。

表 4.2　PEK-C 基体树脂的基本性能表

技术指标	数据	单位	技术指标	数据	单位
密度	1.2～1.3	g/cm³	断裂伸长率	>5	%
玻璃化转变温度	230～250	℃	体积电阻率	$>10^{17}$	Ω·cm
热分解温度	>430	℃	吸水率	0.4	%
拉伸强度	>90	MPa	介电常数(10MHz)	3.5	—
拉伸模量	1.8～2.5	GPa	介电损耗因子(10MHz)	0.005	—
熔融指数	>1	g/min	介电强度	kV/μm	160
摩擦系数	0.28	—			

　　无机类填料是主要以天然矿物为原料经过开采、加工制成的颗粒状填料，有些填料是经过处理制成的，其种类主要有氧化硅及硅酸盐、碳酸盐及碳化物、硫酸盐及硫化物、钛酸盐、氧化物及氢氧化物以及金属类等。无机填料具有高强度、高刚性、高硬度等特性，适用于结构材料，其与酚酞基聚芳醚酮(砜)复合，可降低热膨胀系数，提高物理机械性能，改善成型加工性。和酚酞基聚芳醚酮(砜)复合的无机填料常见的有石墨粉、碳纤粉、MoS_2 粉体、玻璃微珠、玻璃粉、短切石英纤维粉、钛酸钙、氮化硼和纳米金刚石等，如二硫化钼是重要的固体润滑剂，特别适用于高温高压下，同时还具有抗磁性，MoS_2 改性聚合物复合材料在摩擦磨损过程中，易在对偶面上形成转移膜，具有良好的自润滑性能，从而有效地降低了材料的磨损，大大改善了材料的摩擦磨损性能；玻璃微珠是一种新型刚性粒子，

形状为规整球形，其优点为球形度高、抗压、粒度基本可控，能提高材料的导热性能，且无毒、阻燃、尺寸稳定性和化学稳定性好。

4.1.1　高耐磨材料

酚酞基聚芳醚酮(砜)树脂材料与无机粉体共混制备的高耐磨材料可应用于耐高温、耐腐蚀和耐磨损的机械零部件，如通用工程机械的压缩机阀片和活塞环以及密封环，纺织、化工和冶金机械工程上的高温高压阀门密封环、轴承和滑履等。酚酞基聚芳醚酮(砜)高耐磨材料中的无机粉体主要是各种层状(如石墨、MoS_2 粉体等)和非层状(如颗粒状、纤维及晶须等)软硬填料，其不仅起到支撑承载、减小变形的作用，还可以使高聚物薄膜转移，改善转移膜的附着强度，减小摩擦，降低磨损。无机粉体的超细化和在酚酞基聚芳醚酮(砜)耐磨材料中的两相最佳的分散状态，是影响材料耐磨性能的重要因素。材料磨损率与其在对偶面上形成转移膜的能力相关，材料的摩擦磨损失效破坏，这多与材料性能对温度的依赖有关。

4.1.2　自润滑材料

酚酞基聚芳醚酮(砜)自润滑材料主要用作无润滑剂(干燥条件)、水润滑、真空、低温或者腐蚀性气氛中的滑动部件，可替代传统金属材料成为一种全新的耐磨自润滑材料，其作为滑动部件具有以下优点：①韧性好、吸收振动、低噪声、不损伤对偶材料；②化学自稳定性好，摩擦磨损对气氛的依赖性小，在水中也能使用；③低温性能好，在液氨、液氢以及真空的超低温条件下仍能发挥润滑作用；④与润滑油的共存性好且耐油性优异，适合作为含油轴承使用；⑤电绝缘性优良；⑥吸湿性小，耐水解。

石墨粉和 MoS_2 粉是填充酚酞基聚芳醚酮(砜)树脂制备自润滑材料的主要代表。石墨具有典型的片层结构，在提高材料导热导电性能的基础上，可以起到减摩润滑作用，是一种良好的固体润滑剂，与高分子聚合物复合能降低材料的摩擦因数，改善材料的摩擦学性能。MoS_2 因其独特的片层晶型结构，常作为固体润滑剂填充改性聚合物摩擦性能。田农等采用 MoS_2、石墨、碳纤维和氟化镧研制了一种抗辐照的酚酞基聚芳醚酮基自润滑复合材料，其具有低摩擦、耐磨损、耐高温、耐辐照，并有优良的机械性能，可适用于在宇宙空间和辐照环境下用作摩擦部件，其性能见表 4.3。

表 4.3　PEK-C 自润滑材料的基本性能

项目	外观	密度/(g/cm³)	弯曲强度/MPa	布氏硬度/MPa	摩擦系数	抗磨性能/[10^{-15}m³/(N·m)]
性能	黑色，无明显缺陷	1.39～2.01	73.8～96.8	246～292	0.12～0.22	0.52～1.98

填充改性的酚酞基聚芳醚酮(砜)复合材料不仅具有突出的耐高温性能、优异的力学性能、加工性能和自润滑性能等，而且具有杰出的摩擦磨损性能，在摩擦学领域具有广泛的应用前景，其加工成型主要通过模压和注射成型，复合材料制品在航空、航天、电器、机械、化工、微电子等领域都具有巨大的应用潜力。

4.1.3 高强度材料

无机增强填料具有高比强度、耐疲劳、热膨胀系数小等特点，广泛用作热塑性聚合物填充改性材料，在复合材料中主要起增量、增强和赋予新功能的作用。无机填料的存在一定程度上可显著提高材料的刚性、力学强度、高温尺寸稳定性等性能。无机填料主要有金属氧化物(硫化物)，如 TiO_2 和 Cr_2O_3 等，其填充 PEK-C(PES-C)的高强度材料经填充改性后，对玻璃化转变温度无太大影响，使用温度稍有改善，材料的强度和韧性明显提高，同时在保障材料高的力学性能的条件下，材料的价格可降低 20%以上。陈天禄等较为系统地研究了金属氧化物填料的种类、粒度和粒子形状以及与 PEK-C 的复合化效果，结果显示 TiO_2、Cr_2O_3、AI_2O_3 及 MoS_2 等与 PEK-C 具有良好的亲和性，对 PEK-C 起到了明显的增量、补强作用，其性能见表 4.4。

表 4.4   无机填料增强 PEK-C 复合材料的性能

材料	无机填料	抗张强度/MPa	断裂伸长率/%	Izod 抗冲强度/(J/m)(缺口)	硬度 R(洛氏)	硬度 M(邵氏)
PEK-C	20% Cr_2O_3	99.9	11.7	27.8	—	82
	20% TiO_2	99.9	14.1	16.9	—	83
	15% MoS_2	94.9	9.6	40.8	—	74
Vietrex PES(ICI)住友公司	TS5440 无机	58.6	3.1	25	107	—
Vietrex PEEK 住友公司	GK3440 无机	77	5	29	—	75
		82	83	74	—	75

4.2   聚芳醚酮(砜)与其他高分子材料合金   ◀◀◀

对高分子材料进行共混改性，赋予其新性能，进而开拓出高性能的塑料合金新品种，这些都是聚合物工业和科学发展的一个重要方向。目前与酚酞基聚芳醚酮(砜)进行共混改性的树脂主要是聚醚醚酮、聚苯硫醚、聚砜、聚酰亚胺、

聚四氟乙烯等高性能树脂，另外还有和环氧树脂、氰酸酯等热固性树脂之间的
共混改性。

4.2.1　聚芳醚酮(砜)与聚醚醚酮合金

PEEK 是结晶性聚芳醚酮树脂的代表，其 T_g 为 143℃，熔点为 334℃，良好的
结晶性能使 PEEK 具有优良的力学强度。室温下，纯树脂的拉伸和弯曲强度分别
是 94 MPa 和 145 MPa。PEEK 阻燃性优良，有自熄性，燃烧时发烟量是所有塑料
中最低的。PEEK 还具有优异的耐溶剂性，耐水性且耐热水性更佳。此外，PEEK
还是很好的耐辐照材料和电绝缘性能材料，突出的摩擦学特性使其在 250℃下仍
保持高的耐磨性和低的摩擦系数。PEEK 优异的综合性能使其被广泛应用在机械
工业、汽车工业、电力能源、电子电气、医疗等领域，可用来制造航天器内部零(砜)
部件、晶圆承载器、印刷版电路、电缆线圈骨架、涡流泵叶轮、离合器齿环，产
品质量轻，牢固耐用。

PEEK 和酚酞基聚芳醚酮(砜)树脂具有许多优异的性能，但各自也有着一些
不足，从而影响了它们的广泛应用，如前者的 T_g 低和较难加工，后者虽具有较高
的 T_g，但耐化学腐蚀性较差等。为此，通过两者共混改性有可能制得具有更优异
综合性能的高分子多相复合材料。狄英伟、李滨耀[5]用挤出共混方法制备了
PEK-C/PEEK 合金材料，对共混体系的相容性、转变、结晶结构及力学性能等进
行了研究，结果显示二者具有很强的互补和协同作用，所形成的多相合金材料是
一种很有前途的工程材料。

4.2.2　聚芳醚酮(砜)与聚苯硫醚合金

聚苯硫醚(PPS)是一种具有优异性能的热塑性工程塑料，其具有耐高温、耐
腐蚀、高强度和阻燃性能，被广泛用于模塑料、热塑性复合材料的基体材料等方
面。PPS 的 T_g 为 85℃，熔点(T_m)约为 285℃，其分子链由苯环与对位硫原子交替
连接，结构对称规整，结晶度可达 65%～70%，苯环和硫原子上的电子形成"共
轭体系"，增强主链刚性，使其具有优良的耐热性、耐化学性和力学性能。PPS 的
耐冲击性能差，断裂伸长率低，且成型加工较困难，其和酚酞基聚芳醚酮(砜)树
脂共混改性能大大改善材料的耐冲击性、韧性和加工成型等性能[8, 9]。杨宇明等[10]
研究了 PES-C 和 PPS 的共混改性，PPS 含量为 2%～10%时合金材料在保持 PES-C
材料原有强度、断裂伸长率的同时，模量略增，冲击强度等材料韧性指标有很大
幅度提高，并且材料熔融指数也有增加，提高了材料的加工成型工艺性。赖明芳
等[11]报道了 PEK-C 与 PPS 共混改性，在保持了 PEK-C 高强度和弹性模量的同时，
可以明显改善其加工流动性，并能提高其力学性能，所得到的塑料合金在航空航
天、军事工业、电子产品等高新技术领域中具有广阔的应用前景。

4.2.3 聚芳醚酮(砜)与聚砜合金

聚砜是一类非结晶性热塑性工程塑料，其具有优异的耐热性、耐热水和蒸汽性、耐蠕变性以及力学、电学性能，自 20 世纪 60 年代问世以来已得到广泛的应用，其主要有三种类型，普通双酚 A 型聚砜、聚苯醚砜和聚醚砜[12-14]。

普通双酚 A 型聚砜(PSU)是先由双酚 A 和氢氧化钠(或氢氧化钾)在二甲基亚砜溶剂中生成双酚 A 的钠(钾)盐，再与 4,4′-二氯二苯砜缩聚而得到聚砜。PSU 具有良好的高温力学性能保持性、优异的耐蠕变性以及耐低温性，其能在−100～−150℃下长期使用。PSU 的 T_g 为 190℃，热变形温度为 175℃，在宽广的温度范围内具有优异的电性能，在水中或 190℃高温下仍能保持良好的介电性能。同时 PSU 具有优异的成型加工性，适合热塑性通用塑料的成型方法进行加工成型，也可进行冷加工及二次加工。PSU 价格是所有耐热塑料中最便宜的一种，可用于需要蒸煮的医疗设备、食品加工设备，可代替金属用于卫生工程的阀零件和管件以及电子电气方面的连接件、电池盒、化学工业用泵、过滤板和耐腐蚀管道等，但其长期使用温度仅为 150℃，不是很高，大大限制了其应用。PSU 和酚酞基聚芳醚酮(砜)树脂共混改性可提高材料的使用温度和力学性能，拓宽材料的应用领域。

聚苯醚砜简称聚芳砜，由双芳环磺酰氯和芳环进行缩聚得到，其具有突出的耐热和耐氧化降解性能以及高的热变形温度，在 1.86 MPa 应力下热变形温度高达 280℃，同时其具有较高的老化稳定性，置于 260℃热空气中 2000 h 后，强度无影响。主要作为耐高温的结构材料(如高速喷气机中)及耐高温的电绝缘材料，可代替铅、锌合金及传统材料在高速喷气机上接触燃料和润滑油的机械零件，但是聚芳砜的软化点比较高，熔体流动性较差，成型加工相对困难。聚芳砜和酚酞基聚芳醚酮(砜)树脂共混改性可在材料的使用温度下降的情况下大大提高材料熔体流动性，改善其加工性能，降低加工成本，进一步提高材料的应用潜力。

聚醚砜(PES)，分子链中不含脂肪族结构和联苯链节，分子链结构主要由酰基、砜基和次苯基组成，醚键的存在使其熔体流动性好，而砜基赋予其优异的耐热性，其是一种综合了高热变形温度、高抗冲击强度和优良成型加工性能的工程塑料。PES 是无定形热塑性塑料，T_g 为 230℃，热变形温度为 204℃，耐热性能优异，其在高温下长期使用仍然保持良好的力学性能，同时其介电性能优异，介电损耗极低，可为耐高温电气材料。PES 具有良好的水解稳定性，能耐常用的酸、碱、油脂和脂肪烃类，它的耐环境应力开裂性能优于许多其他无定形热塑性塑料，且具有阻燃性，氧指数为 38，发烟低，耐火焰、不冒烟，焦化时发出的一氧化碳量相当低。PES 易成型加工，可注塑、挤出、模压、溶液涂敷、粉末烧结、真空成型等，其和酚酞基聚芳醚酮(砜)树脂具有非常好的相容性，二者共混改性能优势互补，所得到的合金材料具有密度小、耐高温、易加工、强度高、耐候、难燃、发烟少等优点，可广泛用于航空航天、运输车辆等领域。

4.2.4　聚芳醚酮(砜)与聚酰亚胺合金

　　与酚酞基聚芳醚酮(砜)树脂形成合金的聚酰亚胺主要是热塑性聚酰亚胺(PI)，其是指带有酰亚胺环的线型聚合物，在成型过程中不发生化学交联，可以反复加工，因此也称为可熔性聚酰亚胺[15, 16]。热塑性 PI 的特点是具有较好的耐热性、韧性和优异的电性能。它的 T_g 为 210～310℃，某些品种芳香族 PI 的 T_g 可高达 370℃。热塑性的 PI 伸长率高于 50%，且具有优异的抗冲击性能。热塑性 PI 的介电常数在 10^3Hz 下为 2.8～3.5，能耐大多数有机溶剂和稀酸，但在碱液或浓酸中将发生降解。热塑性 PI 可采用模压、注塑、挤出等方法成型加工，也可进行二次加工，如车削、铣、刨、磨等，主要用作耐磨材料、介电材料和航空航天材料[17]。

　　酚酞基聚芳醚酮(砜)树脂改性的热塑性聚酰亚胺主要有 SABIC 公司的 Ultem 和耐温等级更高的 Extem 系列树脂、南京岳子化工有限公司开发的 YZPI 以及长春应化所 YHPI 系列热塑性聚酰亚胺工程塑料等，还有长春应化所研发出的以异构二酐为基础的耐温等级更高的热塑性聚酰亚胺：YHTPI-260、YHTPI-280 和 YHTPI-310，三者的 T_g 分别为 260℃、280℃和 310℃。所形成的聚芳醚酮与聚酰亚胺合金可以在保持其耐热性能和力学性能的基础上有效地改善其加工性能，并赋予其一系列特定功能，在高新技术等新材料领域具有非常广阔的应用前景。

4.2.5　聚芳醚酮(砜)与聚四氟乙烯合金

　　PEK-C 具有良好的热稳定性、耐酸碱性以及机械性能，因而在航天、航空、电子、机械等高新技术领域具有潜在的应用价值，并已在一些零部件得到了应用，但其作为低摩擦材料，还存在不足。聚四氟乙烯(PTFE)外表呈透明或不透明的蜡状不亲水粉料，密度大，为 2.14～2.20g/cm³，其具有优异的耐高低温性、介电性能、耐化学腐蚀和老化性能等，其分子排列对称，分子没有极性，大分子间及与其他物质分子间吸引力都很小，因此其具有优异的自润滑性及低的摩擦系数，是已知固体材料中无油润滑的最好材料之一。PEK-C 和 PTFE 形成的合金材料具有以下优点：①较高的机械强度和硬度；②较低的摩擦系数和良好的耐磨性；③耐热性好；④模压成型工艺方便简单，成型后便于进行机械加工。由于该合金材料具有上述的特点，作为自润滑密封材料在无油润滑及密封等部件上有广阔的应用前景。夏萍等[18]通过对 PEK-C 与 PTFE 共混物的模压成型材料的研究显示 PEK-C 树脂加入 10%～20%PTFE 填料改性后，不仅很大程度上保持了 PEK-C 的良好的机械性能和热性能，而且其摩擦性能得到了明显的改善，制备了一类新型无油润滑的耐高温低摩擦材料，其性能见表4.5。

表4.5 PTFE填料改性PEK-C合金的基本性能

填料量	相对密度	硬度(邵氏)	拉伸强度/MPa	压缩强度/MPa	摩擦系数	磨痕宽度/mm	线膨胀系数/(10^{-5}℃$^{-1}$)	软化点温度/℃(TMA)
15%PTFE	1.39	74.0	64.4	118.7	0.180	1.6	5.64(RT～160℃)	212
20%PTFE	1.48	80.0	50.4	104.2	0.175	1.5	5.18(RT～160℃)	210

4.2.6 聚芳醚酮(砜)与其他材料的合金

环氧树脂、异氰酸酯等具有优良的物理机械性能、电绝缘性能和成型加工性能，且其与各种材料的黏接性能非常优异，但其固化物具有交联密度大、质脆、耐疲劳性和抗冲击韧性差等不足，难以满足某些工程技术方面的要求，使其在应用上受到了一定程度的限制[19, 20]。

PEK-C/PES-C树脂作为一种高性能热塑性树脂，具有耐热性好、玻璃化转变温度高、耐化学药品、耐磨等优点，且其与环氧树脂相容性好，非常适合用作环氧树脂的增韧材料。许多研究表明，采用PEK-C共混改性环氧树脂，通过环氧树脂的固化反应诱导相分离，PEK-C与环氧树脂形成了不同的相分离微观形貌，从而达到对环氧树脂不同程度的增韧效果。冯浩等[20]研究了PEK-C增韧环氧树脂(E-51)，结果显示当PEK-C用量为45%时，改性环氧树脂综合性能最好，其性能与PEK-C用量的关系见表4.6。以PEK-C、环氧树脂和氰酸酯为原料，采用热熔法制备出耐高温环氧树脂增韧基体，随着氰酸酯含量的增加，三元共混体系形成了不同的相结构，使得PEK-C产生了不同的增韧效果。此外，玻璃化转变温度、弯曲性能以及介电性能都随着氰酸酯含量的增加而提高，但热分解温度并没有明显变化。

表4.6 PEK-C增韧环氧树脂的力学性能

PEK-C含量/%	拉伸强度/MPa	拉伸模量/GPa	断裂伸长率/%	弯曲强度/MPa	弯曲模量/GPa	断裂韧性K_{IC}/(MPa·m$^{1/2}$)	冲击强度/(kJ/m^2)
5	82.57	2.67	2.37	98.59	3.61	1.78	20.57
10	85.13	2.82	2.62	104.67	3.44	1.96	22.16
30	83.39	2.56	4.34	130.28	3.22	2.59	29.06
45	80.67	2.48	4.75	122.68	2.84	2.94	31.83
60	75.80	1.98	3.73	97.63	2.30	3.17	35.28

4.3　酚酞基聚芳醚酮(砜)合金的展望和应用　◀◀◀

随着科技发展的步伐加快，各种应用领域对酚酞基聚芳醚酮(砜)合金材料的性能有更高的要求。对材料的耐热性能、加工性能、耐磨性能、机械强度、介电性能以及环境友好方面提出了更苛刻的要求，同时在材料的功能化方面备受关注。高分子材料的耐热性是衡量特种工程塑料的重要指标参数，酚酞基聚芳醚酮(砜)合金材料具有很高的玻璃化转变温度，但仍然会遇到在更高温度的使用环境中耐热等级满足不了使用要求的情况，因此，进一步提高材料的耐热等级是该领域的一个重要发展方向。目前，高科技的飞速发展也迫切需要具有某些独特功能，如光、电、磁等性能的高分子材料。在保持酚酞基聚芳醚酮(砜)合金材料各种优异性能的基础上，实现材料的功能化也是该领域的另一个重要研究方向。酚酞基有较高的化学活性，可以接枝其他功能基团，或在酚酞基聚芳醚酮(砜)表面进行化学改性，如接枝、共聚等，进而实现材料的功能化。

酚酞基聚芳醚酮(砜)合金材料作为一种无定形高性能工程塑料具有广泛应用前景，随着高新技术的飞速发展，对高性能材料的需求日益紧迫，该类材料逐渐显示了强大的应用价值。在航空航天、电子电气、化学工业、核工业、医疗、汽车制造、仪器制造业和食品加工等许多领域都有广泛的应用潜力，并日益受到人们的重视，成为许多研究者和企业的研究热点，并不断取得进展。

(1)航空航天领域：酚酞基聚芳醚酮(砜)合金材料密度小，耐热、耐磨自润滑等性能优异且加工性能卓越，能够替代铝等其他金属材料制造各种飞机零部件，而且具有良好的耐雨侵蚀性能，可用于制造飞机外部零件，同时具有优良的阻燃性能，常用来制造飞机内部零部件，如航空舱内件等。

(2)电子电气领域：利用其绝缘性好、耐焊锡、尺寸稳定性好、耐各种清洗剂、可镶金属件、阻燃性好等特点，此类合金材料可用于印刷电路板、连接器、高温接插件等。另外，其在电子行业中具有独特的作用，可应用于 ppb（10^{-9}）级超纯水的输送、储存设备，如阀门、管道、泵和容积等。

(3)化学工业和核工业：这类材料被石油工业应用于极苛刻的条件下，并仍保持优异性能，其还被制作成线圈骨架等，已成功地应用于核电站。

(4)医疗领域：利用其可采用蒸汽灭菌、干热灭菌、射线灭菌等各种灭菌消毒，且能反复消毒的优点，可作为制造杀灭病菌用元器件的材料，用这种材料制造的填充环可持续使用 3 年。可用于生产灭菌要求高、需反复使用的手术和牙科设备。制作需要高温蒸汽消毒的各种医疗器械。用该类材料代替金属制造人体骨骼，已有相关技术申请了专利。

(5)汽车制造业：替代金属作为制造发动机内罩材料,广泛用于制造汽车轴承、密封件、垫片、离合器齿环等各种零部件，以及汽车的刹车、传动和空调系统，还可应用于精密齿轮、压缩机、阀、泵、汽车离合器等。

(6)仪器制造业：被应用于气体分板仪构件、热交换器刮片、检验装置零部件，制造用治具，原子能关联零部件，精密机器零部件，化学机械设备关联零部件，熔接机器关联零部件，镀金加工机器关联零部件，金属表面处理关联零部件，绝热部件等。

(7)食品加工工业：可应用于加湿器、电磁灶用餐具、电磁灶部件、食品加工用阀门、管子以及食品加工线等相关联零部件。

此类合金材料在其他领域也可作为一些高端金属材料的替代材料,在防腐、电子、家用电器、机械等领域中将会有较好的应用前景。

参 考 文 献

[1]   RAO L V. Polyether ketones[J]. Journal of Macromolecular Science, Part C: Polymer Reviews, 1995, 35(4): 661-712.

[2]   HERGENROTHER P M, JENSEN B J, HAVENS S J. Poly(arylene ethers)[J]. Polymer, 1988, 29: 358-369.

[3]   韩艳春, 杨宇明, 李滨耀, 等. 酞侧基聚芳醚酮屈服应力与杨氏模量及断裂韧性关系的研究[J]. 高分子学报, 1996, 4: 429-433.

[4]   韩艳春, 杨宇明, 李滨耀, 等. 酞侧基聚芳醚酮冲击断裂韧性的研究[J].塑料工业, 1994, 4: 83-86.

[5]   狄英伟, 李滨耀. 高性能工程塑料的流变和加工性能 1.酞侧基聚芳醚酮的毛细管挤出行为[J]. 应用化学, 1998, 1(15): 59-61.

[6]   夏萍, 荆宏, 陈天禄. 酚酞聚芳醚酮(PEK-C)填充料的研究[J].中国塑料, 1994, 8(2): 28-33.

[7]   李滨耀, 李刚, 张延, 等. PEK-C/PEEK 共混物的研究[J].高分子材料科学与工程, 1991, 7(2): 84-87.

[8]   佟伟, 杨杰, 龙盛如, 等. 聚苯硫醚共混合金的研究进展[J]. 化学研究与应用, 2002, 14(6): 718-722.

[9]   李刚, 庄国庆, 李滨耀, 等. PEK-C/PPS 共混体系的相容性和结晶行为[J]. 应用化学, 1993, 10(2): 95-96.

[10]   杨宇明, 李滨耀, 张英俊, 等. 酞侧基聚芳醚砜/聚苯硫醚共混物的形态与力学性能[J]. 应用化学, 1995, 2(12): 84-87.

[11]   赖明芳, 杨宇明, 刘景江. 耐热树脂共混物的界面增容研究[J]. 工程塑料应用, 2000, 28(11): 1-3.

[12]   HE J S, WANG Y L, ZHANG H Z. *In situ* hybrid composites of thermoplastic poly(ether ether ketone), poly(ether sulfone)and polycarbonate [J]. Composites Science and Technology, 2000, 60(10): 1919-1930.

[13]   NANDAN B, KANDPAL L D, MATHUR G N. Poly(ether ether ketone)/poly(aryl ether sulphone)blends: thermal degradation behaviour[J]. European Polymer Journal, 2003, 39(1): 193-198.

[14]   NANDAN B, KANDPAL L D, MATHUR G N. Poly(ether ether ketone)poly(aryl ethersulphone)blends: dynamic mechanical and dielectric relaxation studies[J]. Polymer, 2003, 44: 1267-1279.

[15]   丁孟贤, 何天白. 聚酰亚胺新型材料[M]. 北京: 科学出版社, 1998.

[16]   丁孟贤. 聚酰亚胺: 化学、结构与性能的关系及材料[M]. 北京: 科学出版社, 2006.

[17]   王凯, 高生强, 詹茂盛, 等. 热塑性聚酰亚胺研究进展[J]. 高分子通报, 2005, 3: 25-32.

[18] 夏萍, 陈天禄. 聚四氟乙烯填充酚酞聚芳醚酮的研究[J]. 工程塑料应用, 1993, 3 (21): 1-5.

[19] 陈平, 李俊燕, 马泽民, 等. 氰酸酯改性环氧树脂/聚醚酮共混树脂基体的制备与性能分析[C]. 第十届绝缘材料与绝缘技术学术交流会论文集, 2008, 182-186.

[20] 冯浩, 曲春艳, 王德志, 等. PEK-C 增韧环氧树脂的研究[J]. 化学与黏合, 2016, 38 (5): 346-348.

第 5 章

酚酞基聚芳醚酮(砜)膜材料

人们通常将一维线型尺度远远小于其他二维的固体和液体称为膜，以这种形态应用的材料称为膜材料。随着科技的进步，膜材料的应用深入到生产生活的各个方面，如化学工业、食品加工、废水处理、医药技术、半导体及光学领域等。膜材料可分为结构膜材料和功能膜材料，结构膜材料应用于光学、声学、半导体等领域，以结构、力学性能为主。功能膜材料主要应用于分离过程、能源转化、医疗健康等方面。

聚芳醚酮(砜)膜材料是合成高分子膜材料中的一类，也是目前最重要的膜材料[1, 2]。聚芳醚酮(砜)是一类耐高温、高强度的工程塑料，具有优异的抗蠕变性能，在工业生产中主要作为微滤膜和超滤膜使用，也可以作为复合膜的底膜，用于反渗透和气体分离膜。以酚酞基聚芳醚酮(砜)为核心原料制备膜材料[3, 4]，相比于常见结晶性聚醚醚酮薄膜或聚砜类膜材料(如双酚 A 型聚砜、聚醚砜)，具有以下独特的优势：

(1)酚酞基聚芳醚砜具有极性的酞侧基，不含易氧化的亚甲基，相比于双酚 A 型聚砜，其亲水性、抗氧化性、生物安全性均得到明显提高。

(2)酚酞基聚芳醚砜的耐高温能力强于聚醚砜，且具有更优异的力学性能。

(3)酚酞基聚芳醚酮(砜)具有良好的溶解性，可以在 DCM、TCM 等卤代烷烃和 THF、DMF、DMAc、NMP 等极性溶剂中溶解，满足溶液流延技术需求，因而可采用溶液法加工制膜，降低成本，易于大规模制备。

(4)酚酞基聚芳醚酮(砜)易于结构修饰，可以经磺化或氯甲基化、季铵化制备带负电或正电的荷电膜，用于制备电渗析、纳滤、燃料电池隔膜等功能膜。

5.1 酚酞基聚芳醚酮(砜)高强度结构薄膜 ◀◀◀

聚芳醚酮树脂具有良好的机械性能、耐湿热、尺寸稳定性，可采用挤出流延和溶液流延法制备。聚醚醚酮薄膜因其良好的综合性能备受关注[3, 4]。无定形聚芳醚树脂溶解加工性优异、成膜性能好，使得这类聚合物在湿法制备结构和功能薄膜方面具有更大的优势。采用溶液流延成型，一方面可降低加工方法对加工设备的极高温度需求，降低制造设备的技术难度和制造成本，同时可进一步提高材料的平整性和透明性。

5.1.1　聚芳醚酮(砜)超支化聚合物

超支化聚合物是具有特殊拓扑结构的无定形聚合物，这种超支化结构使得聚合物的结晶困难，并且可以避免分子链缠绕，在聚合物的溶解性和流变性能方面产生有益影响[5-10]。超支化聚合物主要采用 A3 + B2/A2 + B3 单体通过缩聚反应制备[11]，这里将从商品化三酚单体和自制三卤单体出发，阐述超支化聚芳醚酮的制备和性能。

1. A3 + B2

商品化的三酚单体易于获得，为增加其在有机溶剂中的溶解性，选用具有非平面结构的α, α, α′-三(4-羟苯基)-1-乙基-4-异丙苯与 4, 4-二氟二苯甲酮在环丁砜溶剂中缩聚，并调整单体的投料比例，获得具有不同端基的超支化聚芳醚酮。当端基为酚羟基时标记为 HBPEK-OH，当端基为氟时标记为 HBPEK-F2，当端基为酚羟基和氟时标记为 HBPEK-F1，如图 5.1 所示，端基差异对聚合物溶解性和热稳定性影响较大。

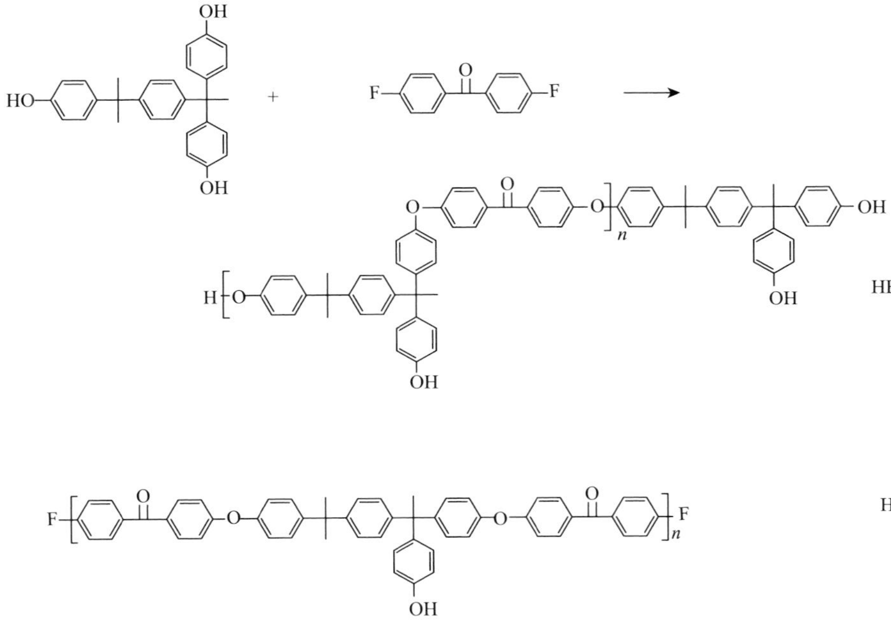

HBPEK-OH

HBPEK-F1

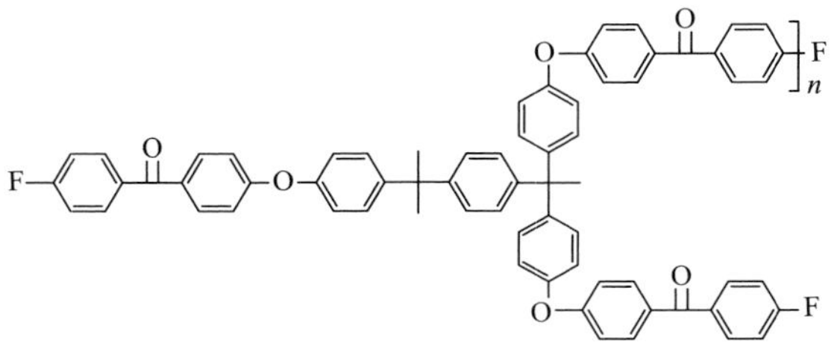

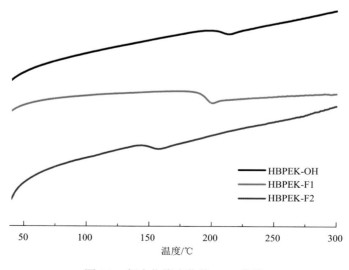

图 5.1　A3 + B2 合成聚芳醚酮（砜）超支化聚合物反应式

　　不同端基的聚合物 HBPEKs 具有良好的耐热性能（表 5.1），T_g 均高于 152℃（图 5.2）。HBPEKs 的溶解度略好于线型聚合物，但在聚合物完全干燥后，不再溶于 TCM 和 DMF。HBPEK-F1 和 HBPEK-F2 的 5% 的热降解温度高于 367℃。显然，氟端基在超分支聚合物的热稳定性中起着重要的作用（图 5.3）。

表 5.1　超支化聚合物 HBPEKs 的性能

样品	端基	状态	$T_g/℃$	$T_{d5\%}/℃$	残碳率/%，800℃
HBPEK-OH	—OH	固体	208	367	38.25
HBPEK-F1	—OH，—F	白色粉末	193	388	41.20
HBPEK-F2	—F	白色粉末	≥152	496	56.41

2. A2 + B3

　　由于超支化聚合物的热稳定性与聚合物的端基结构关系密切，而采用三酚单

图 5.2　超支化聚合物的 DSC 曲线

图 5.3　超支化聚合物的 TGA 曲线

体制备时，端基封端难于控制，为此，引入三蝶烯基 B3 单体，利用大量过量的氟端基参与反应，而未参与反应的氟直接作为端基，能够大幅提高聚合物的热稳定性。三蝶烯 D3h 结构对称又兼具扭曲的非平面结构，能够改善聚合物的溶解性(图 5.4)。

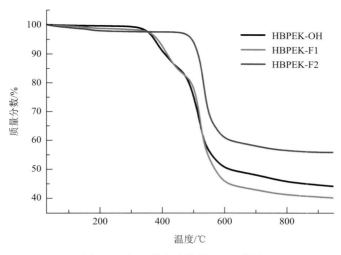

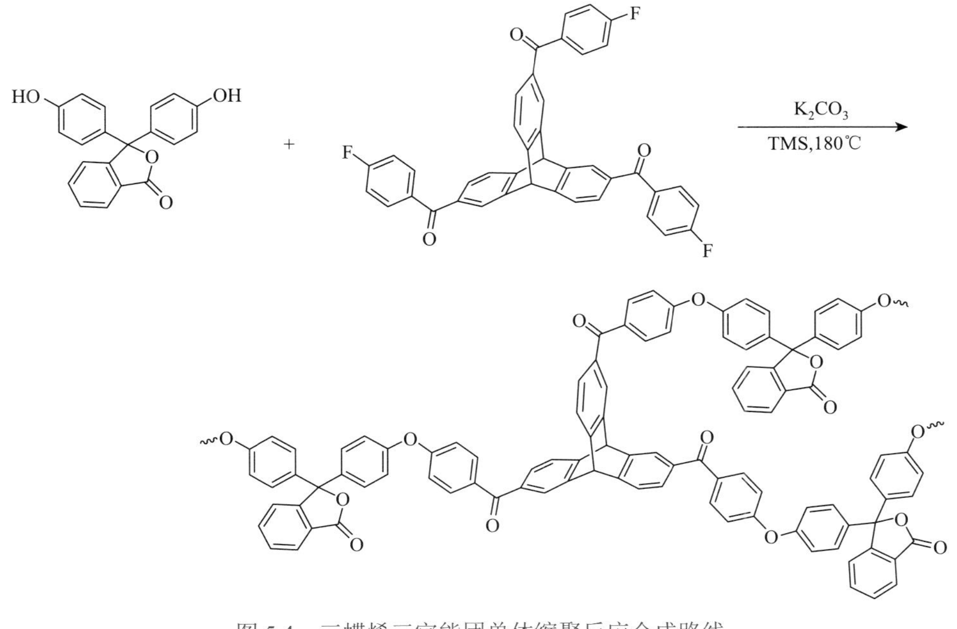

图 5.4　三蝶烯三官能团单体缩聚反应合成路线

1) B3 单体的合成

在装有搅拌磁子的三颈烧瓶中加入 TCM(20 mL)，4-氟苯甲酰氯(5.2325 g，

33 mmol)和无水氯化铝(4.4002 g，33 mmol)，冰水浴中搅拌 5 min，通过恒压滴液漏斗缓慢滴加三蝶烯的 TCM 溶液(2.5433 g，10 mmol)溶解于 20 mLTCM。滴加完毕后，反应物缓慢升至室温，继续反应 8 h，将反应物在盐酸冰水溶液(80 mL，$V_{37.5\%盐酸}$ ：$V_{去离子水}$ = 1 ：3)中猝灭。TCM 萃取，用水洗涤有机相至中性，用无水硫酸钠干燥。旋蒸，乙酸乙酯重结晶。称重计算产率。

2)超支化聚芳醚酮的制备

将 10 mmol 双酚单体、10 mmol 2, 9, 10-三三蝶烯、11.5 mmol 碳酸钾、40 mL 环丁砜加入 100 mL 三口瓶中，加热至 125℃回流 2 h 带水，除去带水剂，继续升温至 180℃，反应 4 h，降温，将反应液用 40 mL TCM 稀释后，在甲醇/水中沉淀。沉淀物机械粉碎后煮洗 6 次，得超支化聚芳醚酮。

该法制备的超支化聚芳醚酮具有低分子质量，数均分子量为 5.6 kDa，分子量分布为 2.37（图 5.5）。

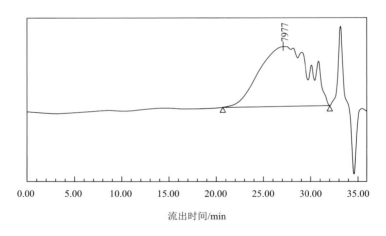

图 5.5　含三蝶烯结构超支化聚合物的 GPC 曲线

5.1.2　酚酞基聚芳醚酮(砜)高强度结构薄膜的制备工艺

无定形聚芳醚酮薄膜受益于聚合物分子结构特点，较高的刚性和高度稳定性使得其性能优势明显，下面主要围绕着分子结构设计和溶液法成型工艺进行总结。酚酞基聚芳醚酮具有无定形聚集态结构，酞侧基的存在阻碍了分子链的紧密堆砌，赋予了聚合物独特的溶解性，可溶于 TCM、THF、DMF、DMAc、NMP 等有机溶剂中，特别适合采用溶液法成膜工艺制备薄膜材料。

1. 基带的选择

聚合物薄膜的基带要求干净、平整，对铸膜液体系具有一定的耐受性和稳定性，需要承受热冲击带来的尺寸变化。目前主要采用玻璃板、PET 基膜和不锈钢带作为基材不同基板或基带在设计和维护上存在差异，如玻璃板适合间歇法制备聚合物薄膜较难实现连续化制备，尺寸也相对较小；PET 膜柔性较好，易于收卷，适合连续化制备，热变形温度一般不高于 90℃，干燥温度不能过高；不锈钢带适合连续化制备，牵引和热处理变形率低，但设备维护费用较高。

2. 聚合物溶液的配制

聚合物溶液一般配制成质量分数为 10%～30%的 DMAc 溶液，经过滤、脱气后即可用于薄膜制备。过滤可以采用滤袋在线过滤的方式，也可用 G2 或 G3 砂芯漏斗，分离出少量的凝胶物质和杂质。脱气则应采用无油泵，辅以 40～60℃加热，以便提高脱气效率，减少溶剂损失。

3. 溶液流延

1)溶液流延机

该设备将聚芳醚酮溶液流延干燥得到所需的膜坯。设备主要由供料罐、流延头、干燥炉、基膜分离、高温烘道、膜带分切和缠绕部分组成，并配备了溶剂回收处理系统。设备通过 PLC 系统有效控制膜坯的厚度、致密度、干燥度以及均匀性，具有较高的精度和效率，尤其适用于制造热塑性聚芳醚酮薄膜材料。挥发后的溶剂通过引风机进入喷淋塔和吸收塔，最后尾气达到排放标准。

2)溶液流延

在酚酞基聚芳醚酮的基础上，设计合成含有芴侧基和氰基结构的酚酞基聚芳醚酮共聚物，通过芴侧基和氰基等增加主链刚性,提高聚合物的 T_g 和抗拉伸性能。通过筛选单体、调整聚合条件、控制共聚物的分子量和分子量分布，得到适合溶液法成型的无定形聚芳醚酮树脂。

3)溶剂的去除

铸膜液中含有大量溶剂，制成膜坯后溶剂的质量分数为 10%～25%，溶剂的存在不仅降低了薄膜材料的强度和模量，同时，存放以及使用过程中存在迁移的可能，带来薄膜层间粘连、性能下降，尺寸变化等问题。为此，将溶液流延法分为两个工艺单元。首先在低温条件(60～120℃)下预烘干，此过程形成膜坯，定形后具有一定的拉伸强度，保证在薄膜离开基带后能够形成自支撑。用导向辊将基材与膜坯分离，膜坯进一步采用高温、鼓风、真空和红外灯等条件进行干燥。高温烘干温度在 150℃以上，由于薄膜在高温烘箱中停留时间与牵引速度有关，最终薄膜的溶剂含量受薄膜厚度、牵引速率、温度和风量影响。溶剂含量可降低至 1%以下，进一步处理可低至 0.5%。另外，溶剂的存在会导致聚芳醚酮薄膜塑化，降低溶剂含量可实现薄膜的高性能化。

5.1.3　酚酞基聚芳醚酮高强度结构薄膜的性能

调整热处理温度、透气量及透气时间，聚合物溶液在溶剂的挥发过程中逐渐被浓缩，由于该过程中没有小分子产物生成或释放（除溶剂外）出来，溶液法制备的酚酞基聚芳醚酮薄膜具有透明且均质的表面，不会出现针孔现象。在不同温度下处理，薄膜的透气系数可达 $5.8×10^{-11}$ cm^3·cm/cm^2·s·cmHg（表 5.2）。

表 5.2　酚酞基聚芳醚酮薄膜的透过性

热处理温度/℃	条件	溶剂含量/%	透气量 /(cm³/m²·24 h·0.1 MPa)	透气系数 /(cm³·cm/cm²·s·cmHg)	透气时间/min
180	—	5.18	—	—	—
250	真空 2 h	1.11	952	$5.8×10^{-11}$	26.5
260	真空 4 h	0.79	956	$5.8×10^{-11}$	26.5

本团队对酚酞基聚芳醚酮及其改性薄膜材料与威格斯公司两款薄膜材料的性能进行了对比分析（表 5.3），薄膜的拉伸强度与断裂伸长率略低于对比样品，模量经调节后可达 3.6 GPa，表现出良好的刚性。材料的 T_g 明显高于对比样品，同时线膨胀系数在高温段（150～210℃）也优于对比样品。酚酞基聚芳醚酮是一款综合性能优异的耐高温薄膜材料，出众的加工性和透光率给材料应用提供了选择性。

表 5.3　酚酞基聚芳醚酮薄膜性能

性能	T_g/℃	T_m/℃	透光率/%	拉伸强度/MPa	拉伸模量/GPa	断裂伸长率/%	薄膜密度/(g/cm³)	介电常数(10 MHz)	体积电阻/(Ω·cm)	吸水率/%	CTE(T_g以下)/(10⁻⁶℃⁻¹)	CTE(T_m以下)/(10⁻⁶℃⁻¹)
本团队	220～308	无	87.2	80-113	2.2～3.6	4.5-132	1.15～1.24	3.0～3.5	2.9×10¹⁶	0.40～0.63	52～62	ND
威格斯 APTIV E1000	143	343	—	130/120	2.5/2.5	>150	1.3	3.5	4×10¹⁶	0.04	47[a]	140[b]
威格斯 APTIV E2000	143	343	—	120/120	1.8/1.8	>200	1.26	3.3	2×10¹⁶	0.21	60[a]	140[b]

a. 熔融结晶 PEEK 薄膜的高温段 CTE 测试结果；b. Victrex 450 G 树脂的 CTE 测试结果。

5.1.4　酚酞基聚芳醚酮薄膜的应用

酚酞基聚芳醚酮薄膜依靠其良好的耐热性和高尺寸稳定性，应用于航天薄膜、电机垫圈、复合材料薄膜层、压敏标签、干式变压器绝缘、印刷电路基板、电磁导线绝缘、特殊层压制品、扬声器薄振膜和音圈、柔性薄膜加热器、高性能垫片、热成型制品、高温标签、电容器、工业绝缘衬垫、压力传感器等[4]。作为声学主要应用元件的振膜，一般要求聚合物具有较高的拉伸模量和较低的质量与密度，提高聚合物主链刚性有助于提高拉伸模量，而聚芳醚酮树脂的密度变化不明显，这有效提高了聚合物的模量/密度比，有助于振膜的轻薄化设计。随着材料结构开发深入，聚合物薄膜性能也会逐渐提高，应用前景也将越来越广。

5.2　酚酞基聚芳醚酮(砜)功能性薄膜　　◀◀◀

5.2.1　酚酞基聚芳醚酮(砜)分离膜

分离膜作为高效分离技术的核心材料，具有分离、浓缩、纯化和精制的功能，又有高效、节能、环保、过程简单，易于控制等优点，是实现节能减排和环境保护的重要基础材料，在石油化工、医药、食品、能源、电子、环保、水资源利用和空气净化等领域具有良好的应用前景[12-15]。分离膜通常按分离机理和适用范围可分为微滤膜、超滤膜、纳滤膜、反渗透膜、渗透蒸发膜、离子交换膜等。

酚酞基聚芳醚酮(砜)的综合性能优异，具有优良的溶液法加工性，可直接用于分离膜制备[16]。此外，其耐热性良好，能耐高温消毒处理，是一种较为理想的膜分离材料，可以用作制备气体分离膜、超/纳滤膜和燃料电池隔膜，因而近年来受到国内外学者的关注。

1. 超滤膜

超滤膜技术因具有简单、高效和能耗低等优点而广泛地应用于水处理、生物分离及其他领域。目前广泛用作超滤膜制备的聚合物材料有聚砜(PSF)、聚醚砜(PES)、聚偏氟乙烯(PVDF)、聚丙烯腈(PAN)等。酚酞基聚芳醚砜(PES-C)结构上与聚醚砜(PES)相比，增加了一个极性的酞侧基，使酚酞基聚芳醚砜具有较好的亲水性、热稳定性和力学性能，酚酞基聚芳醚砜超滤膜可以承受高温蒸汽加热灭菌处理或化学处理的酸碱环境，是一种较为理想的基材。

目前超滤膜大多采用浸没沉淀相转化法制备。在浸没沉淀相转化法制膜过程中，聚合物溶液先从喷口挤出，而后迅速浸入非溶剂中，溶剂扩散进入凝固浴，而非溶剂扩散至薄膜内，经过一段时间后，溶剂和非溶剂之间的交换达到一定程度，聚合物溶液变成热力学不稳定溶液，发生聚合物的液-液相分离和液-固相分离，成为两相，即聚合物富相和聚合物贫相，聚合物富相在分相后不久就固化构成膜的主体，贫相则形成薄膜的孔道。相转化法所制成的膜可以分为两种构型：

平板膜和管式膜。平板膜用于板框式和卷式膜器中,而管式膜主要用于中空纤维、毛细管和管状膜器件中。

其中,中空纤维膜是功能纤维材料与分离膜技术交叉形成的新型膜技术产品。因其具有单位体积装填密度高、过滤面积大、成本低等优势,已经发展成为分离膜领域中规模最大、产值最高的一类新型膜技术产品。

将含亲水基团羧基的酚酞啉引入聚芳醚酮结构中。选用酚酞、酚酞啉和4,4'-二氟二苯甲酮为原料,通过共聚反应制备了一系列不同羧基含量的聚芳醚酮树脂(图5.6)。采用同轴湿法纺丝制得含羧基聚芳醚酮中空纤维超滤膜,并对此系列的超滤膜进行结构表征和性能测试。结果表明,随着羧基含量的增加,亲水性增大,接触角从 82°降至 62°。膜的截面均呈现为指状孔支撑的非对称结构,膜的纯水通量降低(图5.7),但截留率提高(图5.8),其中 PEK-PPL 的截留率最大,对腐殖酸的截留率达到 100%,并且通量回收率最高,达到 98.5%,是一种很好的耐污染超滤膜。

中空纤维超滤膜的机械性能是膜使用寿命的保证。PPL-PHT 中空纤维膜拉伸强度从 PEK-C 的 10.3 MPa,随着羧基含量的提高,逐渐增大至 PEK-PPL 的 12.15 MPa(图5.9)。PPL-PHT 中空纤维拉伸强度上升可以解释为:首先,随着共聚物中羧基含量的增加,纤维在成型过程中,由于极性增大,相反转速率变慢,分散相的核克服位垒在主相的基体中形成,并逐渐扩大导致纤维中的大孔减小,柔性增大,纤维的拉伸强度升高,断裂伸长率增大;其次,共聚物中羧基含量的增加,提供了大量氢键,增加共聚物间的分子间作用力,导致纤维的强度增大,断裂伸长率增大。

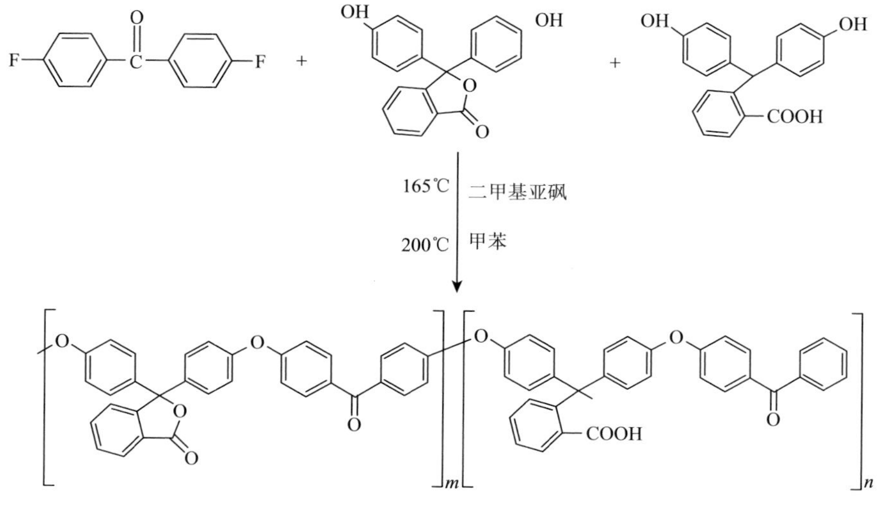

图 5.6　PPL-PHT 共聚物的合成示意图

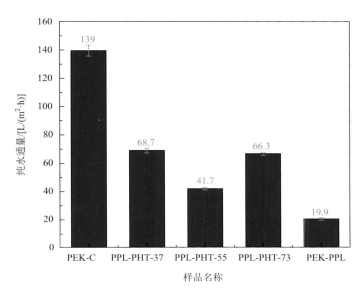

图 5.7　PPL-PHT 超滤膜的纯水通量

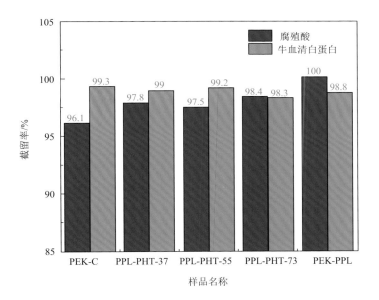

图 5.8　PPL-PHT 超滤膜的截留率

　　为了进一步验证超滤膜的超滤性能与分子结构的关系，以 3,3-双(4-羟基苯基)-2-苯基异吲哚啉-1-酮(PPPBP)、酚酞啉，4,4′-二氟二苯甲酮为原料，通过共聚反应制备了一系列含有不同羧基含量的聚芳醚酮树脂（图 5.10）。采用同轴湿法纺丝，制备含羧基的聚芳醚酮中空纤维超滤膜。研究发现，随着羧基含量的增加，亲水性增大，接触角从 79°降至 62°（图 5.11），提高了中空纤维超滤膜的抗污性能。膜的截面均呈现为指状孔支撑的非对称结构，超滤性能与 PPL-PHT 相似（图 5.12）。

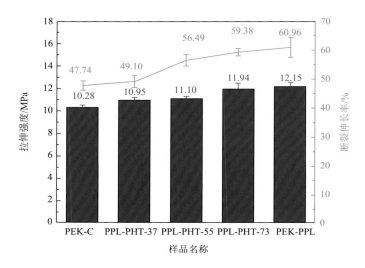

图 5.9　PPL-PHT 共聚物的机械性能

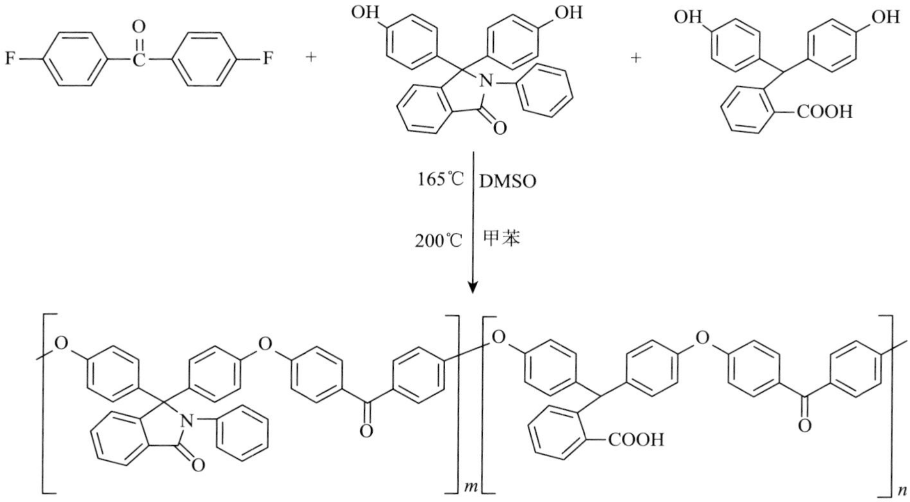

图 5.10　PPL-In 共聚物的合成示意图

随着共聚物中羧基含量的增加，纤维中的大孔减小，柔性增大，纤维的拉伸强度升高，拉伸强度从 PEK-In 的 7.39 MPa，逐渐增大至 PEK-PPL 的 12.1 MPa，提高了 63.5%（图 5.13）。并且，共聚物中羧基含量增大，提供了大量氢键，增加

了共聚物间的分子间作用力，导致纤维的强度增大，断裂伸长率增大，从 31.6%
增大至 61.0%，提高了 93.0%。

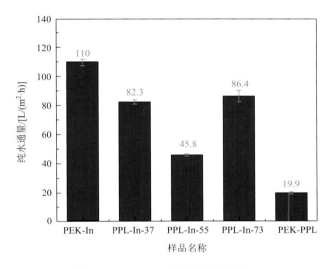

图 5.11　PPL-In 超滤膜的纯水通量

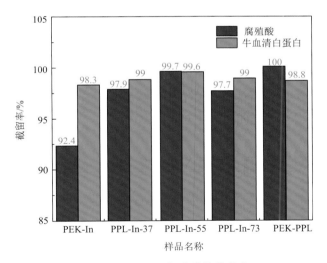

图 5.12　PPL-In 超滤膜的截留率

　　浸没沉淀相转化法至少涉及聚合物、溶剂、非溶剂三个组分，为适应不同要求，
又常常需要添加非溶剂、添加剂来调整铸膜液的配方以及改变制膜的其他工艺条
件，尤其是铸膜液中的添加剂可以改变各组分的相互作用，改变聚合物在溶液中的
聚集态、溶液热力学行为和凝胶动力学行为。酚酞基聚芳醚砜材料具有良好的溶解
性和相容性，容易与添加剂进行复配，有利于浸没沉淀相转化法工艺实施。

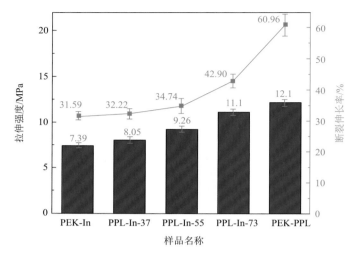

图 5.13   PPL-In 共聚物的机械性能

Lang 等[17]以不同分子量的聚乙烯吡咯烷酮(PVP)为添加剂,制备了一系列的 PES-C 中空纤维膜,结果表明随着 PVP 分子量增加,PES-C 中空纤维膜通量降低,对蛋白质的截留率升高。汪锰等[18]利用合成的丙烯腈-二丙酸酰胺基-二甲基丙烷磺酸(PAN-*co*-AMPS)共聚物为添加剂,制备了 PES-C 平板超滤膜,结果显示随着共聚物含量的增加,膜表层变厚而指状孔明显减少,膜的水通量大幅度降低而截留能力显著提高。李磊等[19]以 PVP K30 为添加剂,制备了 PES-C 平板膜,研究结果表明,在 PES-C/DMAc 铸膜液中,随着添加剂 PVP K30 质量分数的增加,铸膜液黏度增大,体系的凝胶速率下降,膜表面孔隙率降低。除采用可溶于水的亲水性聚合物(如 PVP,PEG 等)作为添加剂外,还可以利用小分子醇类、表面活性剂等作为添加剂。Ji 等[20]以乙醇为添加剂,采用相转化法制备了酚酞基聚醚砜(PES-C)平板超滤膜。结果表明:当以乙醇为添加剂时,随着乙醇含量的增加,膜上表面变为致密结构,下表面呈多孔结构,水通量先上升后减小;当乙醇的加入量为 10%时,PES-C 超滤膜的纯水通量最高为 91.3 L/(m^2·h);并随着乙醇加入,超滤膜对纯牛血清蛋白的截留率逐渐上升,最高为 88.6%。

酚酞基聚醚砜不仅可以单独作为超滤膜基材,由于其良好的相容性,还可以与其他聚合物(如 PSF、PES、PVDF)共混使用,起到提高亲水性能、抗污染能力的作用。Wu 等[21]将 PES-C 与 PVDF 共混,制备了中空纤维膜,共混质量分数为 2%的 PES-C 制备的膜纯水通量相比于纯 PVDF 膜提高了 60%,MBR 测试结果表明,共混膜具有更高的污水通量,可以延长膜的清洗周期,提高运行效率。

为进一步提高超滤膜的亲水性和抗污染能力,研究人员以 PES-C 为主体进行了改性研究。Liu 等[22]在双酚 A 型聚醚砜的分子骨架上引入酚酞啉，用相转化法制备不同羧基含量的 PSF-COOH 超滤膜。结果表明，随着膜中羧基含量的增加，膜的亲水性、渗透通量和抗污染性能逐渐提高。并且可以在不牺牲通量的前提下，达到长期使用的目的。

乔伟[23]通过紫外光接枝技术和原子转移自由基聚合技术在 PEK-C 膜表面接枝抗污染性单体 SBMA(含磺铵基团的甜菜碱)，超滤实验结果表明，通过接枝 SBMA 可以提高膜的水通量和抗污染能力，随着 SBMA 接枝量的增加，水通量先上升后下降；改性后的 PEK-C 膜通量恢复率均达到 90%以上，且对 BSA 的吸附量降至 60 μg/cm^2 以下，抗污染能力显著提升。提高膜材料的亲水性还可以通过引入亲水纳米粒子来实现，Gao 等[24]选用聚醚酮(PEK)、聚醚砜(PES)、酚酞基聚芳醚砜(PES-C)三种不同的高分子材料，用浸没沉淀相转化法制备了一系列不同纳米 TiO$_2$ 含量的纳米 TiO$_2$ 复合膜，结果表明纳米 TiO$_2$ 与高分子超滤膜的复合显著改善了膜的亲水性。在截留率较高且基本保持不变的情况下，3 种超滤膜的纯水通量和 BSA 溶液通量都得到了不同程度的提高。在选用的 3 种材料中，TiO$_2$ 粒子与 PES-C 膜表面结合较为牢固，且复合后 BSA 溶液通量的增幅最大，通量衰减较小，具有更好的膜结构和性能。

文献表明，酚酞基聚芳醚酮(砜)材料具有良好的稳定性和力学性能，不仅可以单独作为超滤膜的基材，其良好的相容性和亲水性使其可以与疏水性较强的材料共混成膜，提高膜材料的亲水性和抗污染能力，还可以与无机纳米粒子复合并形成较强的结合，提高超滤膜的水通量和恢复能力，是一种非常理想的超滤膜材料。

2. 纳滤膜

纳滤膜是 20 世纪 80 年代问世的膜技术，它的截留分子量介于反渗透膜和超滤膜之间，为 200～1000 Da，由此推测，纳滤膜的孔径在 1 nm 左右，因此称为"纳滤"。纳滤膜的重要特征还包括膜上或膜中含有大量的带电基团，因此纳滤膜在分离时，同时有两种特性：筛分效应和电荷效应。分子直径超过纳滤膜孔直径的物质，被膜所截留，称为筛分效应；溶液中含有的高价离子，与纳滤膜上所载有的电荷相互静电作用，被膜所截留，称为电荷效应，又称为 Donnan 效应，这是纳滤膜在比较低的压力下，仍然具有较高的脱盐性能的原因。

纳滤膜的常用制备方法主要分为相转化法和复合法。相转化法是将液相铸膜液在特定条件引导下转变成多孔的固相膜材料，其中最常见的引导方法就是浸入析出法，这种方法与制备超滤膜的浸没沉淀相转化法非常类似。近年来的一些研究主要是将传统的微滤、超滤、反渗透膜材料进行改性或加入添加剂来制备高性能纳滤膜。相转化法是制备纳滤膜较为简单的方法，但是选取合适的膜材料至关重要，传统的高分子膜材料较难直接制得小孔径的膜，同时相转化法制备的膜渗透性能较差，因此相转化法常用来制备纳滤膜的基膜。复合法是目前工业化程度最高、产量最大的方法。该方法就是以微孔级基膜为基础，在其上面复合一层具有纳米级孔径的超薄表层，基膜和超薄表层往往采用不同的材质，因此称为复合膜。酚酞基聚芳醚酮(砜)常常作为基膜使用，而制备超薄表层可以采用界面聚合法、层层组装法、化学交联法和膜表面接枝法。

袁宏等[25]采用羟基化改性的新型酚酞基聚芳醚酮和氯甲基化改性的新型酚酞基聚芳醚酮所制得的纳滤膜(图 5.14)，利用紫外光辐照法表面接枝上丙烯酸，研究表明，随着照射时间的延长，丙烯酸的接枝率提高。

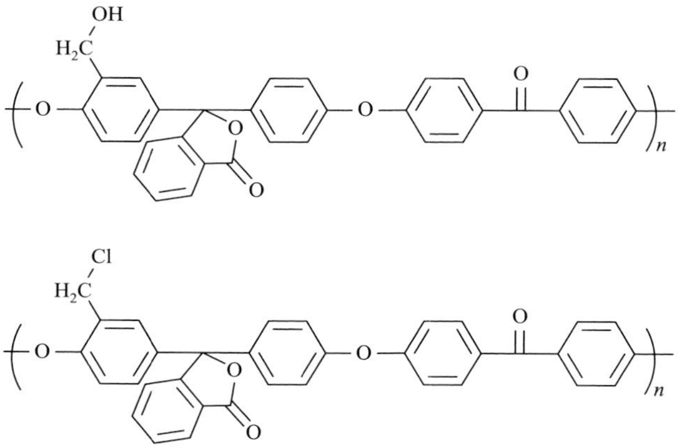

图 5.14　羟基化聚芳醚酮和氯甲基化聚芳醚酮

邱长泉等[26]在酚酞基聚芳醚酮(PEK-C)超滤膜表面通过紫外辐照接枝丙烯酸，同样发现随着接枝时间延长，丙烯酸在 PEK-C 膜上的接枝量增加，膜表面的水接触角下降，膜的亲水性增加，而且，在介质溶液中加入异丙醇作为链转移剂可以显著提高膜的滤出液通量。

曹绪芝等[27]通过在酚酞基聚芳醚酮(PEK-C)微孔膜表面紫外辐照分布接枝对苯乙烯磺酸钠(SSS)和二甲基二烯丙基氯化铵(DADMAC)，制备了一种新型的含有氨基的高水通量亲水性复合纳滤膜，研究结果表明，该复合纳滤膜不仅对高价阴离子盐溶液中的 Na_2SO_4 具有较高的表观截留率和渗透通量，如膜对浓度为 1000 mg/L 的 Na_2SO_4 溶液的截留率大于 91%，渗透通量则高达 26.69 L/(m²·h)，对由高价正离子和高价负离子组成的盐溶液($MgSO_4$)同样具有较好的截留率(图 5.15)。

3. 离子交换膜

离子交换膜是一种含离子基团的、对溶液中的离子具有选择透过能力的高分

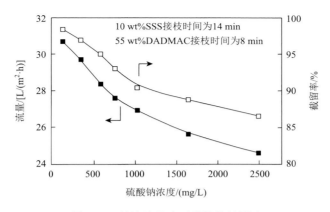

图 5.15　盐溶液浓度对膜性能的影响

子膜。因为一般在应用时主要是利用它的离子选择透过性，所以也称其为离子选择透过性膜。1950 年 W.Juda 首先合成了离子交换膜，1956 年首次成功地用于电渗析脱盐工艺上。离子交换膜可装配成电渗析器而用于苦咸水的淡化和盐溶液的浓缩，咸水淡化程度可达一次蒸馏水纯度，也可应用于甘油、聚乙二醇的除盐，分离各种离子与放射性元素、同位素，分级分离氨基酸等。此外，在有机和无机化合物的纯化、原子能工业中放射性废液的处理与核燃料的制备，以及燃料电池隔膜与离子选择性电极中，也都采用离子交换膜。离子交换膜在膜技术领域中占有重要的地位。

兰可等[28]利用浓硫酸对 PES-C 进行了磺化处理，将 PES-C 加入三颈烧瓶中，加入硫酸，在 50℃下持续搅拌一段时间。将反应溶液倒入大量冰水混合物中，搅拌 1 h 后静置过夜，再用去离子水洗涤至中性，过滤出沉淀的聚合物。将聚合物在 90℃下干燥 12 h，所得产品即为磺化酚酞基聚醚砜(SPES-C)，通过酸碱滴定法确定了 SPE-C 的磺化度为 70.26%。目前，酚酞基聚芳醚酮(砜)在离子交换膜领域最广泛的应用为燃料电池隔膜，相关研究在 5.2.2 小节中详细阐述。

4. 气体分离膜

气体膜分离是指在压力差为推动力的作用下，利用气体混合物中各组分在气体分离膜中渗透系数的不同而使各组分气体分离的过程，其技术特点是：分离操作无相变化，不用加入分离剂，是一种节能的气体分离方法。它广泛应用于提取或浓缩各种混合气体中的有用成分，具有广阔的应用前景。1979 年，美国 Monsanto(孟山都公司)研制出"Prism"气体分离膜装置，通过在聚砜中空纤维膜外表面上涂覆致密的硅橡胶表层，从而得到高渗透率、高选择性的复合膜，成功地将其应用在合成氨弛放气中回收氢气，成为气体分离膜发展中的里程碑，至今已有百多套设备在运行，Monsanto 公司也因此成为世界上第一个大规模的气体分离膜专业公司。

　　从 20 世纪 80 年代开始，长春应化所在研究气体分离膜及其应用方面进行了积极有益的探索，并取得了长足进展。陈天禄所在研究组最早开始了对 PES-C 及 PEK-C 材料在气体扩散和气体分离性能方面的研究（图 5.16）。采用 PES-C 与 PEK-C 经溶液流延法制膜，通过自制低真空压力法气体透过测试仪对两种气体分离膜在不同温度下的气体透过性和选择透过性、温度对气体透过的影响以及表观活化能都进行了系统研究。研究发现，两种聚合物在 H_2/CO 和弛放气中回收 H_2 过程中均表现优异，且在高温下（160℃）表现出良好的热稳定性和机械性能，是非常有应用前景的气体分离膜材料。王忠刚等[29,30]在此基础上，系统研究了含有不同取代基的酚酞基聚芳醚酮（PEK-C、DMPEK-C、TMPEK-C、IMPEK-C）的气体透过性能，其结构如图 5.17 所示。在聚合物主链苯环上引入烷基取代基可以大幅度改变气体透过行为，当每个重复单元引入两个甲基时，气体透过系数反而下降，而选择系数有所上升；若每个重复单元引入两个甲基和两个异丙基，气体透过系数则大大提高，渗透系数提高了 3～6 倍，但选择系数下降；当每个重复单元苯环上四个氢原子被甲基取代时，则气体透过系数和气体选择系数同时上升。造成这一变化的原因主要是主链苯环上的取代基有两种截然相反的作用，一种是有利于撑开聚合物分子链，增大自由体积，增加气体的透过作用；另一种是如果取代基数目少，体积也较小，则取代基填塞在分子链之间，减少聚合物自由体积，不利于气体透过的作用，但有利于提高气体的选择性。

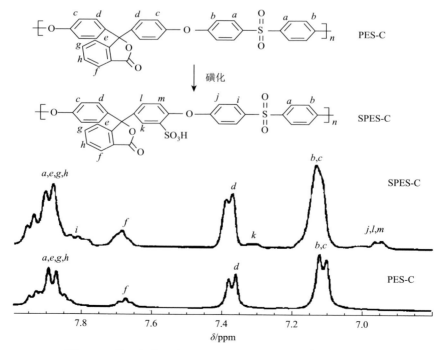

图 5.16　基于气体分离膜用的 PES-C 的合成与 ^{1}H NMR 图谱

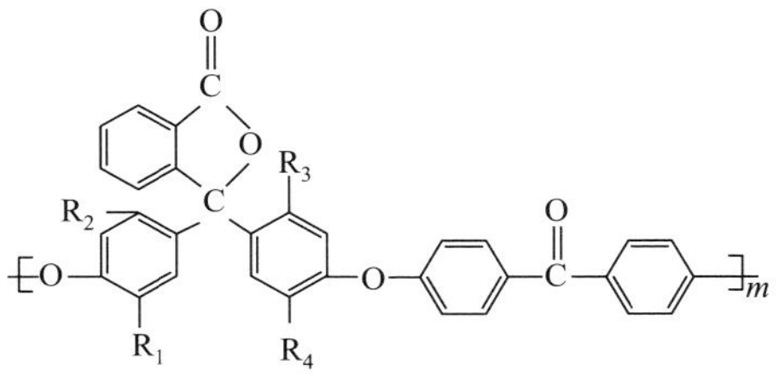

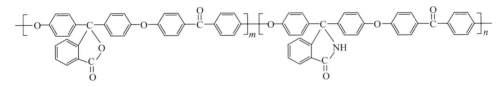

图 5.17　酚酞基聚芳醚酮结构

高聚物	R_1	R_2	R_3	R_4
PEK-C	H	H	H	H
DMPEK-C	CH_3	H	H	CH_3
TMPEK-C	CH_3	CH_3	CH_3	CH_3
IMPEK-C	$CH(CH_3)_2$	CH_3	CH_3	$CH(CH_3)_2$

王忠刚等[33]在接下来的研究中，通过共聚反应，在 PEK-C 分子链侧基上引入不同含量的环内酰胺基团 HPP(结构如图 5.18 所示)，考察了这种带有强烈分子间氢键的无规共聚物的氢气、氧气和氮气透过速率随共聚组成的变化规律。研究发现，此聚合物的气体透过率和选择系数随 HPP 单体的含量增加呈 S 形关系变化(图 5.19)，同时出现波峰和波谷，与 HPP 含量较低的共聚物 PEK-2080 和 PEK-3070 相比，HPP 含量较高的 PEK-8020 和 PEK-7030 的气体透过性和选择性都有所提高，这是因为对玻璃态聚合物而言，气体的透过系数主要受自由体积的大小所控制，而透气选择性受聚合物分子的链段活动性调节到一定程度时，可以同时改善气体的透过系数和选择系数。

图 5.18　Cardo 共聚物的分子结构

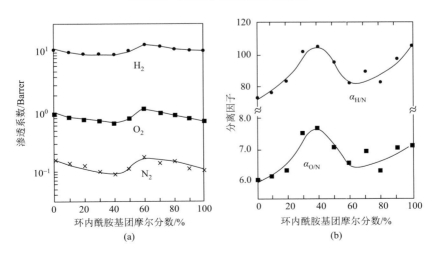

图 5.19　气体透过率(a)和气体选择系数(b)与 HPP 单体含量关系

5.2.2　酚酞基聚芳醚酮(砜)电池隔膜

燃料电池不是传统意义上的储存能量的电池，而是一种能量转化装置，只要不间断地提供燃料和氧气，就可以连续地将燃料的化学能转化为电能输出。结构最简单的单电池由中间的电解质和两侧的电极(阳极和阴极)构成。在阳极发生燃料的氧化反应，而在阴极发生氧气的还原反应。在电极反应发生的同时，电子通过外电路由阳极运动到阴极，完成电能的输出。

燃料电池按照电池中的电解质种类进行分类，可以分为五大类，分别是碱性燃料电池(AFC)、聚合物电解质膜燃料电池(PEMFC)、磷酸型燃料电池(PAFC)、固体氧化物燃料电池(SOFC)和熔融碳酸盐型燃料电池(MCFC)，见表5.4。其中，聚合物电解质膜燃料电池采用高分子聚合物膜材料作为电池的固态电解质，是近年来发展最快、研究最多的一类燃料电池[32]。燃料电池隔膜同时起到传递离子、隔离电子、隔离燃料和氧化剂的作用，它的性能优劣直接影响燃料电池的性能与寿命。根据聚合物电解质膜传导离子的种类不同，可以分为质子交换膜燃料电池和阴离子交换膜燃料电池。

表 5.4　燃料电池分类

类型	简称	电解质	工作温度/℃	电化学效率/%	燃料	输出功率
碱性燃料电池	AFC	氢氧化钾溶液	25～90	60～70	氢气	300～5 kW
聚合物电解质膜燃料电池	PEMFC	离子交换膜	70～80	40～60	氢气、甲醇	1 kW
磷酸型燃料电池	PAFC	磷酸	160～200	55	沼气、天然气	200 kW
固体氧化物燃料电池	SOFC	氧离子导电陶瓷	800～1000	60～65	沼气、煤气、天然气	100 kW
熔融碳酸盐型燃料电池	MCFC	碱金属碳酸盐熔融混合物	620～660	65	天然气、煤气、沼气	2～10 MW

目前，广泛应用于氢氧燃料电池中的 Nafion 膜是由美国 Dupont 公司生产的一种全氟磺酸膜，作为一种质子交换膜，它具有较高的电导率、化学稳定性、热稳定性和机械稳定性，但其阻醇性能较差，价格昂贵，不适合应用在甲醇燃料电池中。因此，开发新型阻醇质子交换膜成为研究热点之一[33]。PES-C 具有优良的机械性能和化学稳定性，当将其磺化后，可使 SPES-C 成为离子聚合物。李磊等[34]将磺化后的 SPES-C 溶解、流延成膜并测试了其质子传导率和阻醇性能，实验结果表明，在室温下两种不同磺化度的 SPES-C 膜的电导率均较低，但随着温度的升高，电导率变大，其中磺化度为 70.21% 的 SPES-C 膜在温度高于

90℃后电导率与 Nafion115 膜相近(图 5.20)，阻醇性能测试结果表明，SPES-C 膜的甲醇透过系数比 Nafion115 膜低一个数量级，如在 80℃下两种 SPES-C 膜的甲醇透过系数分别为 $1.67 \times 10^{-7} \, cm^2/s$ 和 $2.47 \times 10^{-7} \, cm^2/s$，均比 Nafion115 膜($4.94 \times 10^{-6} \, cm^2/s$)小十几倍，具有更好的阻醇性能。李磊[35]在接下来的研究工作中，将杂多酸 PWA 按比例与 SPES-C 共混，FT IR 结果表明 PWA 通过其端氧和桥氧与 SPES-C 相互作用，使其可稳定存于 PWA/SPES-C 复合膜内，PWA 的掺入可以提高复合膜的刚性和耐热性，随着 PWA 的掺杂量的增大，复合膜的电导率也增加，在高温条件下优于 Nafion115 膜。此外，PWA/SPES-C 复合膜的甲醇透过系数在 $10^{-7} \, cm^2/s$ 数量级，具有良好的阻醇性能，在 80℃下，以掺杂量为 60 wt% 的 PWA/SPES-C 复合膜为电解质组装的 DMFC 的最大功率密度为 $20.02 \, mW/cm^2$。Basile 等[36]以浓硫酸为磺化试剂制备了磺化度为 15%～40%的磺化酚酞基聚芳醚酮，并利用溶液流延法制备质子交换膜 S-PEEK-WC。其中磺化度 40%的 S-PEEK-WC 的 IEC 值为 76 meq/g，质子传导率为 0.017 S/cm，将其组装成燃料电池，在 120℃时，电池功率密度达到最大值，为 284 mW/cm²，高于商业化的质子交换膜 Nafion117。

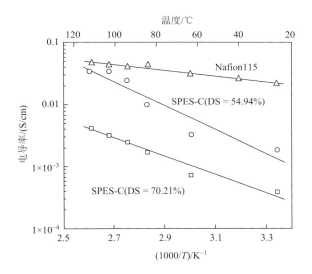

图 5.20　SPES-C、Nafion115 膜电导率随温度变化规律

韩光鲁等[37]采用后磺化法制备了磺化来瓦希尔骨架材料［MIL-101(Cr)-SO$_3$H］，并将其引入到 SPES-C 中。复合膜热稳定性好且无缺陷，MIL-101(Cr)-SO$_3$H 具有孔道结构和磺酸基团，提高了复合膜的吸水率，同时也降低了甲醇渗透率，填充量为 5 wt%的 MIL-101(Cr)-SO$_3$H/SPES-C 复合膜在 80℃时质子传导率达到 0.162 S/cm，优于商用 Nafion 膜(图 5.21)。

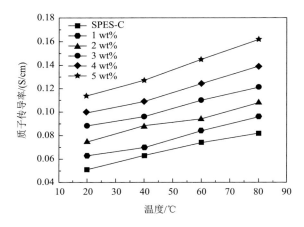

图 5.21　不同温度下 SPES-C 和 MIL-101(Cr)-SO₃H/SPES-C 复合膜的质子传导率

高启君[38]采用 PES-C 对磺化度分别为 61.68%、67.73%的两种 SPEEK 进行共混改性，高磺化度的 SPEEK 膜具有高的电导率，但其尺寸稳定性和阻醇性能较差，不能满足 DMFC 使用要求，而 PES-C 刚性强，尺寸稳定性好，将两者共混，可以发挥两者的优势。实验结果表明，磺化度为 61.68%的 SPEEK 与 PES-C 之间具有较好的相容性，而磺化度为 67.73%的 SPEEK 与 PES-C 之间相容性略差。PES-C 的混入能有效降低膜的溶胀，增强膜的阻醇能力，提高膜的使用温度。而使用温度的提高可使 SPEEK 高电导率的特点得以体现，SPEEK(DS = 67.73%)/PES-C(30%)共混膜在 140℃下的电导率达到 0.155 S/cm。与相同 IEC 值的纯 SPEEK 膜相比，共混膜的甲醇透过系数更小，尺寸稳定性高，可使用温度也更高。

相对于质子交换膜，阴离子交换膜在燃料电池中的应用研究起步较晚，阴离子交换膜与质子交换膜最大的不同在于：阴离子交换膜以季铵盐等阳离子为活性交换基团，以 OH⁻代替了 H⁺的传导。Li 等[33]以酚酞基聚芳醚砜(PES-C)为基体聚合物，通过氯甲基化、胺化、水解等反应制备阴离子交换膜(图 5.22)。由于酞侧基

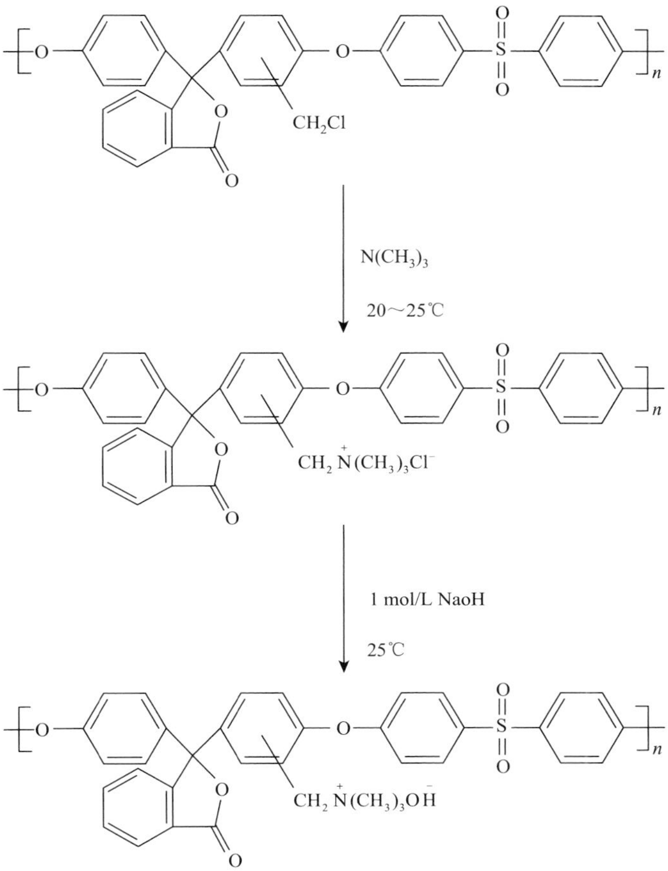

图 5.22　季铵型聚芳醚砜的合成

的引入增加了聚合物分子的空间位阻，在一定程度上可提高膜的热稳定性和耐碱稳定性。实验发现，这类阴离子交换膜可在 2 mol/L 浓度以下的 NaOH 水溶液、110℃的高温下稳定存在，具有较好的热稳定性和耐碱稳定性，且甲醇透过系数在 10^{-8} cm^2/s 数量级上，具有良好的阻醇性能。

熊鹰[39]采用多聚甲醛和干燥的氯化氢气体作为氯甲基化试剂对酚酞基聚芳醚酮(PEK-C)进行了氯甲基化反应，然后进行季铵化、碱化等反应，将季铵基团成功引入 PEK-C 结构中，制备了带有荷正电季铵基团的季铵化阴离子交换 QPEK-C 膜，核磁氢谱结果表明氯甲基取代度为 4.1%。QPEK-C 膜热稳定性良好，且抗氧化能力强，在 3%双氧水溶液中浸泡一周，膜质量和电导率变化较小，膜的电导率在 $1.6 \times 10^{-3} \sim 5.06 \times 10^{-3}$ S/cm 之间。而且膜阻醇性能良好，在甲醇浓度分别为 0.5 mol/L、1 mol/L、2 mol/L 和 4 mol/L 时，实验 4 h 均未检测出渗透的甲醇。

5.2.3　酚酞基聚芳醚酮(砜)血液透析膜

　　血液透析是治疗急/慢性肾功能衰竭患者的有效手段,透析膜的性能是影响血液透析治疗效果的关键因素。血液透析膜是一种半透膜,血液透析过程是一种溶液(血液)通过半透膜与另一种溶液(透析液)进行溶质交换的过程,使得膜两侧溶液中的水分和小分子的溶质可通过膜孔进行交换,但大分子溶质(如蛋白质)则不能通过。理想的血液透析膜除要具有良好的分离性能外,还要具有良好的生物相容性。透析膜根据材质不同,主要分为两类:一类是纤维素膜,以再生纤维素和改性纤维素为主;另一类是合成高分子膜,包括双酚 A 型聚砜(PSF)、聚醚砜(PES)、聚丙烯腈(PAN)、聚甲基丙烯酸甲酯(PMMA)、聚酰胺(PA)等。从膜性能来看,聚砜/聚醚砜类材料制备的血液透析膜机械性能优良,能满足各种透析模式(低通量透析、高通量透析、在线透析滤过等)下对毒素和水的清除需求,且血液相容性好于纤维素膜,化学性质稳定,是目前合成高分子材料制成的透析膜中销量最大的品种。

　　聚砜/聚醚砜分离膜在单独制备透析膜时,由于分子结构普遍具有疏水性,蛋白质易在膜表面发生吸附和变性,这导致患者在治疗时发生凝血,且大量蛋白吸附显著降低膜的通量,难以清洗复用。这些缺点导致聚砜/聚醚砜血液透析膜难以满足血液透析膜对通量、生物相容性不断提高的要求。笔者所在研究组为解决上述问题,提高聚砜类血液透析膜的通量和生物相容性,通过设计与合成新型聚芳醚砜来改善其亲水性。利用极性基团羧基,从其引入后会提高其亲水性、减少蛋白质的吸附、保证分离膜的通量、提高耐用性等原理出发,以含有侧羧基的酚酞啉单体、含大侧基的酚酞单体与二氟二苯砜通过缩聚反应合成了酚酞基聚芳醚砜共聚物(图 5.23)。通过增加酚酞啉在双酚单体中的含量,合成了酚酞啉聚醚砜均聚物,并考察了聚合物中羧基含量对聚合物膜亲水性的影响。

　　如图 5.23 所示,由于酚酞的 Cardo 环具有独特的自催化作用,该聚合反应可以在较低的聚合温度下完成。当双酚全部使用酚酞啉时,活性降低,聚合进行相对缓慢,要达到相应特性黏度需要延长反应时间。以酚酞啉含量分别为 50%(PES-L50)

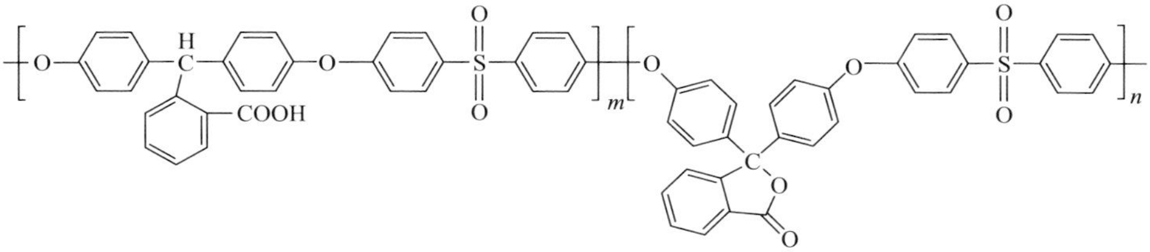

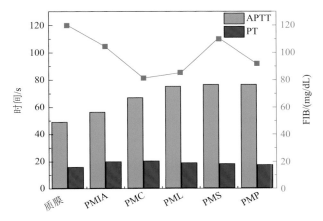

图 5.23　含侧羧基酚酞基聚芳醚砜共/均聚物的合成

和 100%(PES-L100)的两种聚合物为例,两种聚合物均具有较高的分子量(表 5.5),能够保证其良好的成膜性与力学性能。

表 5.5　PES-L50 与 PES-L100 的 GPC 数据与水接触角

试样	$M_n/(\times 10^4 g/mol)$	$M_w/(\times 10^4 g/mol)$	PDI	接触角/(°)
PES-L50	9.6	38.3	3.9	79.96
PES-L100	8.7	29.8	3.6	78.00

　　随着聚合物膜中羧基含量的增加,水接触角下降(表 5.5)。膜亲水性的提高可以减少其对蛋白质分子的吸附能力,减少膜通量的损失。且有研究表明,羧基在人体 pH 下呈电负性,不易与同样带有电负性的细胞和蛋白质发生作用,避免了因此而带来的免疫系统激活、凝血系统激活以及补体系统激活等不利影响,从而提高膜的血液相容性。将 PES-L100、磺酸型聚醚砜(PES-S)与芳纶按质量 1∶3 配比,分别制备了多孔共混膜 PML 和 PMS,PES-L100 与新型制膜原料芳纶和常用制膜原料聚砜/聚醚砜均有良好的相容性。对两种膜的血液相容性进行了测试(图 5.24),侧羧基型共混膜的抗凝血时间与磺酸型的抗凝血时间相当,而侧羧基型共混膜的纤维蛋白原含量较低,表明侧羧基型共混膜的血液相容性较好。

图 5.24　PML、PMS 共混膜的活化部分凝血酶时间(APTT)、凝血酶原时间(PT)与纤维蛋白原含量(FIB)

5.3   酚酞基聚芳醚酮(砜)薄膜材料展望   ◀◀◀

分离膜的展望：在分离技术领域中，膜分离技术被认为是 21 世纪高精分离技术之一，它不仅在油气化工、机械电子、食品医药等领域得到广泛应用，而且在废水处理、海水淡化等领域也得到深入研究和应用。膜分离技术的研究，目前主要集中在三大领域，一是分离膜材料的研究；二是分离膜制备技术的研究；三是膜分离过程的应用研究。其中集中度最高、最关键的是分离膜材料的研究。

酚酞基聚芳醚砜材料不仅具有聚砜类分离膜良好的热稳定性、化学稳定性及机械强度高、耐酸碱腐蚀等特点，还具有分子刚性强、溶解性好、亲水性良好等优点。酚酞基聚芳醚砜不仅可以单独制备成分离膜，还可以作为改性的基材和组分使用。酚酞基聚芳醚砜由于刚性非共平面的酚酞的存在，膜材料的机械性能、热稳定、溶解性较好，具有良好的成膜性，可单独成膜使用。而且酚酞基聚芳醚砜具有良好的溶解性与相容性，可以作为物理共混改性的基材或共混组分，提高材料的强度和亲水性。不仅如此，酚酞分子有较高的化学活性，可以接枝其他功能基团，或在酚酞基聚芳醚酮(砜)表面进行化学改性，包括接枝、共聚、表面涂覆等，进而实现功能化。未来通过改性的方法制备有特殊分离要求的膜材料将是重要的发展方向，酚酞基聚芳醚砜在分离膜领域是一种非常具有应用潜力的材料，可以进一步开发利用。

燃料电池隔膜的展望：化石燃料在使用过程中所造成的环境污染问题及不断增长的成本促使人们开发更加高效且可持续的能源系统。其中，燃料电池以其能量密度高、结构紧凑、转化效率高、启动快、间歇工作适应性强和环境友好等优点得到人们的广泛关注。燃料电池隔膜是燃料电池的核心部件之一，需要具有良好的化学和热稳定性、良好的机械性能、较高的离子传导率和较低的燃料渗透率。商用化的 Nafion 膜价格昂贵，燃料渗透率高，难以普及使用。所以研究人员致力于开发新型燃料电池隔膜，其中酚酞基聚芳醚酮(砜)受到广泛关注，其中重要的原因在于酚酞基聚芳醚酮(砜)分子链刚性较强，具有良好的热稳定性、尺寸稳定性及阻醇性能。而随着对燃料电池隔膜的研究的深入，通过在磺化聚合物中掺杂无机纳米粒子来解决隔膜材料离子传导率与机械性能之间的矛盾越来越被重视，酚酞基聚芳醚酮(砜)溶解性好、分子间自由体积大的特点均有利于纳米粒子的复合，未来有望在燃料电池中得到应用。

血液透析膜的展望：血液透析膜可以认为是一种特殊的分离膜，除具备分离性能外，还需要具有良好的生物相容性与安全性。血液透析膜可以分为纤维素膜和合成高分子膜，而聚砜/聚醚砜类中空纤维膜是合成高分子膜中的代表，具有良好的化学稳定性和生物相容性，对中、小分子清除率高，是应用最为广泛的血液透析膜。但是聚砜/聚醚砜类血液透析膜仍存在一些问题，如易凝血、不良反应等。针对这些问题，笔者所在的研究组将羧基官能团引入酚酞基聚芳醚砜，使材料在抗凝血方面取得了明显的提升。血液透析膜未来的发展方向在于高通量、高生物相容性、低凝血等，解决这些问题需要从血液透析膜材料研究中有所突破，酚酞基聚芳醚砜和含羧基酚酞基聚芳醚砜材料具有良好的溶解性、亲水性和抗凝血特性，已经展现出在血液透析膜领域应用的潜力，笔者所在研究组将会对其继续深入研究，相信不久的将来，酚酞型聚芳醚砜血液透析膜将在血液透析膜领域占有一席之地。

参 考 文 献

[1]　KVITEK O, FAJSTAVR D, REZNICKOVA A, et al. Annealing of gold nanolayers sputtered on polyimide and polyetheretherketone[J], Thin Solid Films, 2016, 616: 188-196.

[2]　Victrex plc. APTIV™ film[DB/OL]. https://www.victrex.com/zh-hans/products/peek-forms/films.

[3]　ZHU S J, BRANFORD-WHITE C, ZHU L, et al. Preparation, characterization and performance of phenolphthalein polyethersulfone ultrafiltration hollow fiber membranes [J]. Desalination and Water Treatment, 2009, 1(1-3): 201-207.

[4]　WU J J, TANG J X, CAO X Z, et al. Preparation of Hydrophilic Amphoteric Nanofiltration Membrane by UV Irradiation Graft Polymerization [J]. Acta Chimica Sinica, 2009, 67(15): 1791-1796.

[5]　LI X J, ZHANG S L, WANG H, et al. Study of blends of linear poly(ether ether ketone) of high melt viscosity and hyperbranched poly(ether ether ketone)[J]. Polymer International, 2011, 60(4): 607-612.

[6]　HAN B, SUN D, LI X J, et al. Preparation and characterization of hyperbranched poly(ether sulfone) and its application as a coating additive for linear poly(ether sulfone)[J]. Journal of Applied Polymer Science, 2016, 133(36): 43892(1-10).

[7]　JIANG X Y, WANG H, CHEN X B, et al. A novel photoactive hyperbranched poly(aryl ether ketone) with azobenzene end groups for optical storage applications[J]. Reactive & Functional Polymers, 2010, 70: 699-705.

[8]　MU J X, ZHANG C L, WU W C, et al. Synthesis of fluorescent hyperbranched poly(aryl ether ketones) containing biphenyl units[J]. Polymer Science Series B, 2007, 49: 203-208.

[9]　GAO C, LI X J, JIANG Z H, et al. Synthesis and gas transport properties of novel poly(aryl ether ketone)s with branched structure[J]. Polymer International, 2014, 63(4): 718-721.

[10]　HOLTEL D, BURGATH A, FREY H. Degree of branching in hyperbranched polymers[J]. Acta Polymerica, 1997, 48: 30-35.

[11]　王志鹏, 赵继永, 王红华, 等. 中国化学会第三十届学术年会[C]. 2016.

[12]　张海春, 陈天禄, 袁雅桂. 合成带有酞侧基的新型聚醚醚酮: CN 85108751.A[P]. 1985-11-25.

[13]　纪芹, 郎万中, 郑斐尹, 等. 酚酞型聚醚砜(PES–C)超滤膜的制备及性能[J]. 功能高分子学报, 2012, 25(2): 81-87.

[14]　武利顺. 凝固浴温度对 PVDF/PES–C 共混膜结构及性能的影响[J]. 精细化工, 2013, 30(5): 566-569.

[15]　高维珏, 卞晓锴, 陆晓峰, 等. 纳米 TiO₂ 对不同材料超滤膜结构与性能的影响[J]. 膜科学与技术, 2008, 28(6): 23-29.

[16] 刘克静, 张海春, 陈天禄. 一步法合成带有酞侧基的聚芳醚砜: CN 85101721 [P]. 1986-09-24.

[17] LANG W Z, CHU L F, GUO Y J. Evolution of the precipitation kinetics, morphology and permeation performances of phenolphthalein polyethersulfone(PES-C) hollow fiber membranes with polyvinylpyrrolidone(PVP) of different molecular weights as additives[J]. Journal of Applied Polymer Science, 2011, 121(4): 1961-1971.

[18] 汪锰, 郑幸存. 酚酞型聚醚砜膜的制备与性能研究[J]. 内蒙古工业大学学报, 2006, 25(4): 282-286.

[19] 李磊, 孙伟娜, 陈翠仙. 高分子添加剂 PVPK30 对酚酞基聚芳醚砜超滤膜成膜性能的影响[J]. 高分子材料科学与工程, 2008, 24(7): 59-62.

[20] 纪芹, 郎万中, 郑斐尹, 等. 酚酞型聚醚砜(PES-C)超滤膜的制备及性能[J]. 功能高分子学报, 2012, 25(02): 184-190.

[21] WU L S, SUN J F. Structure and properties of PVDF membrane with PES-C addition via thermally induced phase separation process[J]. Applied Surface Science, 2014, 322: 101-110.

[22] LIU Z X, MI Z M, CHEN C H, et.al. Preparation of hydrophilic and antifouling polysulfone ultrafiltration membrane derived from phenolphthalin by copolymerization method [J]. Applied Surface Science, 2017, 401: 69-78.

[23] 乔伟. 两性离子基团改性酚酞型聚芳醚酮(PEK-C)超滤膜的研究[D]. 哈尔滨: 哈尔滨工业大学, 2014.

[24] 高维玨, 卞晓锴, 陆晓峰, 等. 纳米 TiO$_2$ 对不同材料超滤膜结构与性能的影响[J]. 膜科学与技术, 2008, 28(6): 23-29.

[25] 袁宏. 新型酚酞聚芳醚酮的合成及性能研究[D]. 长春: 长春理工大学, 2012.

[26] 邱长泉, 平郑骅, 张力恒. UV 辐照接枝制备酚酞基聚芳醚酮纳滤膜——链转移剂的作用[J]. 化学学报, 2005, 63(20): 1906-1912.

[27] 曹绪芝, 平郑骅, 李本刚, 等. 新型亲水性复合纳滤膜的研究[J]. 功能材料, 2013, 44(11): 1612-1615.

[28] 兰可, 陈启元, 胡慧萍. 磺化酚酞型聚醚砜/改性蒙脱土纳米复合膜的研究[J]. 化工新型材料, 2006, 34(4): 21-24.

[29] 王忠刚, 陈天禄, 徐纪平. 几种 Cardo 聚芳醚砜膜的气体透过行为[J]. 应用化学, 1996(5): 116-118.

[30] 王忠刚, 陈天禄, 徐纪平. 含不同取代基的 Cardo 聚芳醚酮的气体透过性能[J]. 高等学校化学学报, 1996, 17(11): 1796-1799.

[31] 王忠刚, 陈天禄. Cardo 聚芳醚酮共聚物的气体透过行为[J]. 高分子学报, 1996, (3).

[32] 侯明, 衣宝廉. 燃料电池技术发展现状与展望[J]. 电化学, 2012, 18(1): 1-13.

[33] LI L, WANG Y X. Quaternized polyethersulfone Cardo anion exchange membranes for direct methanol alkaline fuel cells [J]. Journal of Membrane Science, 2005, 262(1-2): 1-4.

[34] 李磊, 许莉, 王宇新. 磺化酚酞型聚醚砜膜的制备及其阻醇和质子导电性能[J]. 高分子学报, 2003(4): 465-468.

[35] 李磊. 直接甲醇燃料电池聚合物电解质的研究[D]. 天津: 天津大学, 2003.

[36] BASILE A, PATURZO L, LULIANELLI A, et al. Sulfonated PEEK-WC membranes for proton-exchange membrane fuel cell: Effect of the increasing level of sulfonation on electrochemical performances[J]. Journal of Membrane Science, 2006, 281(1): 377-385.

[37] 韩光鲁, 陈哲, 蔡立芳, 等. 磺化来瓦希尔骨架(MIL-101(Cr)-SO$_3$H)/磺化酚酞侧基聚芳醚砜杂化质子交换膜的制备及性能[J]. 复合材料学报, 2019, 37.

[38] 高启君. DMFC 用改性磺化聚醚醚酮质子交换膜的研究[D]. 天津: 天津大学, 2009.

[39] 熊鹰. 燃料电池用阴离子交换膜的制备与性能研究[D]. 厦门: 厦门大学, 2009.

第6章

聚合物泡沫材料是指以聚合物为基体，内部由无数气泡构成的多孔材料，可以视为以气体为填料的复合材料，具有质轻、隔声隔热、缓冲减震、比强度高等优点。聚合物泡沫材料已经成为人们日常生活中不可或缺的组成部分，从食品包装、建筑保温、电子封装、汽车内饰、运动器械等民生领域，到生物医药、航空航天、舰船潜艇等高科技领域，聚合物泡沫材料都得到了广泛的应用[1]。随着科技的发展，某些特殊领域，如航空航天、高速铁路、舰艇军工等，对泡沫材料的性能要求越来越高，尤其是在耐高温和机械性能等方面，因此耐高温的结构泡沫材料成为重要的研究方向。现有的耐高温结构泡沫主要包括 PMI 泡沫[2]、酚醛泡沫[3, 4]、环氧泡沫[5]等，这些泡沫都为热固性材料，无法回收再利用，并且各自存在缺点，如 PMI 泡沫阻燃性差、易吸湿，酚醛泡沫脆性大、易粉化，环氧泡沫的密度偏高等，这些都会大大限制其应用范围，因此开发新型耐高温结构泡沫具有重要意义。聚芳醚酮具有优异的综合性能，是理想的耐高温结构泡沫基体树脂，聚芳醚酮泡沫的优势主要体现在：①本征阻燃，无需添加阻燃剂，因此不会对泡沫性能造成影响；②耐湿热性好，可适用于海洋等高湿热作业环境；③韧性好，不存在明显的粉化现象；④热塑性，可回收，环境污染的压力小。因此，聚芳醚酮泡沫的研究也越来越受到人们的重视。

6.1 聚芳醚酮泡沫材料的制备工艺 <<<

6.1.1 化学发泡工艺

化学发泡法制备聚芳醚酮泡沫是通过原位反应产生的小分子作为发泡剂来实现的。通过化学发泡法制备聚芳醚酮泡沫的最早报道出现在 1997 年，Brandom 等[6]将 PAEK 与 PEI 共混并通过单螺杆高温挤出，利用 PEI 中的端氨基与 PAEK 中的羧基发生的酮亚胺化反应产生的 H_2O 作为发泡剂，制备得到了 PAEK/PEI 泡沫，并对共混物组成、挤出时间以及挤出温度做了一系列研究，反应过程如图 6.1 所示。这种方法不需要外加发泡剂，也就不存在发泡剂分散性的问题，能够得到均匀的泡孔结构,并且没有污染。但是这种发泡方法的发气量较小,最终得到的泡沫发泡倍率和泡孔密度都比较低。

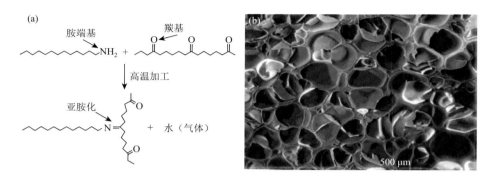

图 6.1　(a)PAEK 与 PEI 反应产生小分子 H_2O 机理图; (b)PEEK/PEI(40/60) 以 10 r/min 的挤出速度,并在模具中保温 5 min 后得到的泡沫的 SEM 照片

　　Qi 等[7]合成了一种羟基封端的聚芳醚酮,经过后修饰手段得到了一种含叔丁氧羰基的聚芳醚酮,然后通过流延法制备成 30 μm 左右的薄膜,最后加热使叔丁氧羰基分解,产生气体小分子(CO_2、异丁烯)作为发泡剂进行发泡(图 6.2),成功

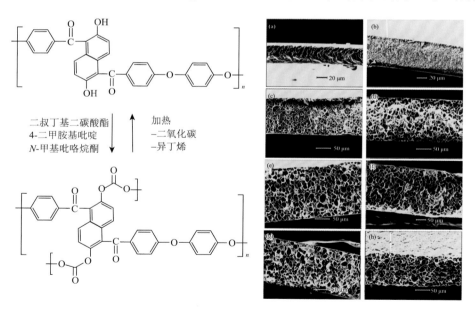

图 6.2　含叔丁氧羰基聚芳醚酮的合成与分解(左);不同发泡温度下得到的多孔薄膜的扫描电镜照片(右):(a)140℃;(b)160℃;(c)180℃;(d)200℃;(e)220℃;(f)240℃;(g)260℃;(h)280℃

制备了具有微孔结构的聚芳醚酮薄膜多孔材料，发泡温度介于 160～240℃之间，泡孔尺寸为 2～17 μm，发泡倍率 4.22%～53.98%，当发泡温度超过 260℃时，将会出现明显的泡孔破裂现象。

　　由于聚芳醚酮树脂自身软化点温度很高，常见的化学发泡剂难以匹配，因此利用化学发泡法制备聚芳醚酮泡沫的研究较少，进展缓慢。

6.1.2　相分离致孔法

　　Meng 等[8]通过相分离致孔法制备了一系列聚醚醚酮(PEEK)和联苯基聚芳醚酮(PEDEK)，以 PEEK 为例，具体的方法是：以二苯砜为溶剂，在 K_2CO_3、Na_2CO_3 复合催化作用下，4,4'-二氟二苯甲酮与对苯二酚发生亲核缩聚反应，反应结束之后，将热的反应液倒入模具中冷却定型(此时二苯砜由于结晶产生相分离)，然后切割成 2 cm×2 cm×8 cm 的小块，在索氏提取器中，用丙酮进行反复抽提 3 天，除去二苯砜，在水中超声除去残余的无机盐，最后真空干燥得到多孔的 PEEK 和 PEDEK 泡沫(SEM 照片如图 6.3 所示)，密度范围 0.13～0.25 g/cm³。这种方法制备的泡沫材料的泡孔具有连续的开孔结构，泡孔尺寸为微米级，类似于气凝胶的结构。与常用的制备气凝胶的冷冻干燥法比较相似，不同的是，冷冻干燥是通过将溶剂冷冻升华得到多孔结构，而这篇文献是通过将二苯砜用丙酮置换，进而真空干燥得到多孔结构。

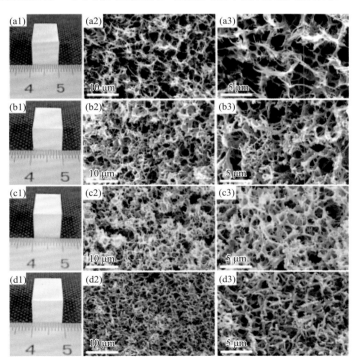

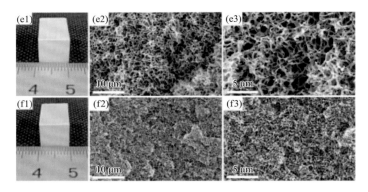

图 6.3　不同固含量体系得到的 PEEK 和 PEDEK 泡沫产品及其 SEM 照片：（a）PEEK-10；（b）PEEK-15；（c）PEEK-20；（d）PEDEK-10；（e）PEDEK-15；（f）PEDEK-20

6.1.3　冷冻干燥法

　　冷冻干燥法是制备气凝胶的一种常用方法，是指利用冰晶升华的原理，通过冷冻干燥机，将湿凝胶冻结成固态，然后抽真空使溶剂直接气化，得到多孔结构。近年来，一些研究人员尝试了聚芳醚酮气凝胶的制备。例如，Zheng 等[9]合成了一种侧基含三甲氧基硅烷的聚芳醚酮，在酸催化下，甲氧基硅烷发生水解、缩合，得到了聚芳醚酮-二氧化硅复合凝胶，然后利用叔丁醇置换原有的 DMF 溶剂，最后通过冷冻干燥得到了具有纳米孔的复合气凝胶。气凝胶的密度范围为 0.17～0.4 g/cm^3，导热系数为 0.024～0.035 W/(m·K)，250℃空气中保持 30 min 孔隙结构仍能保持完整，300℃时的储能模量高达 1026 MPa（图 6.4）。

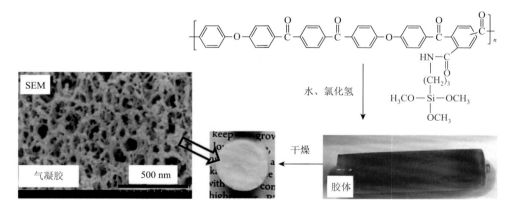

图 6.4　冷冻干燥法制备聚芳醚酮气凝胶

6.1.4　超临界发泡工艺

　　如上所述，为了获得性能优异的聚芳醚酮泡沫材料，研究人员进行了各种各样的尝试，但是考虑到成本、效率，以及规模化生产前景，超临界二氧化碳发泡工艺是最佳的选择，并且成为近十几年聚芳醚酮泡沫研究的热点。

超临界态是指物质的温度和压力都处于临界点之上的一种相态，是固、液、气之外的第四态，处于超临界态的流体具有接近液体的密度，这赋予了它很强的溶剂化能力，同时超临界流体的黏度又很接近气体，具有较大的扩散系数和传质能力，因此是一类理想的发泡剂[10-12]。二氧化碳气体绿色无毒，安全环保，其相图如图 6.5 所示，临界条件为 304.15 K、7.375 MPa，相对容易实现，并且超临界二氧化碳(ScCO$_2$)相比于其他超临界流体，在聚合物中的溶解度较高，因此其成为应用最为广泛的超临界流体发泡剂。

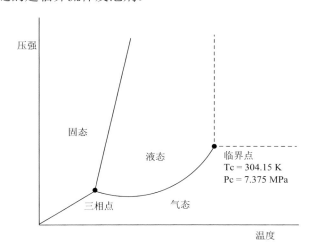

图 6.5　二氧化碳相图

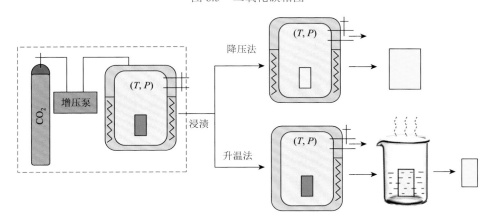

图 6.6　超临界二氧化碳发泡过程示意图

ScCO$_2$ 发泡过程示意图如图 6.6 所示，分为三个步骤：①聚合物与 ScCO$_2$ 在一定条件下通过浸渍，形成饱和、均一的聚合物/CO_2体系；②采用快速升温或快速降压的方式，使该体系处于过饱和状态，诱发成核；③泡孔生长并固型。根据诱导成核方式的不同，$ScCO_2$发泡技术可以分为快速升温法和快速降压法：快速升温法是指将预发泡样品在较低温度下浸入$ScCO_2$，当CO_2在样品中的溶解达到饱和之后快速转移到高温油浴中进行发泡。由于CO_2在聚合物中的溶解度随温度降低而增加，因此这种发泡方式使CO_2在基体树脂中具有很高的溶解度，能够制备超高孔密度、微-纳孔结构的泡沫。例如，Zhu 等[13]利用快速升温法制备得到了含萘可交联的聚芳醚酮纳孔薄膜泡沫，泡孔尺寸低至 86 nm（±11 nm），但发泡倍率大都低于 3 倍；王辉等[14]同样采用快速升温法，制备了含金刚烷侧基的聚芳醚酮泡沫片材，泡孔尺寸为 200～500 nm。然而，由于聚合物的传热性能较差，在升温法过程中，样品的内部和外部会存在一定的温差，如果样品厚度较大，将会导致明显的泡孔不均匀现象。因此，快速升温法制备的聚芳醚酮泡沫多为厚度较薄的片材或薄膜制品，且膨胀倍率较低。

快速降压法是指在发泡温度下将预发泡样品浸入$ScCO_2$，达到饱和状态之后快速释放压力，诱发成核，成核过程与泡孔生长过程几乎在一瞬间完成，然后将泡沫从高压釜里取出冷却，得到目标产品。因为压力在聚合物内部的传递几乎是瞬时的，所以压力诱导的成核反应可以在较厚的样品内部同时进行，所得泡沫结构均一性好。快速降压法不仅可以制备厚度较大的、膨胀倍率较低的微孔泡沫，也可以制备高膨胀倍率、泡孔尺寸为几微米甚至几百微米的泡沫材料，如姜振华等[15]采用快速降压法制备 PEEK 泡沫珠粒，通过调节发泡温度，得到了发泡倍率6～17 倍的泡沫材料。但是，如果样品厚度过大，在发泡过程中由于样品存在不可忽略的内外温差，也会出现泡孔不均匀的现象。

$ScCO_2$发泡技术是制备聚芳醚酮泡沫最为重要的手段，也因其高效、环保的特点，最具规模化生产潜力，因此研究发泡过程的影响因素对制备高性能聚芳醚酮泡沫具有重要意义。

6.2　聚芳醚酮发泡过程的影响因素　◀◀◀

根据超临界二氧化碳发泡机理，泡沫最终的结构是由成核过程和泡孔生长过程共同决定的。$ScCO_2$发泡工艺要求基体树脂在发泡温度下具有一定的黏性，满足泡孔生长所需的形变能力，同时也需要基体树脂具有较高的熔体强度，避免泡孔破裂与合并现象的产生。发泡过程的影响因素包括分子链结构和发泡工艺两大块，其中分子链结构的影响又分为分子量及其分布、聚芳醚酮聚集态结构、流变和黏弹性的影响，以及分子链结构对二氧化碳溶解与扩散的影响，发泡工艺主要包括温度和压力的影响。本节将详细讨论这些因素对聚芳醚酮发泡结果的影响。

6.2.1　分子链结构的影响

1. 聚集态的影响

聚芳醚酮分子链结构对发泡的影响首先表现在聚集态结构的影响。结晶型聚芳醚酮的熔体强度在熔点附近发生剧烈的变化(图 6.7)，当发泡温度低于熔点时，熔体强度过高，泡孔生长阻力过大而难以长大，当发泡温度高于熔点时，熔体转变成黏流态，熔体黏度和熔体强度大幅下降，难以维持泡孔生长而出现泡孔破裂。因此结晶型聚芳醚酮的发泡窗口窄，很难得到结构均一、性能稳定的高品质且高发泡倍率聚芳醚酮泡沫。另外，结晶型聚芳醚酮中的晶区部分的分子链堆砌紧密，导致 CO_2 分子难以扩散进入，降低了 CO_2 的溶解度，也不利于发泡倍率的提高。姜振华等[15]在专利中报道了 CO_2 发泡制备结晶型 PEEK 泡沫珠粒，他们采用快速泄压法，小范围内调节发泡温度($334\sim340$℃)，得到了发泡倍率为 6$\sim$17 倍的 PEEK 泡沫，但在实际生产中，PEEK 泡沫产品的重复性差，对设备精度和稳定性具有很高的要求。

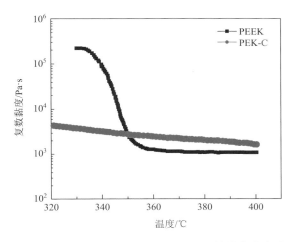

图 6.7　聚醚醚酮(PEEK)和酚酞基聚芳醚酮(PEK-C)的熔体黏度随温度变化情况

Sorrentino 等[16]通过聚醚酰亚胺(PEI)与 PEEK 共混来增强 PEEK 的熔体强度，希望以此来提高 PEEK 的发泡性能。结果表明，无定形态 PEI 的加入能明显提高共混体系中 CO_2 的溶解度，并且一定程度上改善熔体强度。他们采用快速升温法制备了一系列 PEEK/PEI 泡沫，研究了不同共混组分、发泡温度以及发泡时间对最终发泡结果的影响，当共混体系的组成为 PEEK 50/PEI 50 时，得到的泡沫密度最低为 130 kg/m³。

无定形聚芳醚酮的熔体强度随温度上升有一个缓慢下降的过程，因此泡孔结构存在更大的调控空间，具有较宽的发泡窗口。笔者[17]以无定形的 PEK-C 为基体树脂进行发泡，得到了高发泡倍率的聚芳醚酮泡沫，实验发泡温度为 230~300℃，发泡倍率从 2~15 倍可控，对于发泡倍率在 10~15 倍的泡沫，温度在 20~30℃的范围可以调节，因此，在大批量生产中能够保证得到的泡沫产品质量均一稳定，图 6.8 为 PEK-C 泡沫样品。

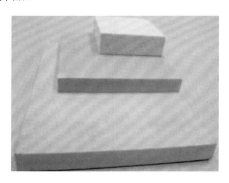

图 6.8   酚酞基聚芳醚酮(PEK-C)泡沫样品

2. 交联结构的影响

空间交联网络的存在能够显著改变聚芳醚酮的熔体强度，因此，交联也是影响泡沫结构的重要因素。Zhu 等[13]合成了热诱导的含萘可交联聚芳醚酮(图 6.9)，并对其发泡行为进行了研究，结果表明，轻微的交联能够增加熔体强度，从而降低泡孔尺寸，提高泡孔密度；但如果交联度过大，成核速率受到抑制，泡孔密度会明显下降。他们通过控制交联程度和发泡条件，最终得到了泡孔尺寸为 86 nm(±11 nm)的纳孔泡沫。

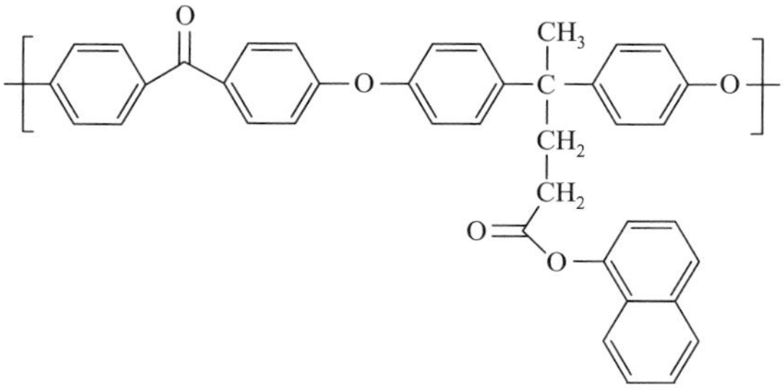

图 6.9   含萘可交联聚芳醚酮

笔者在研究 PEK-C 发泡行为时发现，PEK-C 在模压过程中会与空气中的氧发生作用，产生一定程度的热氧交联。为了研究交联对 PEK-C 发泡行为的影响，笔者通过索提的方式对模压样品(溶剂为四氢呋喃)进行处理，洗去未凝胶部分，通过 $G = (m_1-m_0)/m_0$ 计算凝胶的含量，其中 m_0 是处理前样品的质量，m_1 是处理后样品的质量，得到了经过不同模压时间后样品中的凝胶含量(表 6.1)，并研究了凝胶含量对发泡结果的影响。

表 6.1　酚酞基聚芳醚酮(**PEK-C**)经过不同模压时间后的凝胶含量(模压温度：360℃)

编号	模压时间/min	凝胶含量/%
S1	7	5
S2	15	10
S3	30	46
S4	60	55
S5	120	57

　　发泡结果如图 6.10、图 6.11 所示，当发泡温度较低时(230℃)，随凝胶含量的增加，泡沫密度逐渐增加，泡孔孔径逐渐降低，不利于发泡倍率的提高；而当发泡温度达到很高时(290℃)，凝胶含量低的样品 S1 发泡结果出现明显的泡孔破裂与合并现象，气体逃逸导致泡沫密度偏高，发泡倍率偏低，而 S2~S5 的熔体强度较高，有利于保持泡孔结构完整，泡沫密度较低。可见适度的交联对聚芳醚酮发泡具有正面的影响，但如果交联度过高反而会抑制发泡倍率的提高。

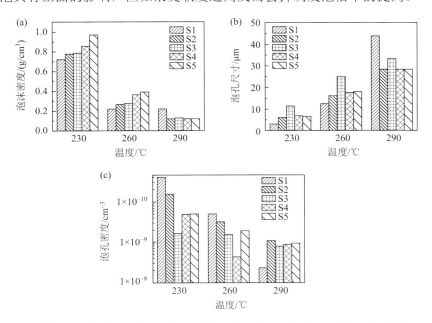

图 6.10　凝胶含量对酚酞基聚芳醚酮(PEK-C)发泡结果的影响：(a)泡沫密度；(b)泡孔尺寸；(c)泡孔密度(饱和时间：2 h，饱和压力：12 MPa)

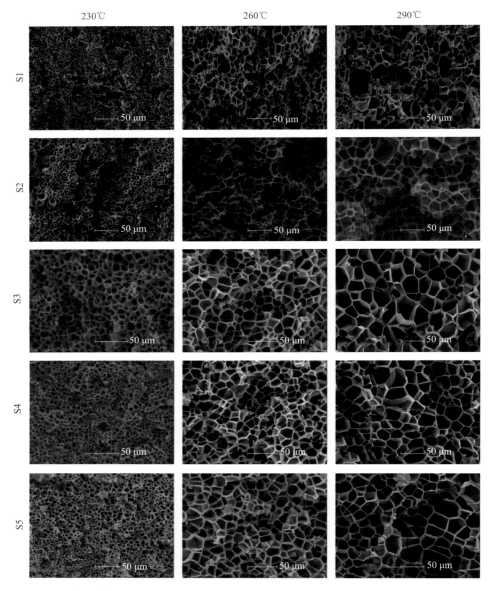

图 6.11   不同凝胶含量的酚酞基聚芳醚酮(PEK-C)发泡结果电镜照片(饱和时间：2 h，饱和压力：12 MPa)

3. 支化结构的影响

经过深入的对比研究，笔者发现，以 4,4′-二氯二苯酮为原料合成的 PEK-C 在聚合过程中会发生一定程度的副反应，该副反应使本应成为线性结构的分子链产生了支化结构，并对聚合物的发泡性能产生显著影响。图 6.12 对比了以 4, 4′-二氯二苯甲酮(a) 和 4, 4′-二氟二苯甲酮(b) 为原料合成的 PEK-C 的核磁氢谱，可以很明显地看到，以 4, 4′-二氯二苯甲酮为原料合成的 PEK-C 的核磁谱图上，除了主链上的 8 种质子峰外，在 1、2、3、4 位的质子峰的旁边都出现了"杂质"峰，这可能是由于副反应导致了在 1、2、3、4 位的质子峰发生了裂分。

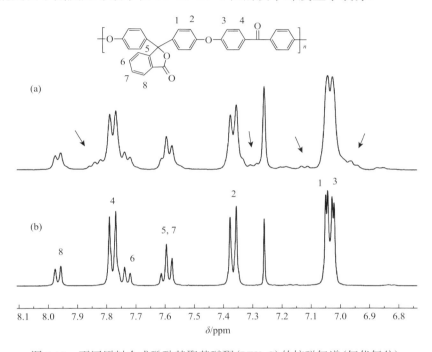

图 6.12　不同原料合成酚酞基聚芳醚酮(PEK-C)的核磁氢谱(氘代氯仿)

虽然支化副反应可以提高 PEK-C 的发泡能力，但是这种由副反应产生的支化结构可控性较差，无法根据需要进行调节。因此笔者引入三官能团单体 1, 1, 1-三(4-羟基苯基)乙烷(THPE)与酚酞(PHT)进行共聚，合成了一系列含长支链结构的聚芳醚酮(LCB-PAEK)，编号 L0～L5，反应式如图 6.13 所示[18]。通过调节 THPE 与 PHT 的投料比例可以对聚合物支链含量进行调控，图 6.14 是所得聚合物的 ^{1}H NMR 谱图。表 6.2 列出了不同支链含量的 LCB-PAEK 的相关物性参数，可以看出，随着支链含量的增加，聚合物的玻璃化转变温度(T_g)逐渐下降，这是由于支化结构的存在增加了分子链间的距离，提高了分子链的运动能力，尽管如此，LCB-PAEK 的 T_g 仍大于 200℃，具有较好的热性能。并且，随着支链含量的增加，聚合物的拉伸黏度表现出明显的应变硬化现象(图 6.15)，这对发泡起到重要的作用。

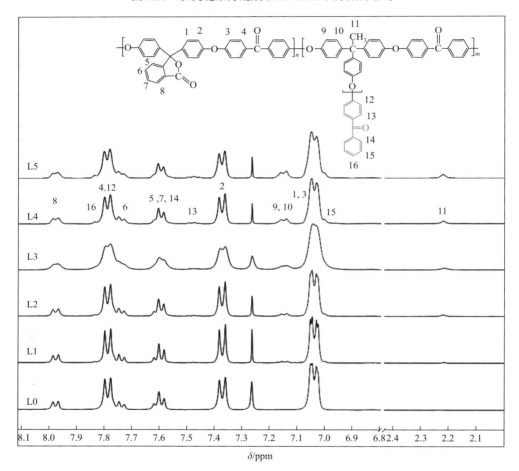

图 6.13　长支链聚芳醚酮(LCB-PAEK)的合成路线

图 6.14　长支链聚芳醚酮的核磁氢谱谱图(氘代氯仿)

表 6.2　长支链聚芳醚酮的物性参数

样品	T(HP)E：PHT	玻璃化转变温度/℃	特性黏数/(dL/g)	密度/(g/cm³)
L0	0	228	0.39	1.28
L1	3：100	223	0.34	1.26
L2	5：100	219	0.38	1.24

续表

样品	T(HP)E：PHT	玻璃化转变温度/℃	特性黏数/(dL/g)	密度/(g/cm³)
L3	8：100	216	0.43	1.23
L4	10：100	210	0.41	1.23
L5	15：100	204	0.49	1.22

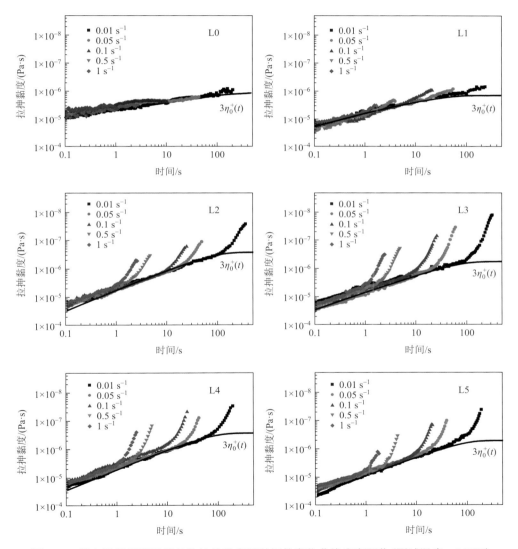

图 6.15　长支链聚芳醚酮样品的拉伸黏度随时间的变化曲线应变硬化(测试温度：340℃)

　　以 L0～L5 为基体树脂,通过 $ScCO_2$ 快速降压法制备了一系列聚芳醚酮泡沫,发泡结果和 SEM 照片如图 6.16 和图 6.17 所示。很明显,长支链结构的引入显著地提高了线型聚芳醚酮的可发泡性:没有长支链或长支链含量较低的 L0 和 L1 发泡倍率都很低,在 230～280℃的发泡区间内,发泡倍率小于 5,并且最大发泡倍率出现在该区间中段,孔壁较厚。当发泡温度过低,熔体黏度和熔体强度很大,泡孔难以生长;发泡温度过高,熔体黏度变小,泡孔容易生长,但熔体强度也大幅降低,导致泡孔破裂、合并,气体逸出,发泡倍率降低。随着长支链含量增加(L2～L5),发泡倍率在整个发泡区间内都呈上升趋势,最大发泡倍率达到 27.5 倍(L5 在 280℃),泡孔孔径也逐渐增大。

　　对比发泡温度为 280℃时几种聚芳醚酮泡沫的 SEM 照片,L0 和 L1 的泡孔形貌呈现类似"海岛结构",泡孔形状为球形,孔壁较厚。而对于长支链聚芳醚酮(L2～L5),泡孔形状呈多面体形,并且孔壁完整,孔壁极薄。这得益于长支链聚芳醚酮的拉伸应变硬化效应(图 6.15),因为随着泡孔的形成与生长,在拉伸作用下,熔体黏度和强度增加,抑制了泡孔破裂。即使发泡温度过高造成泡孔破裂,CO_2 气体扩散到熔体外部,那么由应变硬化诱发的高强度熔体仍能在很大程度上保持泡孔形状。发泡过程中泡孔生长示意图如图 6.18 所示。

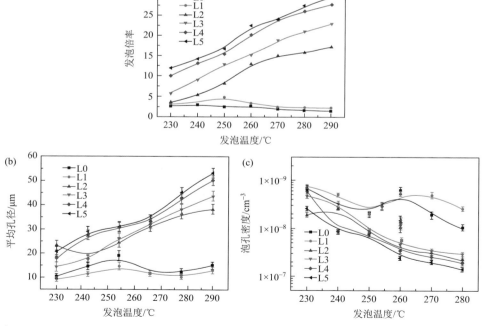

图 6.16　长支链聚芳醚酮(LCB-PAEK)在不同温度下的发泡结果:(a)发泡倍率;(b)平均孔径;(c)泡孔密度

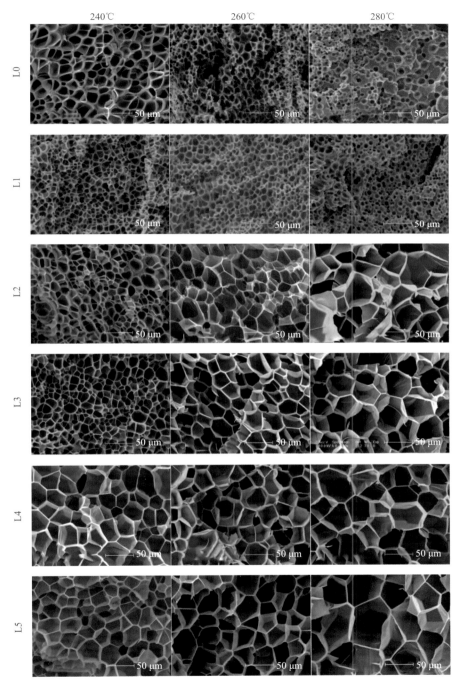

图 6.17　长支链聚芳醚酮(LCB-PAEK)样品在不同温度下发泡结果的 SEM 照片

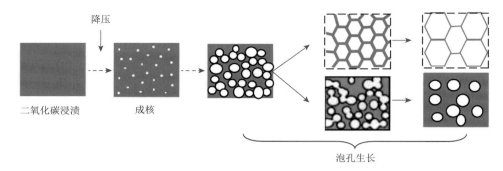

图 6.18　不同熔体中泡孔生长过程示意图

当继续提高发泡温度到 290℃，CO_2 扩散速率加快，熔体强度进一步降低，LCB-PAEK(L3)的泡孔出现破裂与合并现象 [图 6.19(a)]，从 SEM 照片中可以看出，虽然泡孔破裂，但并没有发生明显的回缩现象，泡沫密度低至 0.055 g/cm³，发泡倍率约 22.4 倍，而 L0 的发泡结果表现出更加明显的"海岛"结构形貌，泡沫密度为 0.83 g/cm³，发泡倍率只有约 1.5 倍 [图 6.19(b)]。

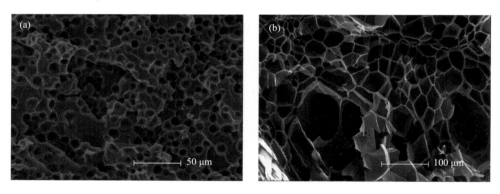

图 6.19　长支链聚芳醚酮样品 L0 和 L3 在 290℃发泡的 SEM 照片: (a) L0, $\rho = 0.83$ g/cm³; (b) L3, $\rho = 0.055$ g/cm³

4. 分子量及其分布的影响

Stafford 等[19]研究了聚苯乙烯(PS)的分子量及其分布对 PS 发泡性能的影响，他们认为分子量和分子量分布对泡孔尺寸的影响并不是主要的，而起决定因素的是那一部分分子量非常小的组分，这些低分子量组分的存在能够明显提高泡孔尺寸。

笔者以 4,4′-二氟二苯甲酮(DFBP)和 PHT 为原料合成了一系列不同分子量和分子量分布的线型 PEK-C(F1～F8)，并进行发泡，研究了分子量及其分布对线型 PEK-C 的影响，表 6.3 列出了 F1～F8 的分子量信息及其在测试温度范围内的最大发泡倍率，图 6.20 是发泡倍率随发泡温度的变化情况。其中，F1～F5 具有相对较窄的分子量分布，通过改变分子量大小，最大发泡倍率有所改变，但没有实质改变可发泡性；F5 和 F7 具有相近的重均分子量，分子量分布较宽的 F7 的发泡倍率略大于 F5，但仍没有实质改善，而支化 PEK-C 的发泡倍率则要远远大于线型 PEK-C。图 6.21 对比了 F2、F3、F8 和支化 PEK-C 最大发泡倍率下的泡孔形貌，可以看到，相比于支化 PEK-C，其他三种泡孔形态都表现出严重的泡沫破裂与合并，尤其是 F2 和 F8，孔壁比较厚，F3 虽然孔壁较薄一些，但泡孔尺寸很不均一，而支化 PEK-C 泡孔相对完整很多，泡孔呈多面体形状，孔壁很薄。可见，虽然分子量和分子量分布能在一定程度影响线型 PEK-C 的发泡结果，调节发泡倍率和泡孔结构，但是很难从本质上提高线型 PEK-C 的可发性，这也从侧面证明了支化结构对聚芳醚酮可发性的重要性。

表 6.3　不同分子量与分布的线型酚酞基聚芳醚酮(PEK-C)及其最大发泡倍率

编号	M_w/(10^4g/mol)	M_n/(10^4g/mol)	PDI	发泡倍率
F1	6.8	2.9	1.7	2.03
F2	7.8	4.7	1.7	2.72
F3	12.4	6.7	1.9	4.41
F4	19.0	11.1	1.7	2.97
F5	21.7	14.7	1.5	2.84
F6	27.7	11.0	2.5	2.61
F7	22.2	7.4	3.0	3.22
F8	18.5	6.8	2.7	3.87
支化 PEK-C	13.4	4.8	2.8	14.22

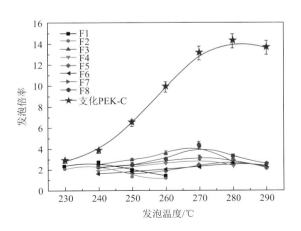

图 6.20　线型酚酞基聚芳醚酮(PEK-C)与支化 PEK-C 的发泡结果对比

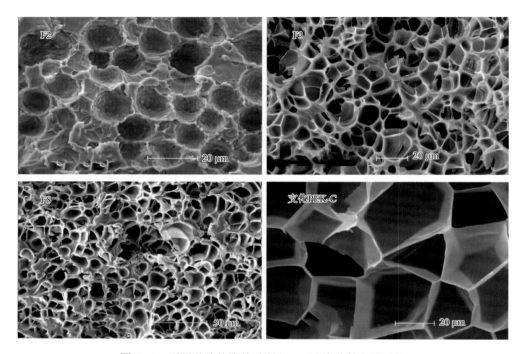

图 6.21   不同酚酞基聚芳醚酮(PEK-C)泡沫的电镜照片

6.2.2   二氧化碳溶解与扩散的影响

CO_2 作为发泡剂，其在聚芳醚酮基体树脂中的溶解度和扩散速率是影响发泡结果的重要因素，根据前面提到的成核机理可以看出，CO_2 溶解度越大，扩散速率越快，成核速率越高，泡孔生长的动力越强。尤其是在采用快速升温法制备微-纳孔泡沫过程中，CO_2 溶解度对发泡结果的影响更加明显，而 CO_2 在聚芳醚酮中的溶解度与扩散速率则是由聚芳醚酮的分子结构直接决定的。大量的研究表明，CO_2 分子与聚合物之间的相互作用是通过 Lewis 酸碱机理建立起来的[20-22]，即聚合物中的给电子基团能与 CO_2 分子中的碳原子相互吸引靠近，进而提高 CO_2 在聚合物中的溶解度，如羰基、酯基、含氟基团等[23-26]，都能起到类似的作用。CO_2 分子在聚合物中的扩散过程主要是在自由体积空隙间的跳跃，因此大的自由体积有利于提高 CO_2 扩散速率，另外，大的自由体积能容纳更多的 CO_2 分子，也有利于 CO_2 溶解度的提高[27-29]。

笔者通过研究酚酞基聚芳醚腈酮(PEK-CN)的发泡行为探索了 CO_2 对聚芳醚腈酮发泡过程的影响[30]。PEK-CN 的合成路线如图 6.22 所示，通过调节 4,4-二氟二苯甲酮(DFBP)与 2,6-二氯苯腈(DCBN)的投料摩尔比，制备了氰基含量从 0～100%的五种聚芳醚腈酮共聚物，编号 N0～N4。通过控制聚合工艺，使得 N0～

N4 具有相似的分子量及分子量分布，用以排除分子量的因素对发泡结果的影响
(相关的物性参数见表 6.4)。

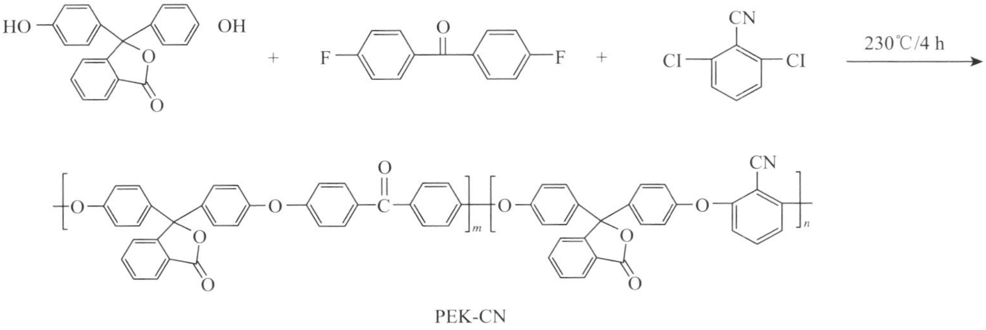

图 6.22　聚芳醚腈酮(PEK-CN)合成路线

表 6.4　不同氰基含量的聚芳醚腈酮(PEK-CN)样品

编号	DCBN：DFBP	重均分子量/(10^4 g/mol)	多分散系数	玻璃化转变温度/℃	密度/(g/cm^3)
N0	0：100	13.4	2.8	230	1.28
N1	30：70	14.4	1.5	244	1.26
N2	50：50	14.7	1.5	246	1.25
N3	70：30	11.1	1.5	248	1.24
N4	100：0	9.0	1.5	256	1.23

　　采用重力法研究了 CO_2 在 PEK-CN 中的扩散过程：根据 Fickian 扩散理论，
假设 CO_2 在平板聚合物中的扩散为一维扩散，那么在解吸附初期，CO_2 吸收量与
$t^{0.5}$ 呈负线性关系，因此可以通过测定解吸附过程中样品 CO_2 含量的变化规律，外
推至 $t=0$，从而确定样品中 CO_2 的初始含量，当饱和时间足够长，CO_2 吸附达到
平衡，此值即为 CO_2 的溶解度，斜率大小则反映了扩散速率的快慢[31-33]。

　　图 6.23 是解吸附过程中 CO_2 在聚合物中的含量(q)随时间的平方根($t^{0.5}$)的变
化曲线(50℃、10 MPa 浸泡 3 h)，可以看出，CO_2 在聚合物中的溶解度随氰基含
量的增加而提高。图中虚线为对应曲线的线性拟合，其斜率的绝对值随氰基含量
的增加而增加，这说明氰基的引入提高了 CO_2 分子在聚合物中的扩散速率，这个
现象可以归结于两方面的原因，一是 CO_2 对聚合物的溶胀作用，另一个是 CO_2 与
氰基之间的相互作用弱化了聚芳醚腈酮分子链之间的作用力，这两个因素都增加
了分子链间距，为 CO_2 分子的扩散提供了通道[34-37]。

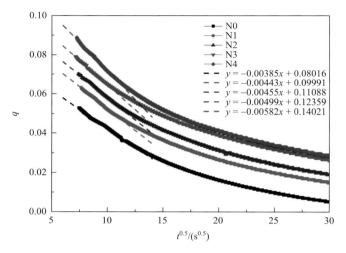

图 6.23　CO_2 吸附量 (q) 随时间的 $1/2$ 次方 $(t^{0.5})$ 的变化曲线以及在解吸附初期的外推拟合结果

饱和温度：50℃，饱和压力：10 MPa，饱和时间：3 h，样品厚度：0.5 mm

　　笔者采用快速升温法制备了一系列 PEK-CN 泡沫：首先通过模压成型的方法，获得厚度为 0.5 mm 的 PEK-CN 薄片样品，然后将 PEK-CN 薄片样品置于 50℃、12 MPa 的 ScCO$_2$ 高压釜中浸渍 3 h 以达到饱和状态，然后快速释放压力，将样品转移至 210℃的油浴中停留 30 s 进行发泡，得到的泡沫 SEM 照片如图 6.24 所示，可见从 N0～N4，泡沫的泡孔尺寸逐渐降低，孔密度逐渐升高，这要归因于 CO_2 在聚合物中溶解度的增加，从而提高了成核速率。

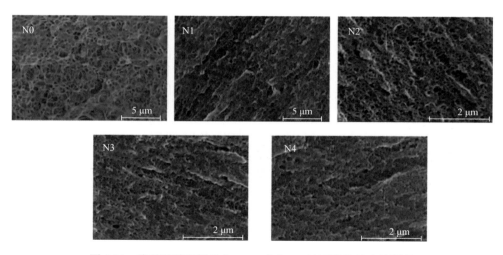

图 6.24　聚芳醚腈酮样品(N0～N4)在 210℃下发泡的电镜照片

6.2.3　温度和压力的影响

　　发泡工艺对聚芳醚酮发泡结果的影响主要体现在温度和压力两个方面[38-40]：其中温度是调节聚芳醚酮熔体强度的主要手段，是影响发泡结果的最主要因素；饱和压力的大小不仅可以调节 CO_2 在聚芳醚酮中的溶解度，而且通过改变泄压速率可以调节熔体内外的压力降，这两个方面对成核和泡孔生产都有影响，对发泡结果起到辅助调节作用。

　　由于 PEK-C 的熔体强度随温度的升高而降低，成核反应与泡孔生长需要克服的能量变低，有利于发泡的进行，因此泡沫密度和泡孔密度随发泡温度的升高逐渐降低，泡孔平均尺寸逐渐变大(图 6.25)。但是，如果发泡温度太高，导致聚合物熔体强度过低，会发生泡孔破裂与合并现象，气体将从泡孔中逃逸出去，导致发泡倍率难以继续提高。因此，当发泡温度升至 280℃之后，虽然泡孔尺寸仍继续变大，但泡沫密度开始缓缓上升，从 SEM 照片中(图 6.26)可以看出，280℃之后，开始出现一定程度的泡孔破裂现象。可见，PEK-C 存在很宽的发泡温度窗口，在这个温度范围内，可以实现 PEK-C 泡沫密度可控调节。

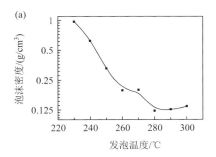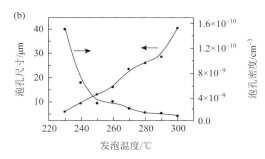

图 6.25　发泡温度对酚酞基聚芳醚酮(PEK-C)发泡结果的影响：(a)泡沫密度；(b)泡孔尺寸和泡孔密度

饱和压力：12 MPa

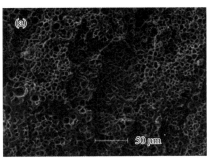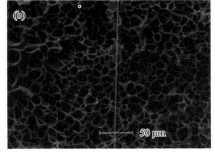

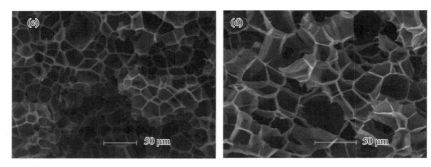

图 6.26   酚酞基聚芳醚酮(PEK-C)不同温度下发泡的电镜照片：(a) 230℃；(b) 250℃；(c) 280℃；
(d) 300℃

图 6.27、图 6.28 为不同饱和压力下 PEK-C 的发泡结果(发泡温度为 280℃)，显然，随着饱和压力从 8 MPa 增加到 16 MPa，泡沫密度从 0.233 g/cm³ 降到 0.142 g/cm³，泡孔尺寸逐渐降低，泡孔密度逐渐上升。这是因为 CO_2 浓度 C_0 和压力降ΔP 都随饱和压力增加而增加，导致成核密度和泡孔生长动力逐渐增加，所以泡孔尺寸变小而泡沫密度下降。可见，压力对发泡结果的影响主要体现在微观泡孔结构上，如泡孔尺寸和泡孔密度的大小，而对泡沫表观密度的影响并不明显，可以作为辅助手段调节泡沫微观结构。

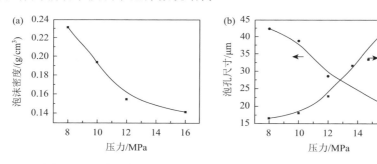

图 6.27   压力对发泡结果的影响：(a)泡沫密度；(b)泡孔尺寸和泡孔密度
发泡温度：280℃

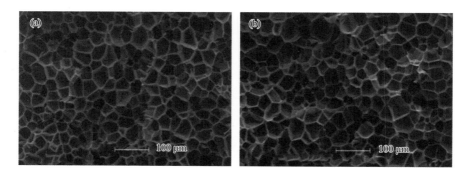

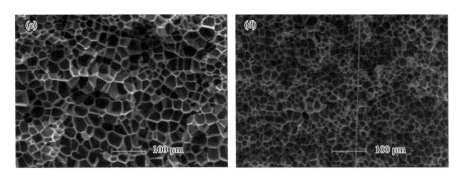

图 6.28　压力对发泡结果(280℃)的影响：(a) 8 MPa；(b) 10 MPa；(c) 12 MPa；(d) 16 MPa

　　泄压速率的变化影响了 CO_2 在聚合物中的瞬时过饱和度，进而影响了瞬时压力降以及 CO_2 分子向泡孔内的扩散速率。笔者研究了 290℃、12 MPa 的发泡条件下，泄压速率对 PEK-C 发泡结果的影响(泄压速率的大小是通过控制泄压时间来进行调节的，泄压时间是指釜内压力从饱和压力降至 0 所用的时间，泄压时间越长则泄压速率越慢)，选取四种不同的泄压时间分别为 1 s、9.8 s、28.5 s、47.6 s，为了排除冷却时间的影响，在四组实验中，从泄压开始计时，到泡沫从釜内取出这一时间均设为 60 s。发泡结果见图 6.29、图 6.30，随着泄压时间从 1 s 延长到 28.5 s，泡沫密度从 0.126 g/cm³ 下降到 0.092 g/cm³，泡孔尺寸明显变大。如前所述，泄压速率的减小降低了成核速率和成核密度，相同的饱和压力下，泡孔更容易长大，促进发泡倍率提高；但是如果泄压速率太慢，低成核密度过低，制约了发泡倍率进一步提高，所以，当继续延长泄压时间到 47.6 s，虽然泡孔尺寸继续变大，但发泡倍率已经出现下降趋势。

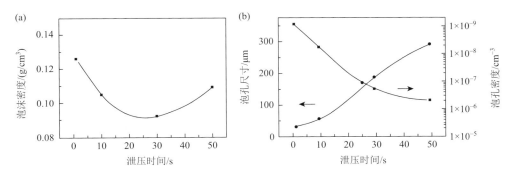

图 6.29　泄压时间对酚酞基聚芳醚酮(PEK-C)发泡结果的影响：(a)泡沫密度；(b)泡孔尺寸与泡孔密度

饱和压力 12 MPa；发泡温度：290℃

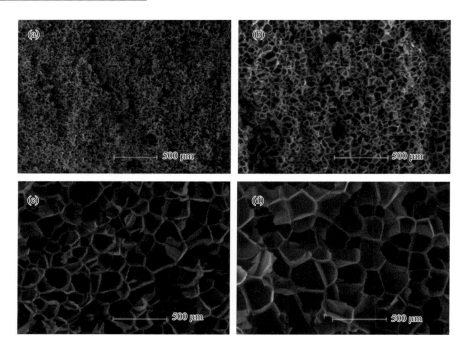

图 6.30   不同泄压时间下得到的泡沫电镜照片：(a) 1 s；(b) 9.8 s；(c) 28.5 s；(d) 47.6 s

饱和压力 12 MPa；发泡温度：290℃

综上所述，酚酞基聚芳醚酮具有很宽的发泡窗口，在 T_g 之上，随着发泡温度升高，发泡倍率逐渐增加并达到最大值，继续升温会导致泡孔破裂，进而引起发泡倍率下降；饱和压力越大，CO_2 溶解度越高，发泡倍率和泡孔密度也越大；泄压速率越快，泡孔孔径越小，泡孔密度越高，有利于制备超细孔泡沫，但适当地降低泄压速率有利于提高发泡倍率。

6.3   酚酞基聚芳醚酮泡沫材料的性能   <<<

表 6.5 列出了不同密度的酚酞基聚芳醚酮泡沫的各项性能参数[41]。可以看出，泡沫密度从 0.06 g/cm³ 增大到 0.098 g/cm³，室温下的拉伸强度从 1.58 MPa 增加到 2.99 MPa，压缩强度从 0.71 MPa 增加到 1.56 MPa，并且在 180℃高温条件下，仍能保持较好的机械强度(压缩测试的样品厚度为 2.5 cm)。这些测试结果表明，酚酞基聚芳醚酮泡沫具有比较出色的热机械性能，可以作为耐高温结构泡沫，适用于需要高温热压罐成型的复合材料的轻量化。另外，将酚酞与其他单体进行共聚，如双酚芴、2-羟基苯并咪唑等，提高分子链的刚性，可以得到具有更高耐温等级的泡沫材料。

表 6.5 不同密度的酚酞基聚芳醚酮泡沫的机械性能

项目	结果				标准
泡沫密度/(g/cm³)	0.060	0.073	0.083	0.098	GB/T 6343—2009
发泡倍率	20.5	16.8	14.8	12.5	—
室温压缩强度/MPa	0.71	0.91	1.14	1.56	GB/T 8813—2020
180℃压缩强度/MPa	0.36	0.44	—	—	
室温压缩模量/MPa	23.2	28.9	54.9	63.3	
180℃压缩模量/MPa	14.5	20.8	—	—	
室温拉伸强度/MPa	1.58	1.77	2.19	2.99	GB/T 1040.2—2022
室温拉伸模量/MPa	36.9	42.4	56.6	103.1	SPDR
介电常数(2.5 GHz)	<1.1				
介电损耗(2.5 GHz)	<0.001				

值得一提的是，酚酞基聚芳醚酮泡沫具有出色的介电性能，2.5 GHz 条件下的介电常数小于 1.1，介电损耗小于 0.001，优于绝大多数聚合物基介电材料，特别是在耐高温介电材料领域。这得益于两方面的原因：一是 $ScCO_2$ 发泡工艺没有像化学发泡那样引入极性小分子，也没有单体残留；二是由于酚酞基聚芳醚酮分子链上具有较少的极性基团，大量的泡孔结构进一步降低了单位体积内的有效极化率，并且大的 Cardo 环侧基起到了抑制分子链运动的作用，从而减少了极化损耗。该泡沫材料能够提高电磁信号传输效率和精度，在 5G 通信、卫星雷达、PCB 基板等领域具有潜在的应用前景。

通过垂直燃烧法测试了酚酞基聚芳醚酮(密度 0.073 g/cm³)泡沫的阻燃性能，实验结果表明，泡沫具有优异的自阻燃性能，不需要添加阻燃剂，离火自熄，无滴落，经受丁烷喷枪高温火焰喷射 30 s 无烧穿。图 6.31 为燃烧前、中、后的泡沫样品。

图 6.31 酚酞基聚芳醚酮泡沫样品的阻燃性能

6.4　酚酞基聚芳醚酮泡沫材料应用和展望　<<<

　　酚酞基聚芳醚酮泡沫具有轻质高强、耐高温、低介电、低介损、自阻燃、吸水率低等优异的性能，适合于航空航天、军工国防等对高性能结构泡沫有需求的领域，具有广阔的应用前景。

　　航空工业：PEK-C 结构泡沫具有轻质高强、耐温 200℃、抗高温蠕变等性能特点，可以适应飞行器部件制造过程中的热压罐工艺，可以用来做结构芯材，与高性能树脂、纤维一起制成航空器零部件。高性能结构泡沫满足设计需求，可以应用于航空航天器机身、旋翼、发动机罩帽、型梁、翼面、壁板、整流罩、地板等部件。轻质高强复合材料的使用，可以有效减少航空器自身重量，从而增加运载能力和航行里程。

　　舰船：PEK-C 泡沫轻质高强、自阻燃、吸水率低，同时隔音隔热，适用于舰船及发动机周边。舰船对材料的阻燃要求非常高，PEK-C 树脂的氧指数接近 50，制成结构泡沫氧指数也可以保持在 30 以上，泡沫离火自熄，适合于水面和水下船只使用。同时 PEK-C 泡沫耐温等级高，可以使用在舰船发动机周边，减少噪声污染，同时起到隔热防护的功能。

　　交通运输：PEK-C 结构泡沫可以用于高速列车车头、车体。轻质复合材料的使用，可以有效降低高速列车的重量，有效提升列车的运行速度。同时由于结构泡沫的使用，可以隔热减噪，降低列车的运行成本，提高乘坐的舒适性。

　　运动休闲：PEK-C 结构泡沫通过与高性能纤维、树脂复合制成复合材料，可应用于游艇、跑车、F1 赛车、冲浪板、体育器材、海钓工具等领域。高性能复合材料的使用，可以一体成型结构复杂的运动部件，为游艇和跑车提供了更多的设计方案，同时轻质高强材料的使用，可以大大提升运动器材的速度和安全性。

　　生活用品：PEK-C 泡沫耐高温，低吸湿特性，适用于电热水壶、卫浴、电饭煲周边隔热保温部件，这些部件使用温度会超过 100℃，同时又要耐水蒸气熏蒸，常见的泡沫材料无法满足使用要求，耐湿热材料的使用可以提高这些家电的性能和使用寿命。

　　其他领域：PEK-C 结构泡沫透波性能良好，可以应用于 5G 通信、CT 医疗床板、雷达透波罩、雷达天线中透波层。同时 PEK-C 具有热塑性，可以添加吸波剂制成具有特殊功能的泡沫材料。

参 考 文 献

[1]　何继敏. 新型聚合物发泡材料及技术[M]. 北京: 化学工业出版社, 2007.
[2]　陈青香, 刘末隆, 王鹏, 等. 聚甲基丙烯酰亚胺泡沫塑料研究进展[J]. 工程塑料应用, 2013, 41(7): 105-111.

[3]　DESAI A, AUAD M L, SHEN H, et al. Mechanical behavior of hybrid composite phenolic foam[J]. Journal of Cellular Plastics, 2008, 44(1): 15-36.

[4]　SHEN H, NUTT S. Mechanical characterization of short fiber reinforced phenolic foam[J]. Composites, Part A, 2003, 34(9): 899-906.

[5]　ASHRITH H S, DODDAMANI M, GAITONDE V, et al. Hole quality assessment in drilling of glass microballoon/epoxy syntactic foams[J]. Jom, 2018, 70(7): 1289-1294.

[6]　BRANDOM D K, DESOUZA J P, BAIRD D G, et al. New method for producing high-performance thermoplastic polymeric foams[J]. Journal of Applied Polymer Science, 1997, 66: 1543-1550.

[7]　QI D, ZHAO C J, ZHANG L Y, et al. Novel in situ-foaming materials derived from a naphthalene-based poly(arylene ether ketone) containing thermally labile groups[J]. Polymer Chemistry, 2015, 6: 5125-5134.

[8]　MENG L C, ZHANG J L, ZHAO S, et al. A novel PEEK foam with ultra-high temperature-resistant by temperature induced phase separation[J]. Macromolecule Materials and Engineering, 2022, 308(5): 2200559-2200568.

[9]　PEI X L, ZHAI W T, ZHENG W G. Preparation of poly(aryl ether ketone ketone)–silica composite aerogel for thermal insulation application[J]. Journal of Sol-Gel Science and Technology, 2015, 76: 98-109.

[10]　MARTINI J, SUH N, WALDMAN F. Microcellular closed cell foams and their method of manufacture: US, 4473665[P].1984-09-25.

[11]　KRAUSE B, METTINKHOF R, VANDERVEGT N, et al. Microcellular foaming of amorphous high-Tg polymer using carbon dioxide[J]. Macromolecules, 2001, 34: 874-884.

[12]　LI G, LI H, WANG J, et al. Investigating the solubility of CO_2 in polypropylene using various EOS models[J]. Cellular Polymers, 2006, 25(4): 237-248.

[13]　ZHU S S, CHEN Z, HAN B, et al. Novel nanocellular poly(aryl ether ketone) foams fabricated by controlling the crosslinking degree[J]. RSC Advances, 2015, 5: 51966-51976.

[14]　王辉, 张淑玲, 刘佰军, 等. 含金刚烷侧基聚芳醚酮微孔-超微孔泡沫材料的制备与表征[J]. 高等学校化学学报, 2013, 5: 1033-1035.

[15]　姜振华, 王辉, 张淑玲, 等. 结晶性聚醚醚酮泡沫材料的制备方法: 中国, CN102924743A[P]. 2013-02-13.

[16]　CAFIERO L, LANNACE S, SORRENTINO L. Microcellular foams from high performance miscible blends based on PEEK and PEI[J]. European Polymer Journal, 2016, 78: 116-128.

[17]　ZHAO J Y, WANG Z P, WANG H H, et al. Preparation of low density amorphous poly (aryl ether ketone) foams and the influence factors of the cell morphology[J]. RSC Advances, 2017, 7: 36662-36671.

[18]　ZHAO J Y, WANG Z P, WANG H H, et al. High-expanded foams based on novel long-chain branched poly(aryl ether ketone) via ScCO2 foaming method[J]. Polymer, 2019, 165: 124-132.

[19]　STAFFORD C M, RUSSELL T P, MCCARTHY T J. Expansion of polystyrene using supercritical carbon dioxide: effects of molecular weight, polydispersity and low molecular weight components[J]. Macromolecules, 1999, 32: 7610-7616.

[20]　KAZARIAN S, VINCENT M, BRIGHT F, et al. Specific intermolecular interaction of carbon dioxide with polymers[J]. Journal of American Chemical Society, 1996, 118: 1729-1736.

[21]　KAZARIAN S. Polymers and supercritical fluids: opportunities for vibrational spectroscopy[J]. Macromolecular Symposia, 2002, 184: 215-228.

[22]　LOCKEMANN C, RIEDE T, MAGIN P. An experimental method to determine the sorption and swelling behavior of solids at high pressures[J]. Process Technology Proceedings, 1996, 12: 547-552.

[23]　李大超. 低熔体强度结晶型聚合物 CO_2 发泡过程设计和控制[D]. 上海: 华东理工大学, 2012.

[24]　BONDAR V, FREEMAN B. Sorption of gases and vapors in an amorphous glassy perfluorodioxole copolymer[J]. Macromolecules, 1999, 32: 6163-6171.

[25]　HILIC S, PADUA A, GROLIER J. Simultaneous measurement of the solubility of gases in polymers and of the associated volume change[J]. Review of Scientific Instruments, 2000, 71: 4236-4241.

[26]　BROLLY J, BOWER D, WARD I. Diffusion and Sorption of CO_2 in poly(ethylene terephthalate) and poly(ethylene naphthalate)[J]. Journal of Polymer Science, Part B, Polymer Physics, 1996, 34: 769-780.

[27]　ROYER J, DESIMONE J, KHAN S. Carbon dioxide induced swelling of poly(dimethylsiloxane)[J]. Macromolecules, 1999, 32: 8965-8973.

[28]　GOEL S, BECKMAN E. Generation of microcellular polymeric foams using supercritical carbon dioxide. I: Effect of pressure and temperature on nucleation[J]. Polymer Engineering and Science, 1994, 34: 1137-1147.

[29]　LAMBERT S, PAULAITIS M. Crystallization of poly(ethylene terephthalate) induced by carbon dioxide sorption at elevated pressures[J]. The Journal of Supercritical Fluids, 1991, 4: 15-23.

[30]　ZHAO J Y, WANG Z P, WANG H H, et al. Novel poly (aryl ether nitrile ketone) foams and the influence of copolymer structure on the foaming result[J]. Polymer International, 2018, 67: 1410-1418.

[31]　李孟山. 超临界二氧化碳在聚合物中的溶解计算模型研究[D]. 南昌: 南昌大学, 2013.

[32]　WANG D, GAO H, JIANG W, et al. Diffusion and swelling of carbon dioxide in amorphous poly(ether ether ketone)s[J]. Journal of Membrane Science, 2006, 281: 103-210.

[33]　王冬.聚芳醚类微孔材料的制备及性能研究[D]. 长春: 吉林大学, 2006.

[34]　JOSHI K, LEE J, SHAFI M, et al. Prediction of cellular structure in free expansion of viscoelastic media[J]. Journal of Applied Polymer Science, 1998, 67: 1353-1368.

[35]　AGARWAL U. Simulation of bubble growth and collapse in linear and pom-pom polymers[J]. E-Polymers, 2002, 14: 1-15.

[36]　EVERITT S, HARLEN O, WILSON H. Bubble growth in a two-dimensional viscoelastic foam[J]. Journal of Non-Newtonian Fluid Mechanics, 2006, 137: 46-59.

[37]　TSIVINTZELIS I, ANGELOPOULOU A, PANAYIOTOU C. Foaming of polymers with supercritical CO_2: An experimental and theoretical study[J]. Polymer, 2007, 48: 5928-5939.

[38]　廖若谷. 超临界二氧化碳发泡过程中泡孔结构的控制[D]. 上海: 上海交通大学, 2010.

[39]　YANG Q, ZHANG G C, MA Z L, et al. Effects of processing parameters and thermal history on microcellular foaming behaviors of PEEK using supercritical CO_2[J]. Journal of Polymer Science, 2015, 132: 42576-42588.

[40]　WANG D, JIANG W, GAO H, et al. Preparation characterization and mechanical properties of microcellular Poly(aryl ether ketone) foam[J]. Journal of Polymer Science Part B, 2007, 45: 173-183.

[41]　赵继永. 高倍率聚芳醚酮泡沫制备及其影响因素研究[D]. 北京: 中国科学院大学, 2019.

第7章

酚酞基聚芳醚酮(砜)涂料

随着科技的发展，高性能涂料领域对耐高温聚合物的需求增加。高性能高分子涂层通常用作热防护层、防水耐湿层、耐辐射层等隔离层，在航空航天、电子、机械制造以及建筑等行业具有广泛的应用。目前，较为成熟的高性能高分子涂层材料主要包括聚酰亚胺(PI)、聚酰胺酰亚胺(PAI)、聚醚酰亚胺(PEI)、聚醚砜(PES)等[1, 2]。

基于无定形聚芳醚酮(砜)可溶于 DMAc、NMP 等极性非质子溶剂和具有耐高温、高强度的特点，以酚酞基聚芳醚酮(砜)为基体树脂，能够制备高性能的溶液型涂料。涂料基本配方由基体树脂专用料和各种助剂包括消泡剂、偶联剂、流平剂等组成，功能性涂料还需添加各种功能性填料。研发配方时需考虑助剂的耐温性能、各种助剂与基体树脂的相容性及功能性填料的匹配与分散等。

7.1　酚酞基聚芳醚腈酮基体树脂[3]　◀◀◀

基体树脂决定了涂料的力学性能和耐温性能，还需与底材有足够的附着力。据此设计了含极性基团氰基的酚酞基聚芳醚酮专用料(PEK-CN)(图 7.1)，其既能提高涂料的力学性能和耐高温性能，又能增加树脂涂层的附着力。此外，氰基具有强极性和易反应性，可发生多种化学反应，其中较为主要的是当加热温度超过300℃，—CN 能进行加成交联反应，进一步提高使用温度。聚合物适合的特性黏度和聚合物分子结构中氰基含量是决定涂层性能的重要因素；聚合物端基稳定性也是涂层在高温下保持性能稳定需考虑的因素。

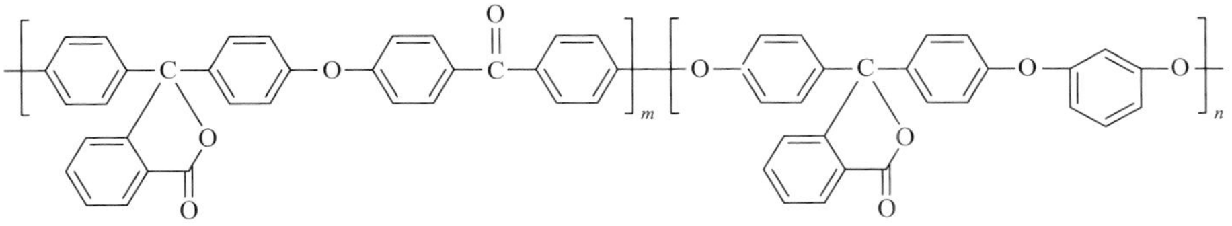

图 7.1　酚酞基聚芳醚腈酮涂料专用料树脂(PEK-CN)结构式

笔者合成了不同特性黏度和氰基含量的 PEK-CN 聚合物(表 7.1),在特性黏度 1.30～1.45 dL/g 下,聚合物的力学强度为 97～114 MPa,弹性模量为 2.4～3.8 GPa,断裂伸长率为 5.9%～9.7%, T_g 为 231～254℃。随着聚合物特性黏度和氰基含量的增加,力学性能和热性能提高,但溶解性能和柔韧性有所下降,因而,需确定涂料基体树脂最佳特性黏度和氰基含量。

表 7.1　不同氰基含量共聚物 E1～E5 的热性能与机械性能结果

样品	特性黏度/(dL/g)	拉伸强度/MPa	断裂伸长率/%	拉伸模量/GPa	T_g/℃	$T_{5\%}$/℃
E1	1.45	97.0	9.7	2.4	231.8	495.4
E2	1.42	101.8	8.7	2.8	242.8	490.7
E3	1.37	114.0	6.5	3.8	246.9	481.5
E4	1.35	111.6	6.3	3.0	252.5	489.8
E5	1.30	102.0	5.9	2.7	254.1	483.9

注: T_g:玻璃化转变温度; $T_{5\%}$:5%热失重温度;E1 代表不含氰基的 PEK-C;E2～E4 分别代表聚合物结构中双卤单体二氟二苯酮与二氯苯腈的摩尔比为 7:3、5:5、3:7;E5 代表酚酞与二氯苯腈的均聚物。以下文字与表格中 E1～E5 含义相同。

PEK-CN 在室温下可溶于 DMAc、DMF、TCM、THF,但随着氰基含量增加,其在 TCM、THF 中溶解性下降(表 7.2)。

表 7.2　不同氰基含量的酚酞基聚芳醚腈酮溶解性

样品	DMAc	DMF	TCM	THF
E1	++	++	++	++
E2	++	++	++	++
E3	++	++	+−	+−
E4	++	++	+−	+−
E5	++	++	+−	+−

注: "++"可溶解; "+−"部分溶解; "−−":不溶解。

7.2　酚酞基聚芳醚腈酮的热交联

PEK-CN 聚合物本身具有如下特点:热稳定性较好;不需交联剂,在一定热处理下可进行自交联;固化过程无小分子逸出,不易产生空隙。

PEK-CN 热处理前后 T_g 和溶解性的变化反映了交联反应的发生及其交联程度。表 7.3 中列出了不同温度、处理时间热处理后聚合物的 T_g,聚合物在相同的热处理温度下随着热处理时间的延长, T_g 提高;在相同处理时间下,聚合物 T_g 随着处理温度的提高而增大(表 7.3)。

表 7.3　热处理后酚酞基聚芳醚腈酮共聚物的 T_g 变化

温度/℃	时间/min		
	300	600	900
300	245	247	250
330	249	252	264
350	258	262	292

PEK-CN 热处理(300℃)前后溶解性能变化见表 7.4，经热处理后其溶解性能变差，具有较强耐溶剂性，表明聚合物在热处理中发生交联反应。

表 7.4　热处理前后酚酞基聚芳醚腈酮溶解性能

样品热处理条件	TCM	THF	DMAc	DMF
处理前	++	++	++	++
300℃，300 min	−−	+−	+−	+−
330℃，600 min	−−	−−	−−	−−
350℃，900 min	−−	−−	−−	−−

注："++"可溶解；"+−"部分溶解；"−−"不溶解。

7.3　酚酞基聚芳醚酮耐高温涂料研制　<<<

不同特性黏度的 PEK-CN(E4)树脂涂层的基本性能见表 7.5。PEK-CN 随聚合物特性黏度增加，相应涂层铅笔硬度提高；但特性黏度过高时，涂层对基材的附着力降低。因此，涂料基体树脂的特性黏度适宜在一个特定的范围内。

表 7.5　不同特性黏度酚酞基聚芳醚腈酮基体树脂涂层的基本性能

特性黏度/(dL/g)	冲击强度/(kg·cm)	附着力	柔韧性/mm	铅笔硬度/H
0.42	100	0	1	1
0.61	100	0	1	3
0.87	100	0	1	5
1.02	100	1	1	5
1.32	100	1	1	5

不同氰基含量的酚酞基聚芳醚腈酮基体树脂涂层的基本性能见表 7.6。PEK-CN 随聚合物氰基含量增加，相应涂层硬度提高，但氰基含量过高时，柔韧性下降。因此，涂料基体树脂分子结构中，氰基含量也有最佳值。

表 7.6　不同比例酚酞基聚芳醚腈酮基体树脂涂层的基本性能

样品	冲击强度/(kg·cm)	附着力	柔韧性/mm	铅笔硬度/H
E1	60	2	1	1
E2	100	2	1	2
E3	100	1	1	3
E4	100	0	1	5
E5	100	0	2	5

　　助剂的选择对涂层附着力的影响见表 7.7。以 PEK-CN(E4)为基料,以偶联剂 KH550、流平剂 BYK306、消泡剂 BYK057 为助剂,以马口铁为基材,涂膜后进行性能测试。从表 7.7 中可看出,KH550 和 BYK306 的配合为最好。

表 7.7　助剂对涂层附着力的影响(涂层厚度为 20~30 μm)

偶联剂	流平剂	
	BYK-333	BYK-306
钛酸酯偶联剂	6	6
KH550	0	0
KH570	2	2
SCA1103	1	1

　　助剂用量对涂层附着力的影响见表 7.8。以酚酞基聚芳醚腈酮共聚物(E4)为基料,以偶联剂 KH550、流平剂 BYK306、消泡剂 BYK057 为助剂,以马口铁为基材,涂膜后进行性能测试。由表 7.8 可知,当 KH550 和 BYK306 的用量分别为 0.4%、0.2%时,涂层附着力最优,达到 0 级。KH550 用量达到 0.6%时,测得附着力达到 0 级,但涂料溶液长时间放置 24 h 后形成凝胶,不能稳定储存。

表 7.8　助剂用量对涂层附着力(划格法)的影响(涂层厚为 20~30μm)

KH550	BYK306			
	0.0	0.1	0.2	0.3
0.0	2	2	1	1
0.2	2	2	1	1
0.4	1	1	0	凝胶
0.6	0	0	0	凝胶
	凝胶	凝胶	凝胶	凝胶

　　PEK-CN 涂层耐温性能见表 7.9。以 E4 为基料,以偶联剂 KH550、流平剂 BYK306、消泡剂 BYK057 为助剂,以马口铁为基材,涂膜后进行耐温性能测试。

结果表明，在 300℃下连续 20 h 以及 250～300℃范围连续 100 h，膜性能基本保持不变，表明涂料的耐温性能优良。温度高于 300℃，涂层的柔韧性和冲击强度均有降低(表 7.9)。

表 7.9　酚酞基聚芳醚腈酮共聚物涂膜耐温(20 h)性能

温度/℃	漆膜外观	附着力(划格法)	柔韧性/mm	冲击强度/(kg·cm)	铅笔硬度/H
250	N, N	0	1	100	4
280	N, N	0	1	100	5
300	N, N	0	1	100	6
320	N, N	0	3	100	6
340	N, N	0	2	90	6

7.4　酚酞基聚芳醚腈酮(砜)耐高温涂料性能　◀◀◀

以 DMAc 或 DMF 为溶剂，辅以 KH550、BYK306、BYK057 等助剂，配制成 15%～25%(质量分数)的 PEK-CN 溶液涂料，作为耐高温涂料的基础配方。依据国家标准，以马口铁为基板材料，测试了 PEK-CN 耐高温涂料的基本性能。涂料具有优异的综合性能，可在 300℃下长期使用，冲击强度高于 100 kg·cm，柔韧性 1 mm，附着力 0 级，铅笔硬度 4 H，热处理后铅笔硬度可达 6 H，涂层具有优异的电绝缘性能(表 7.10)。另外，酚酞基聚芳醚腈砜(PES-CN)涂料的性能与 PEK-CN 涂料相似。

表 7.10　酚酞基聚芳醚腈酮耐高温涂料的基本技术参数

项目	指标	试验方法
漆膜外观	透明，无机械杂质	GB/T 1723—1993
铅笔硬度/H	5～6	GB/T 6739—2022
柔韧度/mm	1	GB/T 1731—2020
冲击强度/(kg·cm)	>100	GB/T 1732—2020
附着力(划格法)	0 级	GB/T 1720—2020
介电常数[$(1\sim1)\times10^6$Hz]	2.5～3.2	宽频介电谱仪测定
耐热性，(300 ± 20)℃，30 h	不开裂，不脱落	GB/T 1735—2009
表面电阻率(250V 电压)/Ω	1.6×10^{16}	GB/T 31838.2—2019
体积电阻率/(Ω·m)	1.47×10^{14}	GB/T 31838.2—2019

笔者对比了 PEK-CN 涂料与市场上两种耐高温溶液型涂料：聚醚砜(PES)涂

料和聚酰亚胺(PI)涂料的性能(表 7.11)。已商品化的耐高温有机涂料均存在各自缺点而限制了其使用范围，PEI、PI 涂料耐湿热性差；PEEK 粉末涂料需要在 400℃下高温烧结，且涂层易存在针孔缺陷；PES 涂料，同样需要在 380℃高温交联。与市场上同类耐高温涂料相比，PEK-CN 涂料避免了上述各种性能缺陷，综合性能更优，且工艺性优势明显，交联后涂层热稳定性及硬度提升，保持良好的柔韧性。PEK-CN 涂料对酸碱盐耐受性优良，漆膜在饱和 NaCl 溶液、20% H_2SO_4 溶液、20% NaOH 溶液中浸泡 75 天后，仍保持完好。

表 7.11　酚酞基聚芳醚腈酮涂层性能

基材	PEK-CN (150℃)		PEK-CN (300℃)		PES (380℃)		SS120IL (260℃)		SG120L (300℃)	
	马口铁	不锈钢	马口铁	不锈钢	马口铁	不锈钢	马口铁	不锈钢	马口铁	不锈钢
耐热性/℃	220		300		180		300		300	
硬度/H	3	3	5	5	2	3	3	3	3	3
附着力级	0	0	0	0	≤1	0	1	0	≤1	0
柔韧性/mm	1	1	1	1	1	1	2	10	2	1
耐冲击/(kg·cm)	100	100	100	100	100	100	85	30	50	100

注：PES 为吉林大学研制的聚醚砜涂料；SS1201L 与 SG120L 为南京岳子化工有限公司销售的聚酰亚胺涂料；不同涂料的升温程序：PEK-CN：80℃、2 h + 150℃、2 h；PEK-CN(高温)：80℃、2 h + 150℃、2 h + 300℃、2 h；PES：80℃、2 h + 150℃、2 h + 380℃、10 min；SS120L：100℃、30 min + 150℃、40 min + 260℃、1 h；SG120L：100℃、30 min + 150℃、40 min + 300℃、1 h。

7.5　含活性双键的酚酞基聚芳醚酮耐高温涂层性能[4] ◀◀◀

以在 2.3.7 小节中制备的含烯丙基侧基酚酞基聚芳醚酮(PEK-L-A)为基体树脂(图 7.2)，配制耐高温涂料。烯丙基双键是能够引起紫外光交联的活性基团，将其引入到聚芳醚酮分子结构中，经紫外光交联固化后能够提高聚合物的耐溶剂性和耐热性。

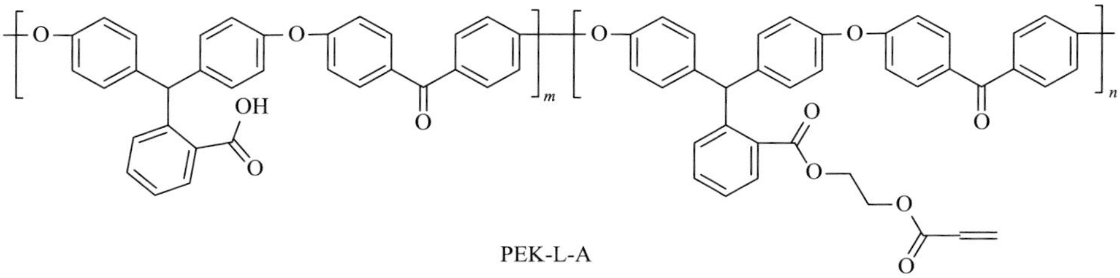

PEK-L-A

图 7.2　含烯丙基侧基酚酞基聚芳醚酮的结构式

7.5.1　不同特性黏度的 PEK-L-A 涂层固化前后的溶解性能

表 7.12 为不同特性黏度的 PEK-L-A 涂层固化前后的溶解性能对比，未固化的聚合物在极性有机溶剂(DMF、THF、NMP 和 DMSO)中都有较好的溶解性能，在 DCM 中均需要加热才可溶解；固化后的聚合物经加热处理后可溶解在 THF、DMF、DMSO 等有机溶剂中，在 NMP 和 DCM 中溶胀，即使加热也不能溶解，表明了聚合物固化后的溶解性能差于固化前，说明交联反应的发生。

表 7.12　不同特性黏度的 PEK-L-A 涂层固化前后的溶解性能对比

溶剂	PEK-1(固化前)	PEK-2(固化前)	PEK-1(固化后)	PEK-2(固化后)
THF	++	++	+–	+–
DMF	++	++	+–	+–
NMP	++	++	––	––
DMSO	++	++	+–	+–
DCM	+–	+–	––	––

注：“PEK-1”：PEK-L-A，比浓黏度 0.27 dL/g；“PEK-2”：PEK-L-A，比浓黏度 0.64 dL/g；“++”可溶解；“––”不可溶解；“+–”：加热后可溶解。

7.5.2　PEK-L-A 涂层固化前后的热稳定性

图 7.3 和图 7.4 为 PEK-L-A 涂层固化前后的 DSC 曲线和 TGA 曲线，固化前聚合物(0.30 dL/g)的 T_g 为 163℃，$T_{5\%}$ 为 206℃，固化后聚合物的 T_g 为 177℃，$T_{5\%}$ 为 212℃，表明经过交联反应，聚合物的热稳定性有所提高。

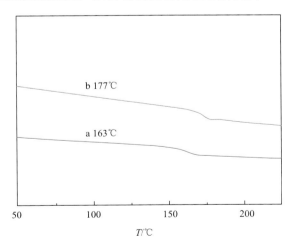

图 7.3　PEK-L-A 涂层固化前后的 DSC 曲线

a. 固化前 T_g；b. 固化后 T_g

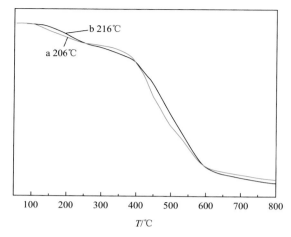

图 7.4   PEK-L-A 涂层固化前后的 TGA 曲线

a. 固化前 $T_{5\%}$；b. 固化后 $T_{5\%}$

7.5.3   PEK-L-A 涂层固化后的基本性能

1. 不同烯丙基接枝率的 PEK-L-A 涂层固化后的基本性能

表 7.13～表 7.15 为不同烯丙基接枝率的 PEK-L-A 涂层（0.15 dL/g、0.30 dL/g、0.64 dL/g）固化后的基本性能对比，经对比分析可知，不同烯丙基接枝率的聚合物的性能有明显的差异，其中接枝率为 60% 的聚合物的整体性能优于其他接枝率的聚合物，20% 和 100% 的则弱于其他聚合物。

表 7.13   不同烯丙基接枝率的 PEK-L-A 涂层（0.15 dL/g）固化后的基本性能

0.15dL/g	冲击强度/(kg·cm)	附着力/ (级，划格法)	铅笔硬度/H	柔韧性/mm	耐热性/ 300℃，30 h
接枝率 20%	≥100	4	3	3	Y，Y
接枝率 40%	≥100	3	3	2	Y，Y
接枝率 60%	≥100	1	3	2	Y，N
接枝率 80%	≥100	3	3	2	Y，Y
接枝率 100%	≥100	5	1	3	Y，Y

注："Y，Y"：已开裂，并脱落；"Y，N"：已开裂，未脱落；"N，N"：未开裂，未脱落。

表 7.14   不同烯丙基接枝率的 PEK-L-A 涂层（0.30 dL/g）固化后的基本性能

0.30dL/g	冲击强度/(kg·cm)	附着力/ (级，划格法)	铅笔硬度/H	柔韧性/mm	耐热性/ 300℃，30 h
接枝率 20%	≥100	2	4	3	N，N
接枝率 40%	≥100	1	4	1	N，N

0.30dL/g	冲击强度/(kg·cm)	附着力/(级，划格法)	铅笔硬度/H	柔韧性/mm	耐热性/300℃，30 h
接枝率 60%	≥100	0	5	1	N，N
接枝率 80%	≥100	2	5	2	N，N
接枝率 100%	≥100	3	5	3	N，N

表 7.15　不同烯丙基接枝率的 PEK-L-A 涂层(0.64 dL/g)固化后的基本性能

0.64dL/g	冲击强度/(kg·cm)	附着力/(划格法)	铅笔硬度/H	柔韧性/mm	耐热性/300℃，30 h
接枝率 20%	≥100	2 级	5	4	N，N
接枝率 40%	≥100	2 级	5	2	N，N
接枝率 60%	≥100	1 级	5	2	N，N
接枝率 80%	≥100	3 级	5	3	N，N
接枝率 100%	≥100	3 级	6	3	Y，N

2. 不同特性黏度的 PEK-L-A 涂层固化前后的基本性能

表 7.16 为不同黏度的聚合物涂层(60%接枝率)固化前后的基本性能对比。各个黏度的聚合物都有很高的冲击强度(≥100kg·cm)；涂层固化后的性能明显优于固化前，如附着力、柔韧性和铅笔硬度等，这是由于涂层经过紫外光照射后，引发剂受激发后产生了自由基，引发双键交联，形成了一个固化了的体型结构。其中，黏度为 0.3 dL/g 的聚合物涂层具有更优越的附着力和柔韧性，附着力达到 1 级，柔韧性达到 1 mm；黏度为 0.64 dL/g 的聚合物的铅笔硬度达到了 6 H，高于黏度为 0.30 dL/g 的聚合物，但其他性能均较弱。综上分析，特性黏度 0.30 dL/g 的 PEK-L-A 涂层的综合性能最优。

表 7.16　不同特性黏度的 PEK-L-A 涂层(60%接枝率)固化前后的基本性能

黏度(dL/g)	冲击强度/(kg·cm)	附着力/(划格法)	铅笔硬度/H	柔韧性/mm	耐热性(300℃，30 h)
0.15 固化前	≥100	4 级	3	3	Y，N
0.15 固化后	≥100	2 级	3	2	N，N
0.30 固化前	≥100	1 级	4	2	N，N
0.30 固化后	≥100	0 级	5	1	N，N
0.51 固化前	≥100	2 级	5	2	N，N

续表

黏度 (dL/g)	冲击强度/(kg·cm)	附着力/(划格法)	铅笔硬度/H	柔韧性/mm	耐热性(300℃，30 h)
0.51 固化后	≥100	1 级	6	2	N，N
0.64 固化前	≥100	2 级	6	3	N，N
0.64 固化后	≥100	1 级	6	2	N，N

7.6 含环氧侧基酚酞基聚芳醚酮涂层性能 ◀◀◀

以在 2.3.6 小节中制备的含环氧侧基的酚酞基聚芳醚酮为基体树脂的涂料，可调节高分子链中的环氧基量，使涂料具有不同的黏附性、耐热性能、冲击强度、柔韧性等机械性能。

7.6.1 含环氧基三元酚酞基聚芳醚酮共聚物[5]

将环氧基团接枝到高分子量含仲胺基侧基酚酞基聚芳醚酮(PEK-H)侧链上合成含环氧侧基酚酞基聚芳醚酮(PEK-HE)(图 7.5)，旨在利用分子链上未被环氧基团取代的仲胺基进行环氧自固化反应，得到一种耐高温绝缘可自固化涂料。

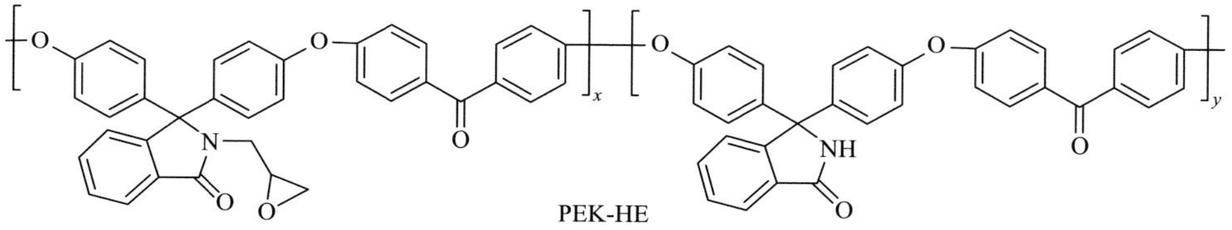

PEK-HE

图 7.5 含环氧侧基酚酞基聚芳醚酮的结构式

分别比较不同环氧接枝率和不同特性黏度的聚合物作为基料的涂料的基本性能，见表 7.17 和表 7.18。

表 7.17 PEK-HE 涂膜基本性能测试

项目	PEK-HE7030	PEK-HE5050	PEK-HE3070	试验方法
漆膜外观	透明，无机械杂质	透明，无机械杂质	透明，无机械杂质	GB/T 1723—1993
铅笔硬度/H	4	5	4	GB/T 6739—2022
柔韧度/mm	1	1	1	GB/T 1731—2009

续表

项目	PEK-HE7030	PEK-HE5050	PEK-HE3070	试验方法
冲击强度/(kg·cm)	≥100	≥100	≥100	GB/T 1732—2020
附着力/级	1	1	1	GB/T 1720—2020
表面电阻率/×10^{16}Ω	1.06	1.05	1.12	高绝缘电阻测量仪
耐热性	(350±20)℃，30 h；不开裂，不脱落	(400±20)℃，30 h；不开裂，不脱落	(350±20)℃，30 h；不开裂，不脱落	GB/T 1735—2009

表 7.18　不同特性黏度 PEK-HE5050 涂膜基本性能测试

项目	0.25 dL/g	0.43 dL/g	0.89 dL/g	试验方法
漆膜外观	透明，无机械杂质	透明，无机械杂质	透明，无机械杂质	GB/T 1723—1993
铅笔硬度/H	4	5	5	GB/T 6739—2022
柔韧度/mm	1	1	1	GB/T 1731—2020
冲击强度/(kg·cm)	≥100	≥100	≥100	GB/T 1732—2020
附着力/级	1	1	1	GB/T 1720—2020
表面电阻率/×10^{16}Ω	1.06	1.05×10^{16}	1.12×10^{16}	高绝缘电阻测量仪
耐热性	(350±20)℃，30 h；不开裂，不脱落	(400±20)℃，30 h；不开裂，不脱落	(400±20)℃，30 h；不开裂，不脱落	GB/T 1735—2009

如表可知，所有不同环氧含量聚合物固化后涂层的冲击强度均高于 100 kg·cm。涂层耐热性测试在 350℃连续加热 30 h，涂层不开裂，不脱落。特性黏度 0.89 dL/g 的 PEK-HE5050 涂层机械性能测试附着力(划格法)可达 1 级，铅笔硬度为 5 H，柔韧性为 1 mm，涂膜性能优良。可见，环氧接枝率接近 1∶1，特性黏度在 0.43 dL/g 以上，PEK-HE 涂层具有优异的综合性能，PEK-HE 有望应用于制备高性能的自固化涂料。

7.6.2　含环氧基四元酚酞基聚芳醚酮共聚物[6]

从苯并吡咯酮单体出发合成含环氧侧基且其含量可控的酚酞基聚芳醚酮共聚物(PEK-C-HE)(图 7.6)，能够通过侧链上仲胺基进行环氧自固化反应。与 PEK-C 相比，PEK-C-HE 不仅保持了在极性非质子溶剂中良好的溶解性，且其溶液涂层自固化后具有相当高的抗冲击、耐热及电绝缘性等各项优异的性能，与 PEK-HE 相比，引入第三单体酚酞使其具有更好的溶解性。

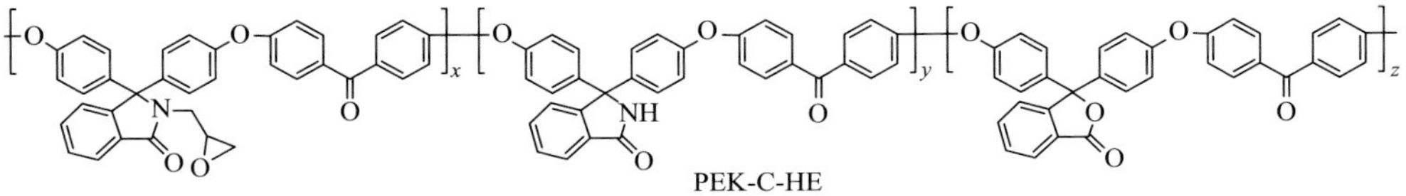

PEK-C-HE

图 7.6　含环氧侧基酚酞基聚芳醚酮共聚物的结构式

1. PEK-C-HE 树脂的溶解性

表 7.19 给出了三个不同环氧含量的 PEK-C-HE 自固化前后对多种极性非质子溶剂溶解状态的比较，由于加入了酚酞，提高了聚合物的溶解性，聚合物在常温下均具有良好的溶解性。置于 120℃烘箱 15～18 h 后，以溶胀状态存在，表明聚合物发生了自固化交联反应。

表 7.19　聚合物溶解性比较

样品	处理条件	DMSO	THF	DMF	NMP
PEK-C-HE3515	空气中 20℃ isolate air	++	+	++	++
PEK-C-HE2525		++	+	++	++
PEK-C-HE1535		++	+	++	++
PEK-C-HE3515	真空 120℃ in vacuum 15～18 h	+−	+−	+−	+−
PEK-C-HE2525		+−	+−	+−	+−
PEK-C-HE1535		+−	+−	+−	+−

注：++ 室温可溶；+ 可溶；+− 部分溶解。

2. PEK-C-HE 涂膜性能测试

以 PEK-C-HE 为基体树脂的涂膜固化后的系列性能测试。耐热性测试：300℃连续加热 30 h，涂层不开裂，不脱落；涂层机械性能测试：附着力（划格法）可达 1 级；铅笔硬度 4H；柔韧度 1 mm；抗冲击强度均高于 100 kg·cm。具体见表 7.20 给出不同环氧含量的 PEK-C-E 固化后涂层的抗冲击强度均高于 100 kg·cm。涂层耐热性测试在 300℃连续加热 30 h，涂层不开裂，不脱落。涂层机械性能测试附着力（划格法）可达 1 级，铅笔硬度 4 H，柔韧性 1 mm。综上所述，PEK-C-HE 涂层具有优异的综合性能，且固化前具有良好的溶解性，有望应用于制备高性能的自固化涂料。

表 7.20　不同环氧含量的 PEK-C-E 固化后涂层各项性能

项目	PEK-C-HE3515	PEK-C-HE2525	PEK-C-HE1535	试验方法
漆膜外观	透明， 无机械杂质	透明， 无机械杂质	透明， 无机械杂质	GB/T 1723—1993
铅笔硬度/H	4	4	3	GB/T 6739—1996

续表

项目	PEK-C-HE3515	PEK-C-HE2525	PEK-C-HE1535	试验方法
柔韧度/mm	1	1	1	GB/T 1731—2020
冲击强度/kg·cm	≥100	≥100	≥100	GB/T 1732—2020
附着力/级	1	1	1	GB/T 1720—2020
表面电阻率/×10^{16}Ω	1.05	1.05	1.05	高绝缘电阻测量仪
耐热性/(300±20)℃	不开裂, 不脱落	不开裂, 不脱落	不开裂, 不脱落	GB/T 1735—2009

7.7　聚芳醚酮功能涂料　<<<

　　聚芳醚酮功能涂料是在聚芳醚酮涂料基本配方基础上添加各种功能性有机/无机填料研磨并添加分散剂稳定分散而成的, 具有在高温下防腐、耐磨、不黏等功能。

　　分别添加聚苯胺、石墨烯能够增加涂料的防腐蚀功能。聚苯胺是导电高分子, 可以进行光诱导掺杂, 使聚苯胺能够在金属表面发挥防腐作用。石墨烯是由碳原子构成的单层片状结构的材料, 本身具有憎水憎油性, 其片层结构具有"迷宫"效应, 可阻碍水、腐蚀性离子等向金属基材的渗透, 延缓腐蚀速度, 起到防腐作用。制得的防腐蚀涂料具有耐高温、抗冲击、附着力强等良好的综合性能, 耐酸、碱、盐腐蚀, 并且耐人工海水。

　　添加 PVDF、PFA、PTFE 等含氟聚合物或二硫化钼、二硫化钨、石墨粉等润滑性无机填料的一种或几种, 能够有效降低涂层的水接触角, 制备耐高温不黏涂料。添加填料后, 涂料硬度降低至 2~3 H, 水接触角最低可降至 74°, 附着力、柔韧性、冲击强度等性能仍然保持最佳。

　　添加钛白粉、滑石粉、云母、二氧化硅等无机填料可大大增强涂料的耐磨性能, 制备耐磨涂料。

　　以咪唑基聚芳醚酮为基体树脂的涂料, 聚合物分子结构中氮原子含有孤对电子, 因而对金属铜具有更强的附着力, 可用于金属铜的保护性涂层。

　　以含烯丙基侧基聚芳醚酮为基体树脂的涂料, 能够进行紫外光固化交联, 避免在高温下成膜, 并且交联后的涂层能够有效防止水分子侵入, 耐湿热性良好。

　　含环氧基团的酚酞基聚芳醚酮为基体树脂的涂料, 能够进行自固化反应, 固化后涂层具有优异的热性能、机械性能、电绝缘性以及其他优异的基本性能。

7.8　聚芳醚酮涂料展望　<<<

　　耐高温涂料可广泛地应用在高温设备的保护。近二十年来，随着宇航事业、飞机制造业、电子工业和家用电器及其他工业发展，耐高温涂料作为高温设备保护层得到了越来越广泛的应用，但也对涂料耐高温和阻燃等性能提出了更高的要求。例如，新型高性能飞机的设计和制造，对绝缘材料的要求越来越高，有的航空电机要求长期在 200℃ 以上工作，短期 290℃，瞬间高达 420℃ 左右，工作环境的温度、湿度变化都很大，确保设备在湿热条件下的性能，是航空安全因素的关键。大部分耐高温涂料还是不能满足多样化设备的要求。虽然聚酰亚胺、有机硅、有机氟等材料具有较高的工作温度，但它们不能满足上述要求，还有待解决。因此，开发综合性能优异的高性能涂料，对于工业和新技术的发展具有深远的意义。

　　以酚酞基聚芳醚腈酮(PEK-CN)为基体树脂的高性能涂料应用于对耐热性和绝缘性能要求较高的电气产品、电子零件、各类型线圈、马达、变压器、发电机、电机的外层防护涂料。进而以 PEK-CN 为主体树脂添加不同填料可制备高温防腐涂料、耐高温防黏涂料、防黏防腐涂料、耐高温耐磨涂料、耐高温防湿热涂料等，能够大大拓展涂料用途。目前已在高性能涂料领域有重要应用，并正在加速研制 PEK-CN 功能型涂料配方和拓展应用。

　　本产品过去几年中在多个领域得到批量应用，虽然目前用量和产值不大，一方面是由于本产品属于关键材料，其特点就是在单一产品中用量少，但是作用重大，用途广；另一方面在于产业化正在实施过程中。针对矿山机械领域，使用本产品解决了除尘钢圈的腐蚀问题，至今已经涂覆 10000 个钢圈，产品使用寿命由原来的不到一个月提高到十个月，为企业节省资金数百万元。在热电厂湿法脱硫系统中，由于本产品的耐温性和防腐性，解决了脱硫系统内壁腐蚀的问题，得到用户的认可；聚芳醚酮涂料已经完成了大量应用试验，得到用户一致好评的反馈。以给江苏中远涂覆的除尘器钢圈为例，用于烟道除尘上的布袋钢圈防腐，要求涂层耐高温 220℃，防酸腐，经过 10 个月使用，布袋已经破损，钢圈仍保持完好，目前已涂覆 1 万个钢圈，为企业节省近千万资金。另外以耐温模具表面处理为例，采用聚芳醚酮涂料喷涂的模具可反复 800 次开模不黏，与 THF 涂层相比，具有更好的附着力并耐磨，将有望替代每次开模都要使用的脱膜剂，节省大量人工，并避免脱膜剂污染制件，这将是模具行业的大变革。PEK-CN 涂料将在特种涂料市场占有一席之地。围绕电气维护、化工装备和汽车领域，分别做了系列产品，用户反馈好，非常认可本技术得到产品的附着力和其他综合性能。

参 考 文 献

[1]　王子青, 于顺东, 吴嘉豪, 等. 聚酰亚胺类聚合物合成及其在涂层中应用研究进展[J]. 材料保护, 2023, 56(4): 149-157.

[2]　凌松. 聚醚砜抗静电防腐涂料的制备及性能研究[D]. 长春: 吉林大学, 2015.

[3]　刘付辉, 王红华, 周光远, 等. 用于高性能涂料的无定型聚芳醚腈酮共聚物的制备及性能[J]. 功能高分子学报, 2014, 27(1): 99-103.

[4]　曹建伟, 王红华, 周光远, 等. 含烯丙基侧基聚芳醚酮的制备及其表征[J]. 功能高分子学报, 2012, 25(4): 424-428.

[5]　王红华, 关兴华, 周光远, 等. 含环氧侧基酚酞聚芳醚酮的合成及其自固化[J]. 应用化学, 2013, 30(8): 974-976.

[6]　关兴华, 王红华, 周光远, 等. 含环氧侧基酚酞聚芳醚酮共聚物的合成与表征[J]. 高分子材料科学与工程, 2013, 29(6): 1-4.

第8章

酚酞基聚芳醚酮 3D 打印材料

3D 打印,又称增材制造(additive manufacturing,AM),是一项起源于 20 世纪 80 年代的新兴制造技术。近年来,3D 打印技术发展迅速,囊括了材料、机械、计算机、自动化等方面,其中,材料是 3D 打印的物质基础,它既决定了 3D 打印的应用趋势,又决定了 3D 打印的发展方向。

3D 打印材料有多种分类方式:按照材料的物理状态可分为片(层)状、丝状、粉末状和液体等类型,其中丝材多用于 FDM 工艺,而粉末大多数用于 SLS 工艺;按照材料的具体类别又可以分为高分子材料、金属材料、无机非金属材料、复合材料和其他材料。

PEEK 是一种半晶态聚合物,具有抗疲劳、强度高、耐磨、耐腐蚀、射线可穿透和生物相容性好等优势,且易于改性和力学增强,是目前研究较热的 3D 打印材料。高性能聚合物 PEEK 类"软"材料,密度和软硬度接近骨骼,作为新兴医疗植入材料,有望取代金属等骨科"硬"材料。目前,国际上采用 3D 打印技术制造的 PEEK 植入物能够很好地满足个性化植入物定制需求,EOS 公司利用其材料供应商德国赢创(Evonik)公司的 PEEK 树脂开发出了外科手术中用于植入的 3D 打印产品(图 8.1)。除此之外,3D 打印 PEEK 还可以应用于飞机、汽车的零部件等领域。

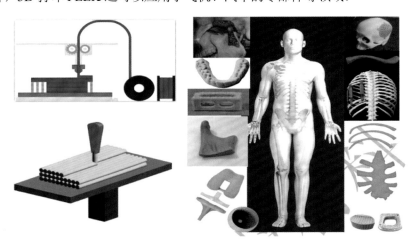

图 8.1　3D 打印 PEEK 在医疗领域的应用

目前我国每年新增骨损伤病人达 400 万例，随着骨缺损患者的日趋增多，临床骨移植需求量日益增大，传统的自体骨或异体骨移植已不能满足需求，用人工材料制造的人工骨成为解决骨科问题的新选择[1]。人工骨应具有类似天然骨的结构和功能，才能满足临床骨移植的要求。然而，传统工艺难以实现人工骨复杂结构和个性化的制造，3D 打印技术凭借其结构高度可控、成型速度快、重复性强等特点能满足个性化人工骨制造的需求[2]。除成型工艺以外，材料是决定人工骨性能和功能的重要因素，材料的力学性能和生物学性能是检验其是否符合骨科植入物临床标准的主要指标。研究制备具有优良性能的骨组织工程修复材料，具有广泛的临床需求和应用前景。PEEK 是目前常用的人工骨植入材料，已被美国食品与药品监督管理局(FDA)批准为可植入生物材料[3]，其具有与人体骨相匹配的力学性能、射线可穿透性、生物相容性及优异的加工性能等[4-6]诸多优点(图 8.2)，特别是 PEEK 可通过熔融沉积成型(FDM)制成仿生植入物，已应用于骨科、脊柱和牙科等领域(图 8.3)。然而，3D 打印 PEEK 骨科植入物还存在由 FDM 成型方式带来的层间结合力弱、表面光滑呈生物惰性、骨整合效果欠佳等问题[7-10]。

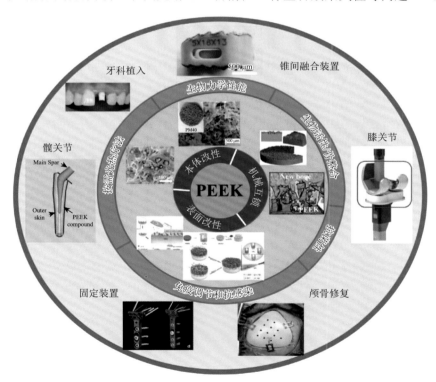

图 8.2　骨植入 PEEK 材料临床应用的性能需求

Main Spar：主梁；PEEK compound：PEEK 复合物；Outer skin：外围皮肤

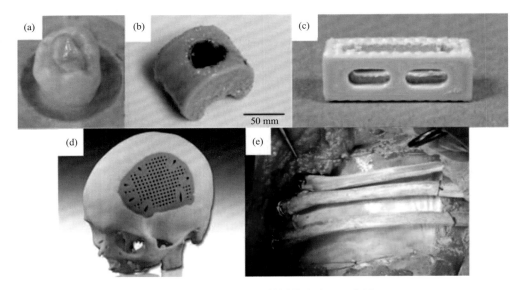

图 8.3　骨植入 PEEK 材料临床应用示意图

(a)牙科；(b)和(c)脊柱；(d)颅骨；(e)胸骨

聚芳醚酮(PAEK)是一类高性能树脂，其分子主链由芳香环及交替出现的酮羰基和醚键构成(图 8.4)，具有优异的力学性能和加工性能，耐高温、耐化学腐蚀，在航空航天、电子信息、国防军工、生物医疗等领域具有广泛的应用[11]。PAEK 按聚集态不同可分为结晶型和无定形两类。结晶型 PAEK 主要包括聚醚酮(PEK)、PEEK 和 PEKK 等，其中，PEEK 最有代表性，是目前综合性能最突出、应用最广泛的 PAEK 材料之一，最早由英国帝国化学公司(ICI)于 20 世纪 70 年代开发出来，目前生产 PEEK 的主要公司有威格斯(Victrex)、杜邦(DuPont)、赢创(Evonik)、长春吉大特塑工程研究有限公司[12]等；无定形聚芳醚酮从分子结构上打破了晶格的限制，既耐高温，又可溶于多种有机溶剂，具有更多的加工方式和产品形态，目前代表性的无定形聚芳醚酮主要有中国科学院大连化学物理研究所周光远研究员团队开发的酚酞基聚芳醚酮[13]和大连理工大学蹇锡高院士团队研发的含二氮杂萘酮联苯结构的聚芳醚酮[14]。无定形结构能够增强分子链间缠结，提高层间打印强度及促进无机矿物材料的生物相容性[15]。

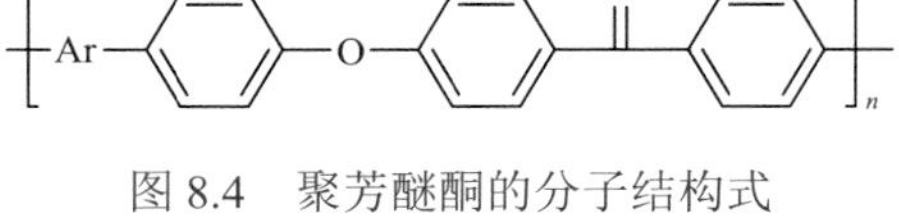

图 8.4　聚芳醚酮的分子结构式

挤压沉积成型(extruded deposition molding)是常用来制造骨组织工程支架的方

法之一。通过气动压力、电动压力或机械活塞将材料挤出形成细丝，这些细丝以设计好的走线方式定向沉积，直至形成规则的结构，从而实现精准成型(图 8.5)。该技术通常用来打印热塑性材料或剪切变稀的材料[16-18]。按照成型方式的不同又可分为熔融沉积成型(fused deposition modeling，FDM)、墨水直写成型(direct ink writing，DIW)和低温沉积成型(low-temperature deposition modeling，LDM)。低温沉积成型是墨水直写成型的一种特殊形式，是在墨水直写成型的基础上外加一个低温环境(通常−30～−10℃)，通过冷冻干燥来固化成型［图 8.5(c)］[19]。其打印过程可分为两步：①前期通过直写成型与低温冷冻固化相结合，打印精度与FDM 工艺相似，可实现几百微米级孔隙的制造；②后期通过冷冻干燥除去溶剂，形成百纳米级～几十微米级的孔隙。

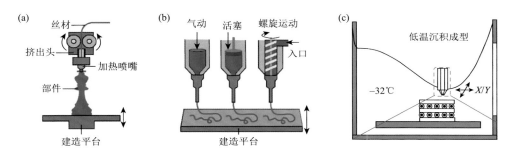

图 8.5　不同的挤压沉积工艺示意图

(a)熔融沉积成型；(b)墨水直写成型；(c)低温沉积成型

　　一般的 3D 打印组织工程支架微孔的方法仅能制造百微米级以上的微孔，难以实现细胞级的微观孔隙(百纳米级～几十微米级)的制造，因此，难以实现高的细胞种植率，限制了支架的功能发挥[20]。而低温沉积成型技术集成了生物 3D 打印与冷冻干燥微观制孔技术的优势，可实现同时具有宏观可控孔隙(百微米级)与微观孔隙(百纳米级～几十微米级)的骨组织工程支架(图 8.6)的 3D 打印，提高了支架内的细胞种植率，更有利于细胞在支架内部的生长和组织功能的实现，使骨组织工程支架的功能更加完善[21]。Lian 等通过 LDM 打印技术开发了一种具有分级和互连孔隙的海绵状骨组织工程支架，与 FDM 打印的同种材料支架相比，LDM打印的多级孔隙增强了间充质干细胞的黏附、迁移和向内生长，促进了细胞-材料的相互作用，并使间充质干细胞的旁分泌功能得到改善，显著上调免疫调节、血管生成和成骨因子的分泌[22]。Lai 等通过 LDM 打印技术制备了一种新型多孔聚乳酸-羟基乙酸共聚物/β-磷酸三钙/镁复合支架，对支架的物理特性和镁离子的体外释放进行了分析，发现其具有良好的成骨和成血管能力，是修复骨缺损有前景的复合生物材料，具有巨大的临床转化潜力[23]。

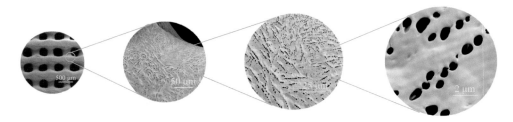

图 8.6   低温溶液 3D 打印具有多级孔隙的表面

目前能用于 LDM 工艺打印的材料种类较少，一般为可降解聚合物，其力学性能有限，拓宽材料的种类特别是高强度的材料对于该技术的发展十分必要。另外，溶剂的去除和支架材料的纯度也是临床应用的重要指标。无定形聚芳醚酮可溶于特定的有机溶剂，制备成生物墨水，进行低温溶液打印，这是相比于结晶型 PEEK 特有的 3D 打印成型方式。

在 3D 打印人工骨领域，笔者从树脂结构设计、合成到 3D 打印工艺，再到骨植入物的安全性评价、动物体内植入实验，均有系统的研究，已有多篇高水平文章发表，并获评期刊的封面文章。具体研究内容包括以下几个方面。

1）基于分子间相互作用调控的聚芳醚酮的设计、制备及应用[15]

热塑性 PEEK 材料通常采用 FDM 工艺 3D 打印成型，但由于晶区与非晶区冷却速率不同，降温导致的尺寸收缩不均，3D 打印件的尺寸稳定性欠佳；另外，由于晶格的限制，晶区分子链的扩散和缠结受到束缚，进而影响了层间结合强度。从聚芳醚酮分子结构设计出发，通过亲核缩聚合成了侧链含有氰基的无定形聚芳醚腈酮（PEK-CN），目的是通过极性基团的相互作用与分子间链缠结来提高骨科植入物的力学性能。通过调整单体比例和封端剂量，合成了不同黏度的聚合物，使其流动性与 3D 打印工艺相匹配。通过 FDM 工艺成功打印出 PEK-CN 样件，最佳打印条件为喷嘴温度 380℃，打印腔室温度 260℃。与 3D 打印 PEEK 相比，3D 打印 PEK-CN 表现出更优异的尺寸稳定性和力学性能，拉伸强度大于 100 MPa。细胞实验表明 PEK-CN 无细胞毒性，生物安全性符合骨科植入物的基本标准（图 8.7）。因此，3D 打印 PEK-CN 成为新型骨科植入材料更理想的选择。

2）具有多级孔隙的聚芳醚酮骨科植入物的设计、制备及应用[24]

尽管上述工作以增强分子间相互作用的方式提高了 3D 打印聚芳醚酮的力学性能，但由于 FDM 工艺打印的聚芳醚酮骨科植入物表面光滑疏水，不利于细胞黏附而呈现生物惰性。从表面拓扑结构提高生物活性的角度出发，设计合成了侧链带有羧基的无定形聚芳醚酮（PEK-COOH），并通过低温打印（-30℃）一次成型具有多级、可控表面微孔结构的骨植入支架。该支架力学性能与松质骨匹配，并具有 100 nm～10 μm 的微观孔隙和 200～500 μm 的宏观孔隙，前者有利于促进成

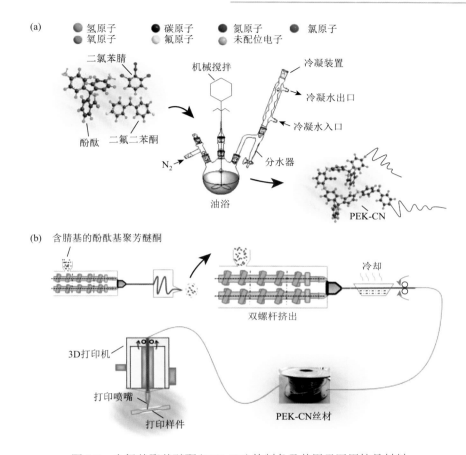

图 8.7　含氰基聚芳醚酮(PEK-CN)的制备及其用于医用植骨材料

骨细胞的黏附和迁移，后者有利于新生骨组织的长入和营养输送。另外，材料表面的羧基能增强亲水性并通过静电相互作用促进生物矿化。兔胫骨缺损体内植入试验表明，该支架具有比 PEEK 支架更好的骨整合效果(图 8.8)。

3) 聚芳醚酮-纳米羟基磷灰石复合骨科植入物的设计、制备及应用[25]

无论是"光滑的表面"还是"多孔的表面"，聚芳醚酮作为化学合成的材料对人体来说还是"异物"，因而在研究成果(2)的基础上引入纳米羟基磷灰石(nHA)做成复合支架，进一步提高其成骨活性。nHA 颗粒具有高的表面能，易团聚，混入聚合物中分散不均又会影响植入效果。因此，本研究采用化学结合的方式制成了聚芳醚酮-纳米羟基磷灰石复合材料(PEK-COOH-nHA)，并通过低温(−30℃)打印制备了不同 nHA 含量的多孔支架，避免了高温打印破坏化学结合。该系列复合支架表面 nHA 分布均匀，力学性能与松质骨匹配。体外细胞实验证明 nHA 可促进细胞的增殖和成骨分化。PEK-COOH-nHA 复合支架进一步提高了聚芳醚酮的成骨活性(图 8.9)。

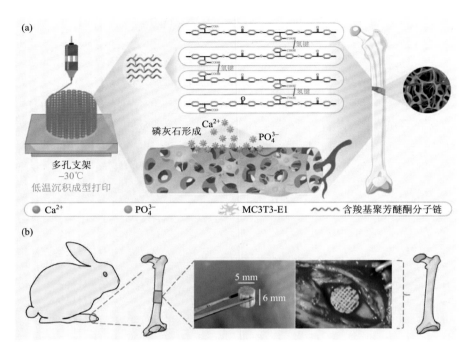

图 8.8   含反应基团的无定形聚醚酮合成及其植骨融合效果

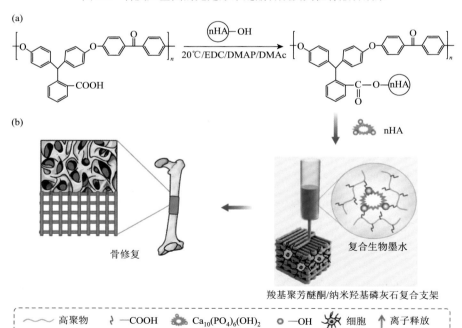

图 8.9   聚芳醚酮化学键合 nHA 及其促细胞生长效果验证

4）抗感染聚芳醚酮骨科植入物的设计、制备及应用

聚芳醚酮作为骨科植入物还存在易感染的问题，尤其是表面孔结构有利于细胞黏附的同时也容易黏附细菌，增加了聚芳醚酮植入物被感染的可能性。因此，本部分工作在不影响基体材料力学性能的前提下，将具有良好生物相容性的蚂蚁抗菌肽（AMP）通过化学与物理双重负载的方式结合到聚芳醚酮（LP）支架表面，制备了具有抗感染功能的聚芳醚酮-蚂蚁抗菌肽（LP-AMP）复合支架。细菌实验表明，LP-AMP 复合支架对革兰氏阳性菌和革兰氏阴性菌均具有高效的抗菌活性，杀菌率均达 98%以上。此外，表面负载 AMP 后的聚芳醚酮复合支架亲水性大大提高，且具有良好的细胞相容性（图 8.10）。因此，LP-AMP 复合支架既具有良好的生物相容性，又具有广谱且高效的抗菌活性，在骨修复领域具有良好的应用前景。

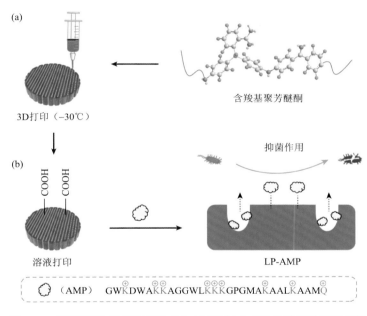

图 8.10　聚芳醚酮-蚂蚁抗菌肽（LP-AMP）复合支架及其高效抗菌活性

5）掺锶功能化聚芳醚酮骨修复支架的制备及应用[26]

上述工作中制备的聚芳醚酮骨修复支架均表现出良好的成骨性能，然而相较于其他复合材料骨修复支架，其成骨能力仍有一定不足。因此，笔者通过对材料表面进行改性，进一步提升支架的成骨诱导能力。锶（Sr）与钙（Ca）同为碱土金属元素，Sr 在机体内的存在可降低早期骨生成不足、骨钙化不良的风险，在细胞的成骨分化中起着重要的作用。利用 LDM 工艺制备多级孔隙结构的 PEK-COOH 支架，通过表面侧羧基结合 Sr^{2+} 以及支架表面制备掺锶羟基磷灰石仿生涂层，以提升支架的骨修复能力。通过对材料的理化性能表征、体内外生物学评价证明了掺 Sr 矿化聚

芳醚酮支架具有良好的生物相容性，能够进一步提升聚芳醚酮材料的成骨活性，具有潜在的临床应用价值(图 8.11)。

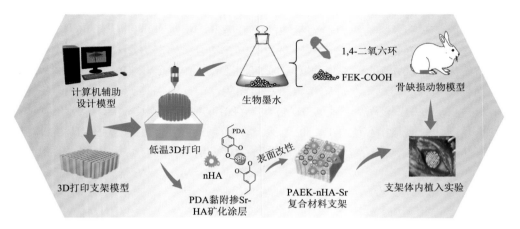

计算机辅助
设计模型

1,4-二氧六环
FEK-COOH
生物墨水
骨缺损动物模型

低温3D打印
PDA
nHA
表面改性
3D打印支架模型
PDA黏附掺Sr-HA矿化涂层
PAEK-nHA-Sr
复合材料支架
支架体内植入实验

图 8.11　掺锶矿化聚芳醚酮骨修复支架的制备及其性能评价

总体而言，以上工作的成果在未来都有可能真正走向应用，含有极性基团的无定形聚芳醚腈酮(PEK-CN)通过高温 FDM 工艺打印可以获得具有优异的尺寸稳定性和力学性能的骨科植入物。利用无定型聚芳醚酮(PEK-COOH)的可溶解性，首次提出了"聚芳醚酮墨水"的概念，通过低温 LDM 工艺打印可以获得具有多级孔结构的聚芳醚酮支架，大大提高了支架上的细胞种植率，从而更有利于细胞的黏附、增殖和功能的发挥，使骨组织工程支架的功能更加完善。在此基础上，又研究和衍生出两种分别具有成骨活性和抗菌活性的聚芳醚酮复合支架，在骨修复领域具有巨大的应用潜力。

尽管笔者通过新型聚芳醚酮的分子设计与新型 3D 打印工艺制备了一系列聚芳醚酮骨科植入物，从分子间相互作用、表面拓扑结构与表面活性成分等方面在一定程度上提高了聚芳醚酮的力学性能与生物活性，但距离真正的临床应用仍然存在许多挑战[27]，具体如下。

(1)需要明确新型聚芳醚酮的具体应用场景。现实中的骨缺损有大有小，形态各异，目前已有应用于临床的金属植入物、陶瓷植入物、PEEK 植入物和可降解高分子植入物等，具体在什么情况下(如具体的骨缺损范围)适合应用本部分提出的新型聚芳醚酮骨科植入物，需要在未来进一步的临床研究和试验中不断尝试和探索。

(2)对 3D 打印聚芳醚酮骨科植入物的力学性能测试需要进一步完善。本部分仅测试了 3D 打印样条的拉伸性能及 3D 打印多孔支架的压缩性能等基本的力学性能。但是骨科植入物在体内的受力情况是非常复杂的，后期需要进一步评估 3D

打印聚芳醚酮骨科植入物多方面的力学性能，如弯曲性能、扭曲性能、层间剪切和结合性能等。

(3)骨组织再生和骨骼重建是非常复杂的生物学过程，主要依靠破骨细胞和成骨细胞的不断更新和重塑，包括旧骨组织的吸收和新骨组织的形成。本部分仅考虑和研究了成骨细胞黏附、增殖、成骨分化、生物矿化和抗菌等，而没有考虑成血管能力、免疫调节等生物学过程。未来的工作应在保证聚芳醚酮植入物力学性能达到标准的前提下，不断完善其生物学功能。

(4)需要优化聚芳醚酮及其 3D 打印骨科植入物的提纯及后处理工艺。本部分虽然通过体外细胞试验和体内植入试验初步证明了所设计和制备的聚芳醚酮具有良好的生物相容性，符合骨科植入生物安全性的基本标准，但距离真正的临床注册和认证还有很多标准需要完善。此外，医用植入材料对纯度有极高的要求，因此需要优化提纯工艺，减少聚合物合成和成型过程中引入的溶剂、无机盐等杂质，使 3D 打印聚芳醚酮骨科植入物真正达到临床植入的标准。相信在不久的将来，随着材料科学和成型工艺的快速发展，不同领域之间交叉融合，开拓创新，笔者的研究成果将助力更多、性能更完善的新型骨科植入材料的设计和开发，推动骨修复领域的不断进步。

参 考 文 献

[1] KOONS G L, DIBA M, MIKOS A G. Materials design for bone-tissue engineering[J]. Nature Reviews Materials, 2020, 5(8): 584-603.

[2] LI T, CHANG J, ZHU Y, et al. 3D printing of bioinspired biomaterials for tissue regeneration[J]. Advanced Healthcare Materials, 2020, 9(23): 2000208.

[3] KURTZ S M, DEVINE J N. Peek biomaterials in trauma, orthopedic, and spinal implants[J]. Biomaterials, 2007, 28(32): 4845-4869.

[4] NAJEEB S, ZAFAR M S, KHURSHID Z, et al. Applications of polyetheretherketone (PEEK) in oral implantology and prosthodontics[J]. Journal of Prosthodontic Research, 2016, 60(1): 12-19.

[5] KATZER A, MARQUARDT H, WESTENDORF J, et al. Polyetheretherketone—cytotoxicity and mutagenicity in vitro[J]. Biomaterials, 2002, 23(8): 1749-1759.

[6] SINGH S, PRAKASH C, RAMAKRISHNA S. 3D printing of polyether-ether-ketone for biomedical applications[J]. European Polymer Journal, 2019, 114: 234-248.

[7] XU Q, XU W, YANG Y, et al. Enhanced interlayer strength in 3D printed poly (ether ether ketone) parts[J]. Additive Manufacturing, 2022, 55: 102852.

[8] HUNTER A, ARCHER C W, WALKER P S, et al. Attachment and proliferation of osteoblasts and fibroblasts on biomaterials for orthopaedic use[J]. Biomaterials, 1995, 16(4): 287-295.

[9] ELAWADLY T, RADI I A W, EL KHADEM A, et al. Can peek be an implant material? Evaluation of surface topography and wettability of filled versus unfilled peek with different surface roughness[J]. Journal of Oral Implantology, 2017, 43(6): 456-461.

[10] 刘吕花, 郑延延, 张丽芳, 等. 组织植入生物活性聚醚醚酮复合材料[J]. 化学进展, 2017, 29(04): 450-458.

[11]　FUHRMANN G, STEINER M, FREITAG-WOLF S, et al. Resin bonding to three types of polyaryletherketones (paeks)-durability and influence of surface conditioning[J]. Dental Materials, 2014, 30(3): 357-363.

[12]　庞金辉, 张海博, 姜振华. 聚芳醚酮树脂的分子设计与合成及性能[J]. 高分子学报, 2013, (06): 705-721.

[13]　王忠刚, 陈天禄, 徐纪平. 含不同取代基的 cardo 聚芳醚酮——合成与表征[J]. 高分子学报, 1995, (04): 494-498.

[14]　刘彦军, 蹇锡高, 刘圣军, 等. 含二氮杂萘酮结构聚醚酮酮的合成及表征[J]. 高分子学报, 1999, (01): 39-43.

[15]　GAO X, WANG H, ZHOU G, et al. Preparation of aorphous poly(aryl ether nitrile ketone) and its composites with nano hydroxyapatite for 3D artificial bone printing[J]. ACS Applied Bio Materials, 2020, 3(11): 7930-7940.

[16]　ABEDI K, MIRI S, GREGORASH L, et al. Evaluation of electromagnetic shielding properties of high-performance continuous carbon fiber composites fabricated by robotic 3d printing[J]. Additive Manufacturing, 2022, 54: 102733.

[17]　FARAHANI R D, DUBE M, THERRIAULT D. Three-dimensional printing of multifunctional nanocomposites: Manufacturing techniques and applications[J]. Advanced Materials, 2016, 28(28): 5794-5821.

[18]　GAO F, XU Z, LIANG Q, et al. Direct 3D printing of high strength biohybrid gradient hydrogel scaffolds for efficient repair of osteochondral defect[J]. Advanced Functional Materials, 2018, 28(13): 1706644.

[19]　ZHANG T, ZHANG H, ZHANG L, et al. Biomimetic design and fabrication of multilayered osteochondral scaffolds by low-temperature deposition manufacturing and thermal-induced phase-separation techniques[J]. Biofabrication, 2017, 9(2): 025021.

[20]　CHEN Y, LI W, ZHANG C, et al. Recent developments of biomaterials for additive manufacturing of bone scaffolds[J]. Advanced Healthcare Materials, 2020, 9(23): 2000724.

[21]　LIN S, CUI L, CHEN G, et al. Plga/beta-tcp composite scaffold incorporating salvianolic acid b promotes bone fusion by angiogenesis and osteogenesis in a rat spinal fusion model[J]. Biomaterials, 2019, 196: 109-121.

[22]　LIAN M, SUN B, HAN Y, et al. A low-temperature-printed hierarchical porous sponge-like scaffold that promotes cell-material interaction and modulates paracrine activity of mscs for vascularized bone regeneration[J]. Biomaterials, 2021, 274: 120841.

[23]　LAI Y, LI Y, CAO H, et al. Osteogenic magnesium incorporated into plga/tcp porous scaffold by 3d printing for repairing challenging bone defect[J]. Biomaterials, 2019, 197: 207-219.

[24]　GAO X, WANG H, ZHOU G, et al. Low-temperature printed hierarchically porous induced-biomineralization polyaryletherketone scaffold for bone tissue engineering [J]. Advanced Healthcare Materials, 2022, 11(18): 2200977.

[25]　GAO X, WANG H, ZHOU G, et al. Biofabrication of poly(aryletherketone)-nHA composite scaffolds via low-temperature printing[J]. Advanced Materials Technologies, 2023, 8(8), 2201676.

[26]　SUN T, LI Z, WANG H, ZHOU G. Low-Temperature deposited amorphous poly(aryl ether ketone) hierarchically porous scaffolds with strontium-doped mineralized coating for bone defect repair[J]. Advanced Healthcare Materials: 2024, e2400927.

[27]　高新帅. 基于 3D 打印的骨科植入聚芳醚酮的设计、制备及应用[D]. 北京: 中国科学技术大学, 2023.

附 录

英文缩写及中文名称对照

英文缩写	中文名称
ABS	丙烯腈、丁二烯、苯乙烯三元共聚物
BMI	双马来酰亚胺
BSA	乙酰胺
CHP	过氧化氢异丙苯
^{13}C NMR	核磁共振碳谱
CYC	环己酮
DCM	二氯甲烷
DCU	二环己基脲
DMA	动态热机械分析仪
DMAc	N, N-二甲基乙酰胺
DMF	N, N-二甲基甲酰胺
DMFC	直接甲醇燃料电池
DMI	1, 3-二甲基-2-咪唑啉酮
DMPEK-C	二甲基侧基酚酞基聚芳醚酮
DMSO	二甲基亚砜
DSC	差示扫描量热分析
DTG	微商热重仪
ECH	环氧氯丙烷
FDM	熔融沉积 3D 打印
FT IR	红外光谱仪
GPC	凝胶渗透色谱仪
HLB	亲水亲油平衡值
^{1}H NMR	核磁共振氢谱
IEC	离子交换容量
IMPEK-C	百里香酚酞基聚芳醚酮

续表

英文缩写	中文名称
LOI	极限氧指数
MALDI-TOF-MS	基质辅助激光解吸电离飞行时间质谱
NMP	N-甲基吡咯烷酮
PA 2200	尼龙 2200
PA12	尼龙 12
PA6	尼龙 6
PA66	尼龙 66
PBT	聚对苯二甲酸丁二醇酯
PC	聚碳酸酯
PCB	印刷线路板
PDI	聚合物分散性指数
PEDEK	联苯基聚芳醚酮
PEEK	聚醚醚酮
PEG	聚乙二醇
PESI-C	咪唑基酚酞聚芳醚砜
PET	聚对苯二甲酸乙二醇酯
PETG	聚(对苯二甲酸乙二醇酯-1, 4-环己二烯二亚甲基对苯二甲酸酯)
PFA	可熔性聚四氟乙烯
PLA	聚乳酸
PMI	聚甲基丙烯酰亚胺
PML	酚酞啉聚醚砜-芳纶共混物膜
PMS	磺酸型聚醚砜-芳纶共混物膜
^{31}P NMR	核磁共振磷谱
PP	聚丙烯
PPS	聚苯硫醚
PTFE	聚四氟乙烯
QPEK-C	季胺化酚酞基聚芳醚酮
SEM	扫描电子显微镜
SLS	选择性激光烧结 3D 打印
TCM	三氯甲烷
TGA	热重分析仪
THF	四氢呋喃

英文缩写	中文名称
TMPEK-C	四甲基侧基酚酞基聚芳醚酮
TMS	四甲基硅烷
XRD	X 射线衍射仪
YHPI	中国科学院长春应用化学研究所 热塑性聚酰亚胺
YHTPI	中国科学院长春应用化学研究所 耐高温聚酰亚胺
YZPI	南京岳子化工热塑性聚酰亚胺

后 记

　　酚酞基聚芳醚酮(砜)与其他特种工程塑料相比,有其独特的优势,是我国自主开发的民族品牌,也是值得深入研究和全力发展的材料体系。随着科技的发展,尤其是下游制造业的进步,对材料的要求不断提高,因此未来酚酞基聚芳醚酮(砜)的研究和产业体系发展主要围绕着以下三个方面展开。

　　一是强化基础性研究,深入理解结构与性能之间的关系。基于非共平面结构的基础设计和聚合单元的刚柔并济的基础理论,不断尝试新型单体,基于酚酞单体进一步拓展,发展更加稳定的内酰胺环和内亚胺环单体,拓展共聚单体的品种,开发系列耐温等级更高、力学性能更好,结构功能一体化的新型聚合物。

　　二是深入理解制造业发展的需求,拓展酚酞基聚芳醚酮(砜)的应用。保持无定型特种工程塑料的可溶解、尺寸稳定、玻璃化转变温度高、相容性好等独特优势,针对制造业需求,开发尺寸稳定的结构件、耐高温增韧剂、低成本易回收热塑性复合材料、高倍率泡沫和高耐烧蚀交联聚合物。

　　三是开发结构功能一体化的功能性聚芳醚酮(砜)。深入分析材料的结构特点,尝试在能源领域、显示领域、光学领域和医用领域的应用。发挥无定形材料功能结构易于设计、高透明和与功能材料易于复合的优点,有望在功能薄膜、显示支撑和医用材料领域得到推广。

　　总之,我国自主的新材料体系构建是一个长期的过程,酚酞基聚芳醚酮(砜)是目前我国独有的材料体系,在下游成熟制造业体系内广泛应用需要长期的认知和验证过程。我们既要坚持发展这类材料,又要冷静分析其最适合的应用场景,让这类新型的特种工程塑料绽放其独特的光彩!